石油教材出版基金资助项目

石油高等院校特色规划教材

地震资料解释基础

曹丹平 等编著

石油工业出版社

内 容 提 要

本书系统介绍了地震资料解释的基本理论、方法与技术体系。全书分为 10 章，主要内容包括三维地震数据与计算机可视化、地震属性分析、地震反演、构造解释、地层解释、岩性解释与储层预测、含油气性解释、开发地震资料解释和地球物理资料综合解释等。书中采用了国内外多个油田的实际应用案例，旨在通过知识点阐述与解释实例的结合来构建地震资料综合解释的思路与框架。

本书可作为勘查技术与工程、地球物理学等专业的本科教材，也可作为油气地球物理勘探领域科技工作者的参考书。

图书在版编目（CIP）数据

地震资料解释基础/曹丹平等编著. —北京：石油工业出版社，2020.10
（2023.3 重印）

石油高等院校特色规划教材

ISBN 978-7-5183-4243-3

Ⅰ. ①地… Ⅱ. ①曹… Ⅲ. ①地震地质学–地质解释–高等学校–教材 Ⅳ. ①P315.2

中国版本图书馆 CIP 数据核字（2020）第 185767 号

出版发行：石油工业出版社
　　　　　（北京市朝阳区安华里 2 区 1 号楼　100011）
　　　　　网　　址：www.petropub.com
　　　　　编辑部：（010）64523693
　　　　　图书营销中心：（010）64523633
经　　销：全国新华书店
排　　版：三河市燕郊三山科普发展有限公司
印　　刷：北京中石油彩色印刷有限责任公司

2020 年 10 月第 1 版　2023 年 3 月第 2 次印刷
787 毫米×1092 毫米　开本：1/16　印张：15
字数：362 千字
定价：38.00 元
（如发现印装质量问题，我社图书营销中心负责调换）
版权所有，翻印必究

前　言

　　三维反射地震勘探是一种具有高保真度、高分辨率、高精度且探测深度较大的地球物理勘探（简称物探）方法，已经发展成为油气勘探的主要方法，是发现圈闭、寻找储量的主导技术，被称为勘探技术的"龙头"和找油找气的"排头兵"。实践表明，没有物探就没有圈闭，也就没有钻探井位。从 1924 年在美国得克萨斯州首次利用单次覆盖地震资料发现油田至今，世界上大多数油气田都是利用地震技术找到的。随着石油工业的发展和物探技术的进步，解决圈闭问题已经不再是物探技术的唯一任务，地震勘探已经整体上从构造油气藏向地层、岩性等复杂油气藏延伸并进入油气开发领域，在理论与实践中均体现出从二维到三维、从叠后到叠前、从声波到弹性波、从各向同性到各向异性、从弹性到黏弹性、从单相介质到双相介质、从均匀介质到非均匀介质的发展趋势。当前，越来越复杂的地质条件对地震勘探技术提出了更高的要求，同时也促进了地震勘探理论、方法技术的不断发展与进步，如何准确合理地解释这些地震勘探成果尤为重要。

　　地震资料解释作为地震勘探资料采集、处理和解释三个环节中的重要组成部分，旨在将地震数据转变为地质成果，为各类固体矿产和油气勘探提供最终的地震勘探成果。什么是地震资料解释呢？*Interpretation of Three-Dimensional Seismic Data* 一书指出 "Seismic data is composed of structural continuity, stratigraphic and reservoir variability, the seismic wavelet, and noise of various kinds. Seismic interpretation is the thoughtful procedure of separating them"（即地震数据由构造连续性、地层和储层的变化性、地震子波和各种噪声组成，地震资料解释就是把这些信息彻底分离的过程）；*First Steps in Seismic Interpretation* 一书认为 "Interpretation is telling the geologic story contained in seismic data"（即地震解释就是讲述地震资料中所包含的地质故事的过程）；美国石油地质家协会 AAPG 则将其简单定义为 "Seismic interpretation is the science (and art) of inferring the geology at some depth from the processed seismic record"（即地震资料解释是从处理过的地震记录中推断地质特征的科学和艺术）。三种表达方式存在明显差异，但均明确表达出地震资料解释是从地震数据中推断各种地质信息的过程。因此，需要解释人员具备扎实的地震勘探资料采集、处理和解释等基础理论知识，掌握地震反演、属性分析等方法技术，熟悉构造、地层、岩性和含油气性解释等技术环节与具体流程，并且还能根据实际资料中的各种复杂地质特征开展有针对性的研究。由此可见，地震资料解释不仅是一门严谨的科学，更是一门精湛的艺术，要求解释人员具有较高的综合素质。

早期地震勘探的主要任务是寻找构造、查明圈闭，其着眼点是反射界面的起伏变化，也就是重点开展构造解释，主要利用地震反射波旅行时信息。随着勘探程度的加深，储层地球物理的核心是油藏的非均质性，其地质任务则是对油藏及其参数作出准确预测，着眼点是储层特征的横向变化，利用的地震信息也更多更广，并强调采用地震反演和地震属性分析等方法联合开展综合解释。因此，如何利用地震、地质、钻井和测井资料综合研究地下地质构造、地层特征，如何提高储层预测和含油气性识别精度成为地震解释领域的核心任务。目前，地震资料解释向着多学科综合化方向发展，计算机可视化和人工智能等技术显著增强了地震资料的地质解释能力，不仅能够有效解决勘探领域中圈闭的精确成像和构造问题，还在储层空间描述和油气水等流体特征识别等方面发挥着重要的作用，开发地震资料解释则拓宽了物探技术的应用范畴，地球物理资料综合解释则有效提高了地质体描述精度。

显然，地震资料解释涉及的知识面非常广泛，将相关理论、方法、技术与应用衔接起来构建一个完整且简洁的地震资料解释体系绝非易事，特别是编写一本适用于教学的地震资料解释基础教程更需要精细斟酌。此次编写《地震资料解释基础教程》，旨在简要阐明地震资料解释中的主要知识点，实现与弹性波动力学、地震勘探原理和地震资料数字处理等相关课程的有效衔接，建立一套相对完整的地震资料解释理论与方法技术体系，并充分考虑本科教学内容的深度、宽度和学时要求。

本教程在编写过程中重点参考了国际知名的三维地震资料解释教材和著作，特别是 Brown 等（2011）编著的 *Interpretation of Three-Dimensional Seismic Data*（7th Edition）、Bacon 等（2007）编著的 *3-D Seismic Interpretation*、Lines（2004）编著的 *Fundamentals of Geophysical Interpretation* 和 Simm 等（2014）编著的 *Seismic Amplitude: An Interpreter's Handbook*、Herron（2011）编著的 *First Steps in Seismic Interpretation* 等多本经典著作。本书的编写不是为了取代这些著作，而是根据地震资料解释课程教学的需要，在阐明地震资料解释基本方法原理的基础上适当讲解相关技术，通过地质与地球物理知识的综合运用，建立起一套简洁的地震资料解释知识体系。因此，在教材编写过程中并不追求大而全，也不强调面面俱到地阐述地震资料解释领域中的所有相关知识点，而是重点针对三维地震勘探的特点和石油工业对地震勘探技术的需求进行展开，力求尽可能准确地表述地震资料解释中的核心知识点，在有限的学时内建立起地震资料解释的基本思路和完整体系。

本教程在结构上紧紧围绕地震资料解释中的构造解释、地层解释、岩性解释与储层预测、含油气性解释等四部分核心内容进行展开，并扩展到了开发地震资料解释和地球物理资料综合解释这两个重要的领域。地震资料解释的这六部分主要内容都与地震属性分析和地震反演这两大核心技术密切相关，需要计算机可视化技术的支持和全三维地震资料勘探基础等相关内容的支撑。鉴于此，本书按顺序依次讲述地震资料解释基础、计算机可视化、地震属性分析和地震反演等地震资料解释的基础内容，在此基础上依次展开上述六部分主要内容。第一至四章作为支撑地震资料解释的基础内容，第五至八章分别阐述地震资料解释的四部分核心内容，第九至十章对常规地震资料解释内容进行拓展和延伸。全书共分为十章，章节设置简洁明了、难度适中，但涉及的知识点较多，在授课环节需要根据学生的基础和学时长短对讲课内容进行有针对性的调整，从而满足地震资料解释课程教学的需求。在教学环节中建议专门开设针对地震资料解释系统的上机实践课时，通过理论教学与上机实践的有机结合，能够使学生更好地加深对地震资料解释知识点的理解与认识。

在石油勘探开发领域中地震就像是"万金油"，几乎每一项勘探开发工作都要用到地震技术。地震勘探受现有技术水平的限制，在实际应用中不可能彻底解决所有问题，难免"心有余而力不足"，导致勘探家和油气开发工程师对地震技术产生了质疑和动摇。直接面对这些难题的往往都是地震资料解释人员，因此，解释人员需要全面提高理论技术水平，正确认识地震勘探技术的能力和局限性，才能在实际应用中有的放矢，给出合理的解释结果，提高地震资料解决实际地质问题的能力。

为了在有限的篇幅内构建起地震资料解释的基本体系，本书对一些常规的基本内容进行了取舍。因此，教程中的部分内容与国内现行的教科书具有一定的差异，在行文上也没有面面俱到，不少内容只是点到为止，以便省出篇幅对其他内容进行详细阐述，还有些内容是编著者在教学科研工作中的一些体会和认识，在具体表述方面还有待进一步完善。本书旨在作为地震资料解释工作的引子，具体知识点的真正掌握需要在实际生产、科研和练习中慢慢磨合。希望读者在阅读过程中能够结合实际问题多思考、多讨论，在全面掌握整个地震资料解释体系的基础上结合实际工区特征开展研究与实践，从而更好地提高地震资料解释水平。

本教程由曹丹平等编著，第二章、第三章、第七章、第九章由曹丹平编写，第四章、第六章、第八章由宗兆云编写，第五章由吴国忱编写，第一章、第十章由梁锴编写。本书的统稿、定稿工作由曹丹平完成。

本书在编写过程中重点参考国内外经典的教科书和文献，采用了 GeoEast 和 NEWS 两套国产软件中的典型案例，与国家标准、行业标准和油气勘探开发生产实践相结合，参考的标准主要有 GB/T 33684—2017《地震勘探资料解释技术规程》、SY/T 5331—2016《石油地震勘探解释图件要素规范》、SY/T 5933—2008《地震反射层地震地质层位代号确定原则》等。中石油东方地球物理公司、中石油勘探开发研究院、中石化石油物探技术研究院、中海油研究总院、新疆油田勘探开发研究院、胜利油田物探研究院、胜利油田勘探开发研究院、西南油气田勘探开发研究院、冀东油田勘探开发研究院在实际资料解释方面提供了大力支持，多位专家通读本书并提出了宝贵的意见和建议，在此一并向相关单位、专家的支持和帮助表示衷心的感谢。同时感谢中国石油大学（华东）地球科学与技术学院和教务处各级领导、地震资料解释课程组全体任课教师对本书编写工作的大力支持。

由于编著者水平有限，书中难免存在不足，敬请各位专家学者提出宝贵意见，以便再版时改正。

编著者

2020.6

目 录

第一章 三维地震资料解释基础 ... 1
- 第一节 地震勘探理论基础 ... 1
- 第二节 三维地震资料采集 ... 6
- 第三节 面向解释的全三维地震资料处理 ... 13
- 第四节 地震资料定量解释基础 ... 16

第二章 三维地震数据与计算机可视化 ... 26
- 第一节 三维地震数据体特征 ... 26
- 第二节 地震振幅的颜色表征 ... 34
- 第三节 地震数据计算机可视化 ... 39
- 第四节 地震资料解释系统 ... 44
- 第五节 地震解释中的工业化成图 ... 46

第三章 地震属性分析 ... 50
- 第一节 地震属性分析基础 ... 50
- 第二节 地震属性提取 ... 52
- 第三节 地震属性优化 ... 59
- 第四节 储层参数定量预测 ... 64
- 第五节 地震属性的物理意义 ... 70

第四章 地震反演 ... 73
- 第一节 地震反演基本原理 ... 73
- 第二节 叠后波阻抗反演 ... 77
- 第三节 叠前地震反演 ... 83
- 第四节 地震反演中的关键问题 ... 90

第五章 地震资料构造解释 ... 95
- 第一节 地震层位标定 ... 95
- 第二节 地震资料构造解释基础 ... 98
- 第三节 三维地震资料构造解释 ... 105
- 第四节 构造图绘制 ... 111

第六章　地震资料地层解释 119
第一节　地震地层学 119
第二节　地震层序分析 121
第三节　地震相分析 125
第四节　基于地震资料的沉积特征解释 135

第七章　地震资料岩性解释与储层预测 142
第一节　基于数据驱动的岩性与储层预测 142
第二节　基于模型驱动的岩性及储层预测 145
第三节　薄储层地震预测 153
第四节　裂缝性储层地震预测 157
第五节　基于地震属性的储层特征评价 161

第八章　地震资料含油气性解释 167
第一节　直接烃类指示因子 167
第二节　基于地震属性分析的含油气性预测 172
第三节　基于流体因子叠前地震反演的含油气性预测 177
第四节　地震资料含油气性识别中的影响因素 186

第九章　开发地震资料解释 191
第一节　时移地震 191
第二节　多波多分量地震技术 195
第三节　垂直地震剖面 198
第四节　井间地震 201
第五节　随钻地震 204
第六节　开发地震资料综合解释 207

第十章　地球物理资料综合解释 210
第一节　地球物理勘探方法及特点 211
第二节　多类型地球物理资料综合研究基础 215
第三节　地球物理资料综合解释思路及应用 221

参考文献 229

第一章 三维地震资料解释基础

地震勘探（seismic exploration）包括地震资料的采集（acquisition）、处理（processing）和解释（interpretation）三个环节，其中，地震资料解释是地震勘探的中心环节和落脚点。地震资料解释（seismic data interpretation）是把地震资料转化成抽象的地质术语的过程，即根据地震资料确定地质构造形态和空间位置，推测地层岩性、厚度及层间接触关系，并进一步确定地层含油气性，为钻探提供准确井位等。

地震资料解释的主要任务是利用各种反射地震剖面，结合地质、钻探、测井以及其他物探资料，根据地震波的传播理论和地质规律，把地震剖面转化为地质剖面，并进一步研究区域构造发育史、盆地发育演化史、沉积史和油气运移聚集史，作出油气资源评价，在有利的构造和地层岩性圈闭上提供钻探井位。因此，地震资料解释得正确与否直接关系到油气藏的发现，关系到盆地评价与油气勘探方向选择等重大战略问题。

本章重点介绍三维地震资料解释中涉及的部分基础知识，主要包括反射地震勘探理论基础、三维地震资料采集、三维地震资料处理和三维地震资料解释等四部分内容。

第一节 地震勘探理论基础

一、孔隙储层地球物理响应特征

在典型的砂泥岩储层（reservoir）中，砂岩孔隙发育并通常作为油气储集空间，而泥岩则相对致密并通常作为盖层。根据岩石物理理论，砂岩储层含油气后，其中的地震波速度、密度等参数通常会发生规律性变化，从而导致砂岩储层和泥岩盖层之间在地球物理响应特征上产生差异，这种差异正是利用地球物理方法开展油气勘探的基础。

地震波速度（velocity）与地下介质岩性、孔隙度和孔隙流体性质密切相关。一般而言，砂岩速度相对较低，泥岩速度相对较高。但在实际中两者的速度分布区间往往存在叠置，仅在一定条件下可以采用地震波速度来区分岩性。由于岩石纵波速度不仅与岩石的骨架性质和孔隙度有关，还与孔隙流体性质有关，而横波速度则只与岩石的骨架性质有关，与孔隙中的流体性质无关。因此，当孔隙介质中含气时，纵波速度显著减低，而横波速度不会发生明显的变化，这也正是通过纵横波速度信息联合开展气藏检测的物理基础。

密度（density）参数往往与含油气性具有良好的对应关系，即密度随着储层含油气性的增大而减小，因此，如何从叠前地震资料中反演密度参数成为地震解释领域重要的研究方向。由于密度变化会导致地震反射和重力异常值发生改变，加上密度与速度之间通常存在着一定的统计关系，联合地震资料和重力资料开展综合解释是降低地球物理勘探多解性的有效途径之一。

在地球物理测井曲线中，砂岩和泥岩呈现不同的特征：在微电极曲线上，砂岩表现为 $R_{电位}>R_{梯度}$，幅度差明显，而泥岩则表现为平稳低值、相互重合；在声波时差曲线上，砂岩表现为相对低值，泥岩表现为相对高值；在自然电位曲线上，砂岩表现为负异常、渗透性差的平值，泥岩则表现为平值；在井径曲线上，砂岩井径基本等于钻头直径，泥岩则通常表现为大于钻头直径；在感应测井曲线上，砂岩表现为中值或者较低值，泥岩则表现为高值；在视电阻率曲线上，砂岩表现为高值，泥岩表现为低值；在自然伽马曲线上砂岩表现为低值，泥岩表现为高值。

储层与围岩之间在物理性质上存在差异，不同的弹性、电性、密度、磁性和放射性特征产生具有差异性的地球物理场，从而为油气地球物理勘探提供了理论基础。但受地球物理观测方式不完备和噪声等因素的影响，单一地球物理方法在反问题求解中不可避免地存在多解性，需要联合各种地球物理方法的优势开展综合解释，才能有效提高油气勘探的成功率。

二、地震波传播介质模型

在地震学理论研究中需要对客观存在的复杂地层剖面进行简化并建立合理的介质结构模型，这些模型可以大致分为地震地质模型和地震数学模型两大类。其中，地震地质模型描述的是一个目标或一组目标结构的主要特征，即对地质分层、层位、层内的速度变化、衰减系数、纵横波速度比等性质空间变化特征的描述。地震数学模型是用来具体求解正、反演问题的一种手段，这类模型一般从实际问题中抽象出来，旨在建立地震响应特征与弹性参数之间的理论关系，指导对地下介质的认识和反演解释工作。

地震学理论以地球介质为研究对象，通过地震波正演方法研究地震波在地球介质中的传播规律，利用地震反演方法研究地球介质的结构和组分。对地震波实际传播的介质进行近似而建立的各类介质模型及物理模型统称地震波传播介质模型（medium model for seismic wave propagation）。地震学理论的发展与地球介质模型密切相关，有什么样的地球介质模型就有什么样的地震学理论。地球介质具有非均匀、非完全弹性、各向异性和多相态性质，地震学理论的发展过程也正是由简单的均匀、完全弹性、各向同性、单相态的波动理论向真实地球介质波动理论步步逼近的过程。

1. 理想弹性介质与黏弹性介质

地震勘探通常都在远离震源处进行观测和接收地震波，除震源附近的介质外，绝大部分地带的岩石都可以近似看作理想弹性体来研究，从而可以把弹性力学中的许多基本理论直接应用到地震勘探范畴中来，简化对问题的讨论。

理想弹性介质的物理模型可以在一定范围内近似满足实际介质地震勘探的需求，但单纯应用理想弹性介质难以解释许多复杂的实际问题。大量实际观测结果表明，地震波在地层中传播时均存在吸收衰减现象，即地层吸收了激发脉冲的某些频率成分，导致地震波能量发生损耗、分辨率降低。因此，实际岩石既有弹性，又表现出像黏性流体那样的黏滞性，通常称为黏弹性体（viscoelastic body）。

2. 各向同性介质和各向异性介质

从固体的性质来说，在弹性理论研究中通常把固体分为各向同性（isotropy）和各向异性（anisotropy）两类。凡弹性性质与空间方向无关的固体都称为各向同性介质，反之则称为各向异性介质。岩石弹性性质的方向性取决于组成岩石、矿物质点的空间方向性、矿物质点的排列结构以及岩石成分等。将实际的地球介质视为各向同性介质，相当于忽略了岩石或矿物的晶体线度、排列结构和岩石成分等因素。

实际上，沉积岩多表现出速度各向异性特征，地震学家认为沉积岩中有两类各向异性结构：第一类为固有各向异性，即组成岩石的矿物微粒在排列上有择优取向时形成岩石的固有各向异性。固有各向异性来源于晶体各向异性、应力直接引起的各向异性和岩性各向异性。第二类为等效各向异性，包括次生各向异性和长波长各向异性。次生各向异性是指在应力作用下，岩石中会形成择优取向的裂隙或孔隙，导致地震波在裂隙岩石中传播时产生各向异性效应，即裂隙诱导性各向异性。长波长各向异性则是指在砂岩泥岩薄互层或石灰岩页岩薄互层中，虽然单个地层都是各向同性的，但在地震波长远大于单层厚度的条件下，薄互层在整体上表现出各向异性效应。

在三维地震勘探中，各向异性是影响 AVO（amplitude variation with angle，振幅随偏移距变化）的重要因素，主要包括：（1）引起非双曲线时差和相应的属性提取误差；（2）带来与角度有关的传播损失；（3）改变入射角度、目的层反射系数和临界角的位置。在实际应用中，需要结合纵波、横波及转换波特征开展各向异性 AVO 分析，从而有效减少分析结果的多解性。而岩石的方位各向异性大多是由于岩石中存在一组或多组定向裂缝所引起的，这些裂缝引起某些不可渗透的岩石（如石灰岩、页岩、泥岩等）产生次生孔隙，成为潜在的油气聚集空间。因此，在三维地震资料解释中加强方位各向异性研究有助于定量描述裂缝发育的方向、角度和密度，提高油气聚集带识别的精度。

3. 均匀介质、层状介质和连续介质

根据介质力学性质的空间分布规律，可以把介质分为均匀介质（homogeneous medium）和非均匀介质（heterogeneous medium）两大类。均匀介质假定物体是由同一种均匀材料构成的，物体内各点处材料的力学性质都是相同的，即表征材料性质的量，如密度、弹性模量和泊松比等都是与空间坐标无关的常数。若物体内各点处材料的力学性质是空间坐标的函数，则为非均匀介质。

非均匀介质又分为层状均匀介质、连续介质和层状连续介质。以地震波速度为例，在非均匀介质中，速度值相同的点可以构成一个区域。于是，整个介质被分成若干个区域，每个区域内的介质可视为均匀的，速度不同的介质区域的交界处称为界面或速度分界面。如果非均匀介质中介质的性质表现为成层性，则称这种介质为层状介质。层状均匀介质模型可分为平行层状介质和不平行层状介质，其分界面可以是任意形态的，但各层内速度不变。

层状介质模型是地震勘探中最常用的介质模型，但该模型也只是实际介质的一种近似。在不少地区，特别是沉积旋回比较明显的地区（由很多薄层地层组成），可以认为波速沿地层沉积方向是连续渐变的。通常，称波速是空间连续变化函数的介质为连续介质，即层状介质的极限状态。在有些实际探区则存在着好几套岩性不同的地层，且每一套地层又由沉积旋回较明显的薄层组成。在这种条件下则需要建立层状连续介质模型，即将各套地层看作层状介质，并将每一套地层看作连续介质。

4. 单相介质和双相介质

对实际介质按上述各种物理模型进行简化时都只考虑了岩相的单一性，如砂岩相、

泥岩相、石灰岩相等，通常把这种只考虑单一岩相的介质称为单相介质（single-phase medium）。岩石物理理论将岩石分解为两部分，一部分构成岩体的骨架，称为基质；另一部分则由各种液体或气体充填的孔隙组成，这种岩石实际上由两种岩相组成，即双相介质（double-phase medium），如含油砂岩可以认为是由球状砂粒的基质和孔隙中充填的石油流体组成，研究双相介质理论就是研究骨架及流体的各个部分对岩石整体物性和弹性性质的作用和贡献。

根据上述模型可知，简单的模型对客观事物的反映比较粗糙，由这种模型导出的一套分析问题并进行计算的方法相对比较简单、方便且得出的结果精度较低；复杂的模型能更精确地反映实际地球介质中的含油气性特征，但也会导致分析与计算变得更加复杂。由此可见，使用复杂的介质模型必然导致求解过程的复杂化，在资料信噪比低时，其结果并不一定比简单介质模型更精确。因此，在实际应用中往往遵循由简到繁、由均匀到不均匀等逐步细化的方式来选择适合的模型，并全面考虑所面临的勘探问题和实际资料特征。

三、地震波传播理论与基本规律

1. 弹性波传播理论

当一个物体受到外力作用时，物体内部质点间发生位置的相对变化并使其形状改变，称为应变（strain）。处于应变状态的物体，为了抵抗外力并保持平衡状态，在内部质点间产生内力作用，则称为应力（stress）。此时，物体处于应力应变状态，而当外力作用撤销后，物体的应力应变状态立刻消失并恢复原有形状，这类物体称为弹性体（elastomer）。

弹性体处于未形变的自然状态时，内部各质点在相互作用下处于相对平衡位置，此时它的能量最低。如果其中某个质点受到扰动或外力作用而产生了附加的能量，就会打破原有的平衡，该质点就会偏离原平衡位置并与其相邻质点发生相对位置变动。为了维护自身平衡，质点之间要产生附加内力——应力。应力使该质点在其平衡位置附近振动，并引起周围质点随之发生位移（displacement）和振动，于是振动就在弹性体内逐渐由近及远地传播开来，且伴随能量的传递。显然，在振动所到之处，位移、应变及应力都会发生变化。把由于扰动或外力作用而引起的位移、应变及应力在弹性体内的传播过程称为弹性波（elastic wave）。

均匀各向同性完全弹性介质中各质点在不同时刻的位移情况和弹性波在该介质中的传播规律采用弹性波波动方程（wave equation）来描述。根据本构方程、运动微分方程和几何方程，可建立起均匀各向同性完全弹性介质中弹性波传播的位移方程：

$$(\lambda+2\mu)\nabla(\nabla \cdot \boldsymbol{U}) - \mu\nabla\times\nabla\times\boldsymbol{U} + \rho\boldsymbol{F} = \rho\frac{\partial^2 \boldsymbol{U}}{\partial t^2} \quad (1-1)$$

式中，$\boldsymbol{U}$ 为位移矢量；λ、μ 为介质拉梅常数；ρ 为介质密度；$\boldsymbol{F}$ 为单位质量元素上的体力向量。波动方程是地震勘探的理论基础，即利用地震波的到达时间、振幅、频率和波形信息来获取地层的构造形态和岩性等信息。

2. 地震波传播规律

1）费马原理（Fermat principle）

费马原理在物理学中可以表示为过两个定点的光走且仅走光程的一阶变分为零的路径。在地震学中，费马原理通常表示为地震波沿射线传播的旅行时和沿其他路径传播的旅行时相比为最小,即波沿旅行时最小的路径传播。

2) 惠更斯—菲涅耳原理(Huygens-Fresnel principle)

惠更斯原理于1690年提出,即任意时刻波前面上的每一点都可以看作是一个新的波源(称新的波源为子波源),并由此产生二次扰动,形成新的波前,而以后的波前位置可以认为是该时刻子波前的包络线。1815年,菲涅耳在此基础上补充描述了子波的基本特征——位相和振幅的定量表示式,认为波前面各点所形成的新扰动(二次扰动)在观测点上相互干涉叠加,其叠加结果就是在该点观测到的总扰动,由此发展成为惠更斯—菲涅耳原理。惠更斯原理具有明显的物理意义,利用该原理可以证明地震波传播中的许多定律(如反射定律、透射定律等),在地震勘探中得到了广泛的应用。

3) 斯奈尔定律(Snell's law)

当波入射到两种不同介质的分界面时,通常会分成两部分,一部分回到第一种介质中,称为反射波(reflected wave);另一部分进入到第二种介质中,在物理学中称为折射波,而在地震勘探中则习惯称为透射波(transmitted wave)。其中,反射波满足反射定律、透射波满足透射定律,统称为斯奈尔定律。反射定律是指入射线、反射线和法线在同一平面内,入射线和反射线分别在法线两侧,且入射角等于反射角。透射定律是指入射线、透射线和法线在同一平面内,入射线和透射线分别在法线两侧,且入射角的正弦与透射角的正弦之比等于介质的波速之比。斯奈尔定律可归纳为:在界面上,入射波、反射波和透射波的射线参数 $p=\sin\theta_i/v_i$(v_i 为波的传播速度,θ_i 为波传播方向与界面法向夹角)值相等,其实质是三种波沿界面方向的视速度相等。

3. 几何地震学理论

地震波动力学围绕着介质运动的基本方程——波动方程来研究地震波的传播特点,这种研究地震波的方法及内容称为波动地震学(wave seismology);地震波运动学则是通过波前、射线等几何图形来研究地震波的传播规律,即几何地震学(geometric seismology)。波动地震学是关于地震波传播的最基本的和最精确的理论,而几何地震学则是波动地震学的一种高频近似。

利用惠更斯原理可以推导波前面在介质中传播时所遵循的规律,即时间场的微分方程,其表达式为

$$\left(\frac{\partial t}{\partial x}\right)^2 + \left(\frac{\partial t}{\partial y}\right)^2 + \left(\frac{\partial t}{\partial z}\right)^2 = \frac{1}{v^2(x,y,z)} \qquad (1-2)$$

该方程是几何地震学的基本方程,也称为时间特征方程或程函方程(eikonal equation)。如果已知波速函数 $v(x,y,z)$,那么在一定的边界条件和初始条件下,就可以由式(1-2)求出相应的时间场函数 $t(x,y,z)$,从而获得地震波的运动学特点。同时,利用费马原理可以导出地震波沿射线传播的旅行时间所满足的方程,由于射线和波前面的法线是一致的,因此,方程形式与式(1-2)完全相同。

当考虑波动方程的简谐波解表达式时,可以将波动地震学和几何地震学联系起来。该简谐波表达式为

$$f(x,y,z) = A(x,y,z)e^{j\omega(t-t_0)} \qquad (1-3)$$

将简谐波表达式(1-3)代入三维标量波动方程,当波长很小且 $\nabla^2 A$ 为有限值时即可

推导得到时间特征方程。当地震波的波长很小，且振幅 A 满足 $\nabla^2 A$ 为有限值时，波动方程可以过渡到时间特征方程，也就是说波动地震学可以过渡到几何地震学。这两个条件正是几何地震学的应用条件。

在地震勘探中，波长很小的假设是相对于地质体的尺寸而言。几何地震学的应用条件表明，当地质体的尺寸比地震波的波长大很多时，几何地震学是适用的；而当地质体的尺寸小到一定的程度时（例如和波长相当时），就必须用波动地震学来解释有关的波动现象（如小断块上的绕射波等）。因此，地震资料构造解释以几何地震学为主，而岩性解释和含油气性解释则离不开波动地震学理论的支撑。

第二节 三维地震资料采集

一、三维地震勘探的必要性

李庆忠院士在 1966 年首次提出了三维地震勘探方法，并于 1974 年在新立村地区组织了世界上第一片束状三维地震勘探，发现了新立村油田。国际上三维地震勘探技术的兴起则是在 20 世纪 70 年代末，特别是 W. S. French 用三维模型实验证明了只有通过三维地震勘探才能正确认识地下地质结构特征之后，三维地震逐渐发展成为油气勘探主流技术。

图 1-1 所示为 W. S. French 三维地质模型，即一个平台被一条断层切割成两部分，其中断层下降盘上有两个紧靠在一起的背斜构造"1"和"2"，断面"3"是一个斜坡，该实验在整个平台上布置了 13 条地震测线。其中，第 6 条测线从断层的下降盘开始，穿过背斜"1"的顶部，经过背斜"2"右翼最低点的平坦部位与断层陡坡呈 45°交角进入上升盘高台。该图中的第一个地震剖面是常规水平叠加剖面，从图中可以明显地看出绕射波和背斜"1"侧面波被夸大并掩盖了平坦界面，且断面反射右移，来自背斜"2"的侧面反射波。第二个地震剖面是相应的二维偏移剖面，剖面右半部的背斜"1"被准确地偏移归位，但来自背斜"2"的侧面反射仍然存在，并且干扰了平界面的反射，其他断面波也未能完全归位，无法得到正确解释。第三个地震剖面是经过三维偏移后得到的剖面，剖面上来自背斜"2"的侧面反射及各种侧面干扰反射波均消失，断面波和绕射波分别得到归位和收敛，剖面正确地反映了地下构造的真实形态。

对于复杂构造成像，采用二维偏移在横测线方向上会引起倾斜反射层成像误差，并且绕射波不能完全归位，在深度偏移切片上不能较好地聚

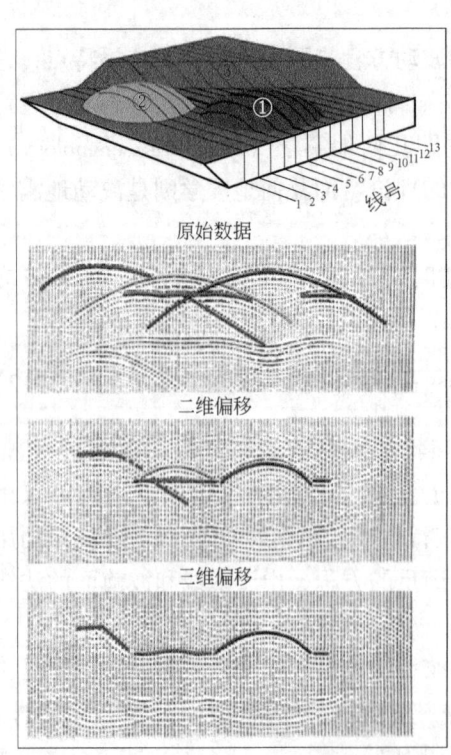

图 1-1 W. S. French 三维模型实验
（据 Brown，2011）

焦成像且存在横向成像误差，在纵测线上也因为横向速度的变化而引起二维偏移成像不聚焦。而高精度三维剖面的信噪比和主频明显较高，复杂断块区断点清楚，倾斜层归位，绕射波收敛，能够为构造及储层精细描述奠定基础。具体来说，三维地震勘探与二维地震勘探相比有以下几个方面的优越性：

（1）三维地震勘探所取得的数据齐全完整，准确可信，有长期保存价值。

（2）三维地震勘探的观测资料对于研究复杂构造，在当前所用地震波的纵横向分辨率允许的范围内都可以基本查清。

（3）三维地震勘探的观测资料包含了地震波的各种信息，对振幅有更大的保真度，相位数据更齐全，对地震波成像和反演来说更为有利，也更有利于研究地层的岩性。

（4）三维地震勘探资料的完整统一性以及显示技术的现代化，推动了解释向自动化和人机交互解释系统的发展。

三维地震勘探在油气勘探中发挥着越来越重要的角色，但常规三维地震勘探多采用窄方位采集，随着地质目标越来越复杂，对宽方位三维地震采集的需求也明显增加。以青海油田英雄岭为例，该地区是历代地质学家公认的油气富集区，勘探难度堪称"世界之最"，曾经经历了"五上五下"的勘探历程也一直未取得突破。而采用宽方位高密度三维地震勘探技术之后，地震资料品质实现了质的飞跃，油气勘探也取得了历史性的突破，在英东地区钻了42口井，钻探成功率高达98%，为亿吨级整装大油田的发现奠定了坚实的基础。

二、三维地震观测系统设计

三维地震采集首先要确定地下勘探面积（满覆盖面积），继而计算偏移范围，并进一步确定地面施工面积。通常需要结合以往的二维构造图，综合考虑降低勘探成本、工作规划整齐等因素，合理确定地下满覆盖面积。地下满覆盖面积初步确定后，需要进一步考虑各目的层向工区外倾斜时由于地层倾角引起的地面接收范围扩大的问题，这个扩大的范围就是偏移范围（即四周镶边的宽度），如图1-2所示。对于一个倾斜反射同相轴进行偏移时的最大水平距离可以表示为

$$M = \frac{1}{2} v t_0 \sin \Phi$$

式中，t_0 是地震波的双程法线旅行时；v 是地震波传播速度；Φ 是最深目的层的最大倾角。从而计算出探区四周应偏移的范围。

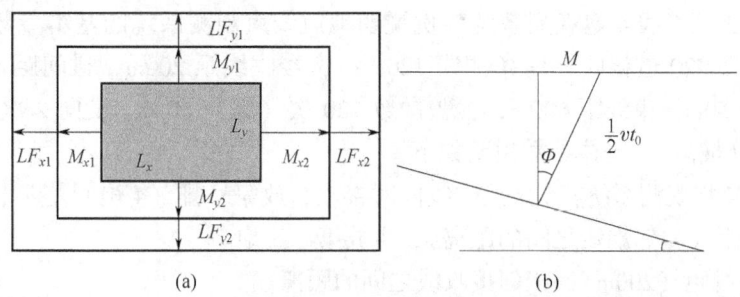

图1-2 三维地震勘探中的满覆盖范围与镶边示意图

图1-2中的 L_{xi}、L_{yi} （$i=1,2$）是地下勘探面积的长和宽，即沿 x 方向和 y 方向偏移后满覆盖三维反射剖面的长度，而 x 方向和 y 方向两个边界最深目的层的偏移距离（镶边宽

度）和附加段长度则决定了野外地震采集的施工范围大小。在针对三维地震数据体开展解释时需要首先确定满覆盖范围（如图中阴影范围所示），由于在满覆盖范围的边界处和超出该范围的区域开展地震资料解释时的不确定性更强，在解释过程中需要予以更多的关注。

三维地震观测系统（geometry）的类型和参数设计非常重要，它关系到整个数据采集的质量。观测系统设计时应根据地质任务的要求，综合考虑地形、地物、交通条件以及装备等各种因素，合理确定最优化采集参数。三维地震观测系统的设计原则有：

（1）在一个共炮点道集或一个 CDP（common depth point，共深度点）道集内地震道应均匀分布。炮点距、道间距一般应均匀分布，以保证能够同时勘探浅、中、深各目的层，确保观测系统既能采集到各反射层的有用反射波信息，又能用于准确开展速度分析。

（2）在一个 CDP 道集内各炮检距连线的方位方向应当尽可能比较均匀地分布在中心点的 360°方位上。确保一个面元（反射点）上的地震道是从各个方向入射到共反射面元（反射点）上的，使三维地震资料的共中心点叠加能够更加真实地反映三维反射波特征。

（3）各地下点的覆盖次数应尽可能相同或接近，并确保在全区范围内的分布是均匀的。均匀的覆盖次数旨在保证反射记录的振幅和频率成分具有均匀性，保持地震记录特征的稳定，使地震记录特征的变化能够更好地反映地质变化因素，有利于开展复杂地质结构和岩性岩相特征研究。

（4）三维观测系统的设计还受地面条件的制约。因此，在设计前需要对三维施工工区进行较详细调查，如果地面条件允许，通常采用规则的测网进行三维地震观测。

（5）三维地震观测系统还受到地层倾角、最大炮检距、道间距、规则干扰波的类型等多种因素的影响。

三维地震观测系统的类型很多，大体上分为规则观测系统和不规则观测系统两大类。规则观测系统主要用于地面施工条件好、无施工障碍的地区；而不规则观测系统主要用于地面施工条件不好、通行条件差或有施工障碍的山区或水网等地区。目前，在野外开展大面积三维地震勘探施工时通常采用线束观测系统，即由多条平行的接收排列和垂直的炮点排列组成的地震观测系统。具体观测方式是：一排炮点逐点激发后，炮点排列和接收排列同时沿前进方向进行滚动，然后再进行下一排炮点的激发，直到完成整束线的观测。然后垂直于原滚动方向整体移动炮点排列和接收排列，并重复以上步骤进行第二束线、第三束线……第 n 束线的施工，直至完成整个探区面积的观测。其优点在于可以获得从小到大均匀的炮检距和均匀的覆盖次数，能够适应于复杂地质条件的三维地震勘探。

下面以某工区 6 线 4 炮观测系统为例说明地震线束观测系统的基本参数（图 1-3）。该观测系统采用 720 道接收（每条测线 120 道），接收线距 200m，道间距 50m，炮点距 100m，炮线距 50m，束线距 600m，覆盖次数 120 次（纵向 60 次×横向 2 次），面元 25m（纵向）×50m（横向）。具体参数说明如下：

（1）6 线 4 炮观测系统：6 条接收线同时接收，放完一排（4 炮）炮后，沿排列方向移动一个炮线距（相邻炮线之间的距离），再放第二排炮。

（2）接收线距（200m）：相邻接收线之间的距离。

（3）道间距（50m）：排列中沿测线方向相邻地震道之间的距离。

（4）炮点距（100m）：在一条炮线中相邻炮点之间的距离。

（5）炮线距（50m）：炮线沿纵向移动的距离。

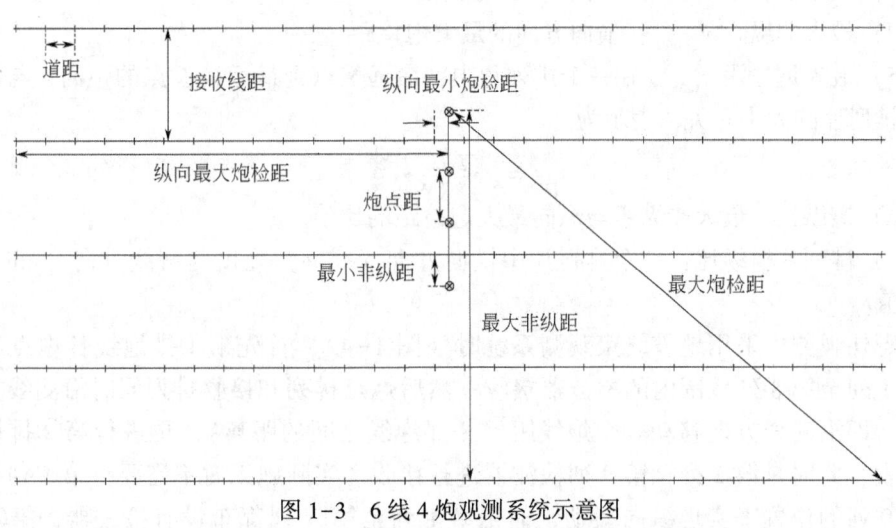

图 1-3 6 线 4 炮观测系统示意图

（6）束线距（600m）：相邻两束线之间的横向距离。

（7）面元尺寸（纵向 25m×横向 50m）：三维地震勘探中采用"面元"的概念，即共反射点分散在一个范围内，一般来说，其大小在纵向为道间距的一半，在横向为炮点距的一半。

（8）纵向覆盖次数（60 次）：炮点与某一接收线沿纵向变化时产生的覆盖次数，其表达式为

$$N_x = \frac{M \times s}{2n_x} \tag{1-4}$$

式中，N_x 为纵向覆盖次数；M 为排列接收道数；s 为在单边放炮时为 1，在双边放炮时为 2；n_x 为炮线距所跨越的道间隔数（每放完一排炮后炮线所移动的道数）。

（9）横向覆盖次数（2 次）：炮点与接收线沿横向变化产生的覆盖次数，其表达式为

$$N_y = \frac{P \times R}{2dr} \tag{1-5}$$

式中，N_y 为横向覆盖次数；P 为单炮线的炮点数；R 为接收线数；dr 为相邻线束间接收线移动距离可以布放的激发点个数。

（10）覆盖次数（120 次）：对地下同一面元追踪的次数，是纵向覆盖次数与横向覆盖次数的乘积，其表达式为

$$N = N_x \cdot N_y \tag{1-6}$$

式中，N 为覆盖次数；N_x 为纵向覆盖次数，N_y 为横向覆盖次数。在本例中，覆盖次数为 120。

（11）纵向最小炮检距 L_x：沿测线方向的最小炮检距。

（12）纵向最大炮检距 $x_{纵\max}$：沿测线方向的最大炮检距，其表达式为

$$x_{纵\max} = L_x + (B_{x\max} - 1)\Delta x$$

式中，L_x 为纵向偏移距（最小炮检距）；$B_{x\max}$ 为最远炮点到最远检波点之间的纵向接收道数；Δx 为纵向接收道距。

（13）最小非纵距：横向方向的最小炮检距。

（14）最大非纵距 $y_{横\max}$：横向方向的最大炮检距。

（15）最大炮检距 $x_{\max}$：在一个排列片中，最远炮点到最远检波点的距离，与放炮的策略和排列片的大小有关，表示为

$$x_{\max} = \sqrt{x_{纵\max}^2 + y_{横\max}^2} \tag{1-7}$$

（16）横纵比：最大非纵距与纵向最大炮检距的比值。

（17）排列片横纵比：一个排列片中横向方向（xline）宽度与测线方向（inline）长度的比值。

在野外观测中采用地震线束观测系统时（图1-4），首先第①排炮线各炮点逐点激发，第1列至第8列范围内的检波器接收。然后炮点排列和接收排列同时沿测线方向进行滚动，即沿测线方向移动一个炮线距（相邻炮线之间的距离），再进行第②排炮各炮点的激发，此时是第2列至第9列检波器进行接收。实际施工时不需要将第1列检波器搬到第9列的位置来实现纵向滚动，而是第1列至第N列都布设有检波器，第①排炮线激发时，由采集系统控制第1列至第8列检波器开启并进行信号采集，其余检波器关闭；第②排炮线激发时，则开启第2列至第9列检波器并进行信号采集，其余检波器关闭。以此类推，当放完一排炮线的所有炮后，炮点排列和接收排列同时沿测线方向进行滚动，直到完成一束线的采集。然后根据束线距，实现三维地震的横向滚动。如图1-5所示，束线距等于3倍接收线距，第一束线包括1~6号测线，根据束线距，第二束线距离第一束线3个接收线距，所以第二束线包括4~9号测线，其中4~6号测线与第一束线重复，实际施工时只需要将1~3号测线横向搬动至7~9号测线，然后进行从右至左的纵向滚动采集，直到第二束线的采集完成。第三束线距离第二束线同样3个接收线距，所以第三束线包括7~12号测线，其中7~9号测线与第二束线重复，实际施工时只需要将4~6号测线横向搬动至10~12号测线，然后进行从左至右的纵向滚动采集，直到第三束线的采集完成。以此类推，进行三维地震的纵向滚动和横向滚动采集，直至完成整个探区面积的观测。

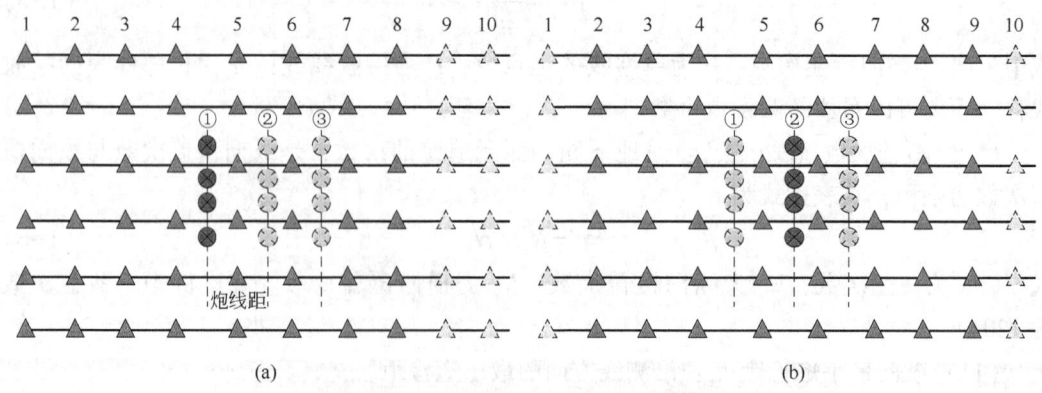

图1-4 三维地震纵向滚动采集示意图（▲为检波点，●为炮点）

（a）第①排炮；（b）第②排炮

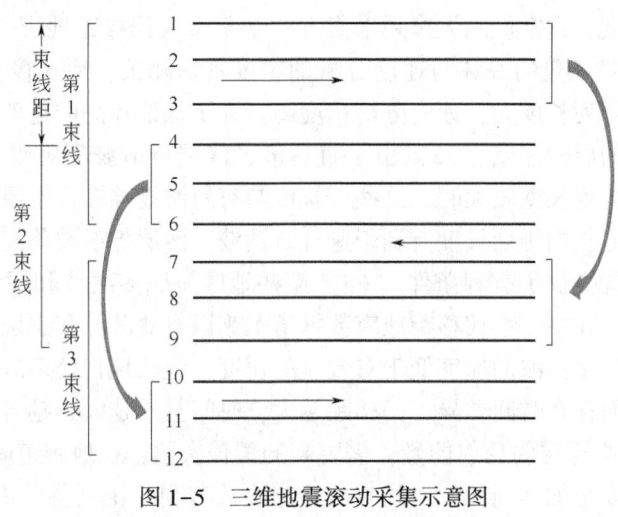

图 1-5 三维地震滚动采集示意图

三、全三维地震采集特色技术

1. 宽方位地震采集技术

在地震资料采集时，当观测系统中横（排列宽度）、纵（排列长度）比大于 0.5 时，称为宽方位角采集观测系统，当比值等于 1 时称为全方位采集观测系统；当横（排列宽度）、纵（排列长度）比小于 0.5 时，称为窄方位角采集观测系统。常规三维地震勘探基本上采用线束观测系统，束线呈条形，其横向（排列宽度）与纵向（排列长度）之比较小，属于窄方位勘探。

宽方位地震勘探技术在改善地下地质体照明度、衰减相干噪声和多次波、改善速度分析精度和成像效果以及裂缝预测等方面具有诸多优势。宽方位角地震勘探的优点可以概括为：（1）宽方位角采集能够有效增加地下照明度，比窄方位更容易跨越地表障碍物和地下阴影带，采集到的波场信息更加丰富；（2）在方向各向异性介质条件下，宽方位角勘探振幅随炮检距和方位角的变化特征具有更好的识别方向裂隙能力，对岩性和流体的识别能力也得到了有效提升；（3）宽方位角比窄方位角资料的成像分辨率更高，且具有更高的陡倾角成像能力；（4）宽方位角成像的空间连续性优于窄方位角；（5）宽方位角有利于压制近地表散射干扰、衰减相干噪声，提高地震资料信噪比、分辨率和保真度；（6）宽方位角在衰减多次波的能力方面比窄方位角强。

宽方位地震采集的目的是获取观测方位、炮检距和覆盖次数分布尽可能均匀的三维数据体，但是宽方位观测必然会导致地震采集成本的大量增加，因此，在宽方位地震采集方法研究中重点围绕如何设计经济可行的宽方位观测系统和采集方法。受地震采集成本的限制，并且海上地震采集实现方式多样化、灵活，宽方位地震采集在 21 世纪初率先在海洋地震勘探中得到较好的应用。随着采集设备的快速发展、陆上大吨位可控震源的应用及地震资料处理水平的提高，陆上宽方位角采集费用逐步减少，并在岩性储层、裂缝储层勘探开发中发挥着越来越重要的作用。

2. 大偏移距采集

在地震数据采集中，为了提高中深层反射振幅能量、压制规则和随机干扰、提高速度分析和定量解释精度，常常使用大排列采集方式来获得大偏移距地震数据。其原因在于：(1) 深部反射波成像质量的好坏与速度分析的精度密切相关，而速度分析的精度又与排列长度密切相关，排列长度大，速度分析精度高。为了保证较高的速度分析精度，排列长度一般应为勘探目的层的深度。(2) 由于直达波、浅层折射波等规则干扰波与有效波的速度存在差异，当排列长度较大时，这些干扰波与有效波能够在地震原始记录上得到有效区分。因此，采用更长的排列长度有利于避开直达波、浅层折射波等规则干扰，为更好地识别和消除规则干扰提供了有利条件。(3) 某些地区海底多次波和层间多次波发育且与有效波混杂在一起，在中、小偏移距地震数据道上难以有效区分和识别，而在大偏移距范围的地震道上，由于多次波的速度低于有效波的速度，经动校正处理后的相邻道的各种多次波未被完全拉平而存在时间差异，偏移距越大，时间差异越大，越有利于识别和消除多次波。(4) 为了提高深层弱反射能量，需要高的覆盖次数，在地震道间距一定的条件下，提高覆盖次数就需要增加排列长度，同时高叠加次数有利于压制各种不规则的随机干扰，提高中深层地震反射能量记录的信噪比。

孔隙介质中含油气之后通常都会导致地层密度信息发生明显变化，而密度参数对反射系数的影响则与入射角（偏移距）大小密切相关。在入射角比较小时，密度对反射系数影响比较微弱；而当入射角较大时，密度参数对反射系数的影响增大。因此，在油气解释中亟待采集到具有较大入射角的地震数据，即要求大偏移距采集。另外，地震各向异性主要影响大偏移距地震资料，而对中、小偏移距资料的影响则可以忽略，在各向异性特征明显的裂缝性储层地震勘探领域也需要开展大偏移距数据采集。

常规地震勘探的偏移距范围往往不能满足高速屏蔽层下地层成像的要求，为了改善高速屏蔽层下地层的成像质量，可以扩大偏移距范围，在更远偏移距处接收地震波。其优势在于：(1) 随着偏移距的增大，入射角增大到临界角，反射波振幅大多会逐渐增强；(2) 相比近偏移距波场，产生于海面、海底与高速层顶界面之间的多次波在远偏移距范围时对广角地震信息的干扰较小，并且与有效波之间存在着明显的视速度差异，容易分辨；(3) 转换横波在广角范围更有可能被记录，能够为处理成像和资料解释提供更多有价值的信息。目前，在海上地震勘探中用于接收地震波的超长水听器拖缆长度已经达到12km。

3. 宽频地震勘探

宽频地震勘探技术是实现高精度地震勘探的重要方法之一，能够获得薄层和小型沉积圈闭的高分辨率图像，实现深部目标体的清晰成像，提供更多的地层结构及细节信息，提高地震资料的解释水平。同时，宽频地震资料有利于更快、更准地开展层位自动拾取，其中，低频信号对于提高地震反演精度来说具有决定性的意义，在指导岩性和流体直接检测方面更有优势。西方地球物理公司、CGG、PGS等多家公司相继推出宽频地震采集与处理技术，并已在全球很多地区进行应用。

要获得宽频的地震信息，不仅需要在震源激发时尽可能地产生较宽的频谱，还需要在接收和数据处理过程中尽量保持宽频信息。在陆上地震数据采集中，可以对可控震源进行高精度设计，通过定制扫描来激发低频信号。目前，中国石油已经实现了从低频（1.5Hz）到高频（160Hz）信号的有效激发，使得地震信号的频带宽度得到了极大的拓展。而在海上数据采集中，则可以通过对拖缆的布设方式进行设计（如变频深采集、上/下缆采集方法）来获得宽频信息。变缆深拖缆采集技术是指拖缆深度为一个变量，拖缆的深度由浅到深，随着偏移距的增大而增加，通常缆深变化范围为5~50m，从而优化地震信号的带宽。目前，变缆深采集的地震数据频谱可以低至2Hz，能够获得高质量的低频信号。

宽频地震勘探技术已经从装备、采集、处理和反演等各个方面开展了深入的研究，低频端和高频端的拓宽均有助于显著地提高地震资料品质，增强对盐下、玄武岩下深部地质环境的穿透力和照明，为地震资料解释提供更可靠的数据。

4. 单点高密度地震勘探

在常规地震勘探中通常使用的组合输出是对组合内多个检波器输出的简单叠加，组合内检波器之间的耦合误差、定位误差、敏感度差异等因素都会引起组内干扰，导致波形畸变和空间假频，使组合输出的质量变差，地震勘探分辨率降低，成像结果不能满足高分辨率勘探的要求。随着电子技术、计算机技术、数字信号处理技术和数字传输技术的迅猛发展，野外地震采集已经具备万道甚至十万道实时采集能力，且百万道地震仪也进入研制阶段。目前，单点高密度地震勘探技术受到越来越广泛的关注，该技术放弃野外组合，采用单点接收、小道距、高道数、大动态范围的地震采集方式，沿着测线等距离或非等距离布设单个检波器，每个检波器作为一道，独立记录，将组合作为处理手段放到室内进行。该技术能够更好地适应日益复杂的勘探形势，在提高资料分辨率、改善油藏特征描述、解决复杂构造成像精度等方面展现出独特的优势。

采用单点高密度地震勘探技术的出发点有两个：一是采用单点接收，记录最原始的地震信息，在室内进行处理，提高信号的信噪比、分辨率和保真度；二是采用小道距，避免假频，采集高保真度的地震信息，提高空间采样率和分辨率。单点高密度地震勘探全面采用单点接收、小道距、高道数、大动态范围的地震采集方式，减小了采集面元，增加了采集道数，观测系统的设计更加灵活。其优势在于：（1）提高野外施工效率；（2）大动态范围；（3）消除组内干扰；（4）良好的波数响应，大带宽；（5）空间采样率高，避免假频；（6）提高噪声识别、分析和压制精度；（7）组合方式灵活，输出采样可变；（8）详细地反映近地表结构；（9）提高成像精度和分辨率；（10）缩短开发周期，降低勘探投资；（11）改善储层监测的重复能力。

随着地震仪器设备的不断发展，集采集站、电池、检波器于一体的节点地震仪开始得到推广应用，该设备体积小、重量轻、连续工作时间长，能够更好地满足单点高密度勘探需求，有助于大幅度提高复杂地区的高精度地震勘探需求。

第三节　面向解释的全三维地震资料处理

随着油气地震勘探向地层岩性油气藏进军，常规地震资料处理流程已经无法满足需求，需要重点发展高精度三维地震资料处理技术，确保地震资料具有高信噪比、高分辨率、高保真度，即"三高"。三维地震资料处理过程和二维地震资料处理过程基本相同，但在各个处理环节需要充分考虑三维特性和庞大数据体的操作与管理，从地震解释的角度出发，三维地震资料精细处理旨在准确成像、恢复准确的相对振幅、提高信噪比、改善数据的可解释性、确保叠前道集拉平。

高信噪比、高分辨率是地震资料处理中的永恒话题。高保真度对构造解释来说并不是必需的，但对岩性和储层预测来说却非常重要。所谓高保真度，就是要求在地震资料处理过程中相对保持地震反射波的振幅、频率、相位和波形等信息的固有特性，而不是一味地追求绝对保持。

一、面向叠前振幅解释的地震资料处理方法

在叠前地震资料开展解释特别是进行 AVO 分析时，通常要求地震数据应具备如下特征：零相位、道集中的反射具有明显的连续性、偏移距/角度采样充分、多次波和噪声去除干净、道集尽可能拉平、道集中的远近道振幅相对准确、道集内频率一致性好、各道之间的比例一致、无临界角和大于临界角的能量、叠前成像准确、资料频带宽、分辨率高。为了确保叠前地震资料的品质，通常采用一些有针对性的处理方法。

1. 去噪

在 CMP（common mid point，共中心点）道集上拉平有效波同相轴时，多次波通常会存在剩余时差，受偏移距的限制，即使通过域的转换进行多次波切除，在数据中依然残留着多次波能量，导致远近道之间的振幅相对关系发生改变，通常可以采用高分辨率 Radon 变换、SRME 等方法来去除多次波。当道集信噪比较低时，噪声会降低 AVO 分析的精度，通常可以选择一些稳健的拟合方法或滤波处理等方式来提高梯度属性估算的稳定性和精度。

2. 动校正与剩余时差去除

AVO 道集拉平首先需要精确开展动校正，而双曲线方程动校正会在中、远偏移距产生畸变，需要在时差方程中加入高阶项来提高垂向速度的精度；各向异性也会让道集拉平变得更加复杂，需要通过迭代来得到各向异性参数，并采用各向异性动校正表达式来进行校正。由于速度拾取不准或剩余各向异性特征都会引起剩余时差，可以利用静态时移来改善同相轴的平整度，确定实际地震道与参考地震道之间对齐的最佳时移值，从而有效改善 AVO 梯度的计算精度。当然，对于极性反转等 AVO 特征则不能一味地追求道集拉平，需要结合实际速度特征开展精细分析。

3. 振幅相对保持

地层各向异性会引起不同角度的几何扩散发生明显变化，需要采用与偏移距有关的比例因子来校正振幅畸变。在采用不同炮检距对提取共反射点道集并开展 AVO 分析时，需要消除不同炮之间的信号强度差异和检波器灵敏度差异，甚至需要消除震源和检波器排列方向不同所造成的 AVO 振幅差异等。同时还应该考虑上覆地层复杂性对目的层振幅特征的影响，选择尽可能保幅或满足资料特征的偏移算法，并通过振幅归一化等方式来有效展示地质体的横向变化特征。

4. 谱均衡

双曲线动校正需要对大偏移距数据进行拉伸，而远偏移距长射线路径的吸收效应、与大入射角有关的偏移效应都会导致地震波频率降低，从而出现地震数据频谱随偏移距的增大而减小的现象。通常需要对拉伸切除后的数据进行谱均衡处理，采用全叠加道作为参考道，计算不同偏移距地震道的频谱匹配算子。此外，也可以采用"无拉伸"动校方案，

从而有效解决近道和远道数据不匹配的问题，避免由于数据不匹配而产生错误的 AVO 分析结论。

5. 角度叠加道集

针对中偏移距覆盖次数高，而小偏移距和大偏移距道集覆盖次数低等问题，通常采用自适应方法，从相邻的 CMP 位置中抽取相似偏移距或入射角的地震道来生成超道集，确保不同的偏移距实现均匀分布。该做法能够提高信噪比，但同时也牺牲了横向分辨率。在进行角度叠加时，一般选择 3 个角度进行叠加，通常选择目的层的最小角度为近角度，当每个角度叠加时所包含的角度范围较小时，叠加噪声往往较大，此时可以采用构造导向滤波等方法进行去噪处理，从而有效提高角度部分叠加资料的信噪比。当实际资料的有效角度较大时，则需要充分考虑成像和各向异性等因素的影响，避免大角度叠加所带来的不确定性。

二、全三维地震资料处理特色技术

1. 宽方位地震资料处理技术

方位角道集是分方位速度分析的基础，是分方位各向异性偏移的基础，因此，抽取合理的分方位道集有利于研究速度随方位角的变化，有利于研究振幅随炮检距和方位角的变化，增强地震资料识别断层、裂隙、岩性和流体性质的能力。

常用的三维地震资料宽方位处理技术有：（1）各向异性偏移技术，用于消除不同方向上由各向异性引起的远偏移距动校正误差；（2）分方位速度分析加多方位网格层析技术，常规的网格层析没有考虑到剩余时差与方位角的关系，而多方位网格层析则在分方位拾取剩余时差的基础上，统一分解计算，得到更为精细并充分考虑方位各向异性特征的速度场；（3）方位时差校正技术，当不利用方位时差信息时，为了提高全方位资料的同相叠加程度，可以采用该方法消除方位各向异性引起的方位时差；（4）炮检距向量片（offset vector tile，OVT）域偏移技术，由于 OVT 域偏移所得道集可以保存方位角信息，避免了先分方位再偏移的麻烦，有利于进一步提高宽方位地震勘探的成像精度。

2. 各向异性处理技术

基于双曲时差分析的常规动校正在大偏移距处往往校不平，通常认为大偏移距的剩余时差主要是由各向异性引起的，需要考虑各向异性因素来更加精细地开展动校正。在动校正过程中通常引入各向异性参数 η 来进行 P 波反射的非双曲时差速度分析，但速度 v 和参数 η 对时差的影响在偏移距方向上并不是均匀分布的，当考虑速度在整个偏移距上都有影响时，各向异性参数 η 对时差的影响主要集中在大偏移距处。因此，叠前地震道集拉平离不开基于各向异性的高精度速度分析。

实际地球介质存在各向异性是毋庸置疑的，不考虑介质各向异性的偏移算子必然导致反射点归位不准确，或造成偏移假象。从 20 世纪 90 年代开始，各向异性介质偏移成像技术的研究一直是一个热点问题。各向异性偏移技术的研究主要集中在 TI 介质，考虑到计算参数太多，在工业界中主要采用参数简化、弱各向异性近似、声学近似等方法来降低各向异性介质偏移成像的难度。目前，TI 介质声波偏移方法已经在实际生产中取得了较好的应用效果，各向异性介质逆时偏移方法也逐渐进入实用阶段，并在墨西哥湾复杂构造、盐体及盐下构造成像等处理中取得了令人满意的效果。但声学近似方程表征的动力学特征并不精确，且无法处理转换波问题，给地震解释工作带来了一定的困难，因此，发展高效快速的全弹性波各向异性偏移方法成为一个重要的方向。

3. 叠前深度偏移

叠前深度偏移成像理论是建立在复杂构造速度模型基础之上的。与时间成像的区别在于如果地层速度存在横向变化或者构造为非水平地层时，时间偏移结果是畸变的，深度偏移结果才是正确的。其优点在于：（1）符合斯奈尔定律，遵循波的绕射、反射和透射定律，适用于任意介质的成像；（2）消除了叠加引起的弥散现象，使得大倾角地层信噪比和分辨率得到提高，适用于任意介质；（3）能够综合利用地质、钻井及测井等资料来约束处理结果，还可以直接利用油气深度剖面进行构造解释，方便与实际的钻井数据进行对比。因此，叠前深度偏移成像是适合复杂地质体成像的一种最先进、最实用的方法，有助于更好地解决前陆冲断带、逆掩推覆、高陡构造等复杂构造的成像问题。

当前叠前深度偏移的主要类别有 Kirchhoff 积分法、波动方程法和逆时偏移技术。其中，Kirchhoff 积分法是生产中应用较广泛的叠前深度偏移方法，其优点在于它的适应性以及具有相对高效的处理速度纵横向变化的能力，且计算效率高，但它存在着精度不高及对算子假频的敏感性等问题。单程波动方程叠前深度偏移由于没有对方程做高频近似，而是用可以扫描波在复杂介质中的传播过程的算子作为波场外推算子，能够解决强横向变速条件下复杂构造的精确成像，而基于双程波方程的逆时偏移技术则得到了迅速发展，对任意倾角界面都能成像，同时适应速度在纵横向上的剧烈变化。

4. 深度域高精度速度建模

速度建模是地质与地球物理结合的一个综合过程，尤其在低信噪比资料情况下更加强调综合，如何将地质先验信息与地球物理数据相结合是获得合理速度模型的关键。速度建模的方法大体分为旅行时层析成像、偏移速度分析和全波形反演，前两类方法分别利用地震记录中的走时信息和振幅信息，而全波形反演则充分利用地震数据记录中的所有有效信息，其主要思想是利用反传波场来修正初始模型，以减小观测地震数据和模拟地震数据之间的波形误差。

全波形反演主要利用叠前地震记录与正演模拟炮记录之间寻求最佳匹配来获取最优反演速度场。该方法不仅考虑了地震波传播的旅行时等运动学信息，而且加入了振幅、相位、波形等动力学信息，能够适应强横向变速介质和各向异性介质的速度反演，具备揭示复杂地质背景下构造与储层物性的潜力。全波形反演技术是提高速度建模精度、改善成像效果的主要手段，为区域深部构造及演化分析、浅表层环境调查、宏观速度场建模与成像、岩性参数反演提供了有力的工具。大量学者在该领域开展了许多开拓性的研究工作，伴随着计算能力的提升，全波形反演技术已经从理论研究走向实用，并且已经在海洋地震勘探资料中取得了很好的应用效果，在陆地地震勘探资料中也展现出了良好的应用前景。

第四节　地震资料定量解释基础

地震子波在向下传播过程中，遇到波阻抗分界面就会发生反射和透射，反射地震勘探就是在地面利用检波器接收从地下各个反射界面反射回到地面的子波。这些反射子波的振幅有大有小、极性有正有负，到达地面的旅行时间有先有后。在地震资料解释中通常采用褶积模型来表示这个过程。

一、褶积理论与地震资料分辨率

叠后地震资料解释的理论基础是褶积模型（convolution model），即地震道可以看作是子波与反射系数序列的褶积。通常假设实际地震道 $f(t)$ 由有效波 $s(t)$ 和干扰波 $n(t)$ 叠加而成，即

$$f(t) = s(t) + n(t) \tag{1-8}$$

此处的有效波 $s(t)$ 是指一次反射波。层状介质的一次反射波通常用线性褶积模型表示，即

$$s(t) = w(t) * r(t) = \int_0^T w(\tau) r(t-\tau) \mathrm{d}\tau \tag{1-9}$$

式中，$w(t)$ 为地震子波；$r(t)$ 为反射系数；符号"*"表示褶积运算。

地震子波是指由震源激发的子波 $o(t)$ 经地层滤波器 $g(t)$，形成地下子波 $w_1(t)$，然后逐层反射—透射［透过响应 $\tau(t)$］—反射，最后被地面接收器 $d(t)$ 接收，并由仪器 $i(t)$ 记录后形成的，可以认为是除了反射系数以外的综合影响结果，将地层响应、透过响应、接收器响应、仪器响应都看作是滤波作用，对震源子波的滤波相当于它们的时间域响应与震源子波的连续褶积，即

$$w(t) = o(t) * g(t) * \tau(t) * d(t) * i(t) \tag{1-10}$$

地震道的褶积模型有多种表达方式。根据频谱定理，式(1-9)的时间域褶积关系可以在频率域中表达为乘积关系，即

$$S(\mathrm{j}\omega) = W(\mathrm{j}\omega) \cdot R(\mathrm{j}\omega) \tag{1-11}$$

式中，$S(\mathrm{j}\omega)$、$W(\mathrm{j}\omega)$、$R(\mathrm{j}\omega)$ 分别为 $s(t)$、$w(t)$、$r(t)$ 的傅里叶变换。

上述三项的复数形式可表示成为振幅谱及相位谱两部分，即

$$\begin{cases} S(\mathrm{j}\omega) = S(\omega) \cdot \mathrm{e}^{-\mathrm{j}\theta_S(\omega)} \\ W(\mathrm{j}\omega) = W(\omega) \cdot \mathrm{e}^{-\mathrm{j}\theta_W(\omega)} \\ R(\mathrm{j}\omega) = R(\omega) \cdot \mathrm{e}^{-\mathrm{j}\theta_R(\omega)} \end{cases} \tag{1-12}$$

三者之间的振幅谱和相位谱分别可以表示成为如下关系：

$$S(\omega) = W(\omega) \cdot R(\omega) \tag{1-13}$$

$$\theta_S(\omega) = \theta_W(\omega) + \theta_R(\omega) \tag{1-14}$$

式(1-13)和式(1-14)表明：地震道的振幅谱是子波振幅谱及反射系数振幅谱的乘积，相位谱则是子波相位谱及反射系数相位谱之和。

所谓反射系数（reflection coefficient），是指界面上反射波位移振幅（能量）与入射波位移振幅（能量）之比，也称为反射率（reflectivity）。大量事实表明：利用声波测井资料和其他资料换算出反射系数 $r(t)$，当选用合适的地震子波 $w(t)$ 后，计算出的人工合成地震记录与对应的井旁地震记录大都符合较好。因此，地震记录的褶积模型理论基本符合客观实际，关键是能够用简洁的形式建立起了一次地震反射波与地层反射系数之间的定量关系，成为地震资料解释中的重要基础理论。具体来说，该模型的应用主要涉及三个方面：

(1) 已知 $W(t)$ 和 $R(t)$ 求 $S(t)$，属于正演问题，如合成地震记录（synthetic seismogram）；

(2) 已知 $S(t)$ 和 $W(t)$ 求 $R(t)$，属于反演问题，如波阻抗反演（impedance inversion）；

(3) 已知 $S(t)$ 和 $R(t)$ 求 $W(t)$，属于地震资料处理中的子波处理（wavelet processing）问题。

日常生活中的分辨能力（resolving power）是指区分两个靠近物体的能力，通常以绝对值表示。分辨能力强弱的度量通常有两种方式：一是距离表示，分辨的垂向距离或横向范围越小，则分辨能力越强；二是时间表示，在地震时间剖面上，相邻地层时间间隔 Δt 越小，则分辨能力越强。分辨能力的这种度量方式(值越小代表分辨能力越强)似乎与通常的理解相反，为此，将时间间隔 Δt 的倒数定义为分辨率（resolution），采用相对值表示。

地震勘探的分辨率包括垂向和横向两方面。垂向分辨率（vertical resolution）是指地震记录或地震剖面上能分辨的最小地层厚度。横向分辨率（lateral resolution）是指在地震记录或水平叠加剖面上能分辨相邻地质体的最小宽度，也称空间分辨率或水平分辨率。其中，横向分辨率通常由第一菲涅耳带（first fresnel zone）的大小来确定。在实际生产中，地震数据经过偏移处理后的第一菲涅耳带半径会大大减小，因此，在偏移剖面上很难讨论清楚横向分辨率的问题，所以，在地震勘探中讨论的分辨率一般指垂向分辨率。通常采用以下三个准则来评价分辨率：

(1) 瑞利（Rayleigh）准则。两个子波的旅行时差大于或等于子波的半个视周期，这两个子波是可分辨的，否则是不可分辨的。这里的半个视周期是指子波主频值与相邻异号次极值的时间间隔。显然，当子波的主极值幅度显著大于次极值幅度时，Rayleigh 准则是比较合理的。

(2) 雷克（Ricker）准则。两个子波的旅行时差大于或者等于子波主极值两侧的两个最大陡度点的间距时，这两个子波是可分辨的，否则是不可分辨的。如果用子波的时间导数来表示，则 Ricker 准则是子波导数的两个异号极值点的间距，而 Rayleigh 准则是子波导数的两个过零点的间距。

(3) 怀德斯（Widess）准则。两个极性相反的子波到达时间差小于 1/4 视周期时，合成波形非常接近于子波的时间导数，极值位置不能反映层间旅行时差，两个异号极值的间距保持不变，约等于子波的 1/2 视周期。此时，合成波形的旅行时差不能分辨薄层，但是合成波形的幅度与旅行时差（地层厚度）近似成正比，通过已知井上的厚度信息对振幅进行标定，即可利用上述条件下的振幅信息来解释薄层厚度，具体方法原理将在第七章专门讨论。

实际上，在采用上述准则讨论分辨率时的适用条件是：零相位子波、子波的相位数少、主极值大而明显。其中，Widess 准则是目前地震勘探中普遍采用的分辨率评价准则，且为利用振幅信息研究薄层厚度提供了理论依据。

地震勘探的分辨率取决于地震波波长、地层厚度、埋藏深度及资料信噪比。由于地震波速度一般随深度增加而增加，且高频成分随深度增加而迅速衰减，从而使深层地震资料的频率变低、频宽变窄，导致波长随深度增加而增大，加上深层反射信号弱、信噪比低，使得深层地震资料分辨率明显降低。

二、AVO理论与叠前地震资料解释

地层含气后导致地震波速度明显降低,使得远炮检距相对于近炮检距的地震反射振幅产生差异,导致反射能量随炮检距变化而出现规律性特征。目前,开展叠前地震资料解释的理论基础是AVO理论,同时也涉及AVA和AVP等几个基本概念。AVO是振幅随炮检距变化(amplitude variation with offset)或振幅和炮检距关系(amplitude versus offset)的英文缩写,AVA是振幅随入射角变化(amplitude variation with incident angle)的英文缩写,而AVP则代表振幅随射线参数的变化(amplitude variation with ray-parameter)。

AVO(AVA或AVP)分析是一项利用振幅随炮检距变化特征来分析和识别岩性及油气藏的地震勘探技术。由于共中心点道集地震记录可以等价地用炮检距和反射界面深度来表示地震波的入射角,因此,振幅随炮检距变化(AVO)与振幅随入射角变化(AVA)概念是一致的,只是在表述方式上存在差异。AVO分析的理论基础是地震波反射和透射理论,早在20世纪初,描述振幅随入射角变化(AVA)与介质弹性参数的近似理论——平面弹性波的反射和透射理论已基本建立,即佐普里兹(Zoeppritz)方程,该方程可以用位移振幅来表示反射、透射系数方程:

$$\begin{bmatrix} \sin\alpha & \cos\beta & -\sin\alpha' & \cos\beta' \\ \cos\alpha & -\sin\beta & \cos\alpha' & \sin\beta' \\ \sin2\alpha & \dfrac{v_{p1}}{v_{s1}}\cos2\beta & \dfrac{v_{p1}v_{s2}^2\rho_2}{v_{p2}v_{s1}^2\rho_1}\sin2\alpha' & \dfrac{\rho_2 v_{p1}}{\rho_1 v_{s2}}\cos2\beta' \\ -\cos2\beta & \dfrac{v_{s1}}{v_{p1}}\sin2\beta & \dfrac{\rho_2 v_{p2}}{\rho_1 v_{p1}}\cos2\beta' & \dfrac{\rho_2 v_{s2}}{\rho_1 v_{p1}}\sin2\beta' \end{bmatrix} \begin{bmatrix} R_{pp} \\ R_{ps} \\ T_{pp} \\ T_{ps} \end{bmatrix} = \begin{bmatrix} -\sin\alpha \\ \cos\alpha \\ \sin2\alpha \\ \cos2\beta \end{bmatrix} \quad (1-15)$$

式中,R_{pp}、R_{ps}、T_{pp}、T_{ps}分别为用位移振幅表示的P波反射系数、SV波反射系数、P波透射系数和SV波透射系数;v_{p1}、v_{s1}和ρ_1分别为界面以上介质的纵波速度、横波速度和密度;v_{p2}、v_{s2}和ρ_2分别为界面以下介质的纵波速度、横波速度和密度。

根据地震波反射和透射理论,反射系数随入射角变化的特征与分界面两侧介质的地震参数有关。该理论蕴含着两层含义:第一,不同的岩性参数组合导致反射系数随入射角变化的特征不同,通过正演可以分析已知油、气、水和岩性的AVO特征,有助于从实际地震记录中识别岩性和油气,定性开展地震油藏描述;第二,反射系数随入射角变化本身隐含了岩性参数的信息,利用AVO关系可以直接反演岩石的纵波速度、横波速度和密度,甚至进一步反演储层物性参数,从而定量开展地震油藏描述。这两层含义反映了AVO分析的基本思想,也代表了两种最基本的AVO分析方法,前者称为正演方法,后者称为反演方法。AVO分析旨在充分挖掘叠前地震记录中非零炮检距地震信息的潜力,被广泛应用于分析或反演储层弹性参数特征,降低储层预测和油气识别的多解性,目前已经发展成为继亮点技术之后利用振幅信息开展岩性和含油气性检测的主要地震勘探技术。

Zoeppritz方程在理论上描述了振幅随入射角的变化关系,但该方程形式复杂且物理意义不明确,直接应用于地震数据分析和参数反演存在很多局限。许多学者对Zoeppritz方程进行了简化和近似,其中,Aki和Richards在《定量地震学》中给出的近似方程,全面推进了AVO技术的实用化进程。由于在大多数介质中相邻两个地层的弹性参数数值变化不会太大，$\Delta\alpha/\bar{\alpha}$、$\Delta\beta/\bar{\beta}$、$\Delta\rho/\bar{\rho}$ 和其他值相比较小，当入射角不超过临界角时，可以推导得到 Aki-Richards 反射系数近似式：

$$R(\bar{\theta})=\frac{1}{2}\sec^2\bar{\theta}\frac{\Delta\alpha}{\bar{\alpha}}-4\bar{\gamma}^2\sin^2\bar{\theta}\frac{\Delta\beta}{\bar{\beta}}+\frac{1}{2}(1-4\bar{\gamma}^2\sin^2\bar{\theta})\frac{\Delta\rho}{\bar{\rho}} \tag{1-16}$$

式中，$R(\bar{\theta})$ 表示随角度变化的 PP 波反射系数；$\bar{\alpha}$、$\bar{\beta}$、$\bar{\rho}$、$\bar{\gamma}$ 和 $\bar{\theta}$ 分别表示界面上下的平均 P 波速度、平均 S 波速度、平均密度、$\bar{\beta}/\bar{\alpha}$ 比值、分界面处的入射角和透射角的平均角度；$\Delta\alpha$、$\Delta\beta$、$\Delta\rho$ 是界面两侧 P 波速度、S 波速度及密度的变化量。该近似方程表明，在叠前共反射点道集中，非零炮检距地震道的反射系数（或反射振幅）中包含了纵波速度、横波速度及密度信息。

在实际应用中经常用到 Wiggins 等（1983）提出的 $R(\theta)=A+B\sin^2\theta+C\sin^2\theta\tan^2\theta$ 表达式。该公式提出了 AVO 截距和梯度概念，证明了相对反射系数随入射角（或炮检距）的变化梯度主要由泊松比的变化来决定，并给出了用不同角度项表示的反射系数近似方程，为 AVO 属性分析提供了理论基础。该方程的具体形式为

$$R(\bar{\theta})=R_0+\left[B_0R_0+\frac{\Delta\sigma}{(1-\bar{\sigma})^2}\right]\sin^2\bar{\theta}+\frac{1}{2}\frac{\Delta\alpha}{\bar{\alpha}}\sin^2\bar{\theta}\tan^2\bar{\theta} \tag{1-17}$$

其中 $R_0=\frac{1}{2}\left(\frac{\Delta\alpha}{\bar{\alpha}}+\frac{\Delta\rho}{\bar{\rho}}\right)$，$B_0=D-2(1+D)\frac{1-2\bar{\sigma}}{1-\bar{\sigma}}$，$D=\dfrac{\dfrac{\Delta\alpha}{\bar{\alpha}}}{\dfrac{\Delta\alpha}{\bar{\alpha}}+\dfrac{\Delta\rho}{\bar{\rho}}}$

式中，$\bar{\sigma}$ 为反射界面两侧介质的平均泊松比，$\Delta\sigma$ 为界面两侧地层的泊松比之差，有

$$\begin{cases}\bar{\sigma}=(\sigma_1+\sigma_2)/2\\\Delta\sigma=\sigma_2-\sigma_1\end{cases}$$

在入射角小于 30°，且 $\Delta\alpha/\bar{\alpha}$ 也比较小时，式(1-17) 中的第三项可以忽略，即常用的 Shuey 两项式近似公式(Shuey，1985)：

$$R(\bar{\theta})=P+G\sin^2\bar{\theta} \tag{1-18}$$

其中
$$P=R_0$$
$$G=B_0R_0+\frac{\Delta\sigma}{(1-\bar{\sigma})^2}$$

式中，P 为法线（垂直）入射时的反射系数，称为 AVO 截距；G 为与岩石纵波速度、横波速度和密度有关的项，称为 AVO 梯度（AVO gradient），代表振幅随 $\sin^2\theta$ 变化的斜率，斜率大于零称为正梯度，小于零称为负梯度。AVO 梯度的符号和大小主要取决于界面两侧的横波速度差。该简化式表明，当上、下两层介质的纵波阻抗一定时，泊松比差 $\Delta\sigma$ 对反射振幅随入射角的变化影响很大，$\Delta\sigma$ 越大振幅随入射角的变化也越大，从而可以通过 AVO 分析来获取地层泊松比信息。

Shuey 两参数近似方程直观地表达了 PP 波反射系数与介质的弹性参数及入射角之间的关系，使 AVO 异常识别由定性阶段进入了定量阶段，促进了 AVO 技术的发展。应该指出，利用该方程反演岩性参数信息时，只需知道背景纵波速度的信息而不需要横波信息，从而在反演过程中消除了背景横波信息所引起的系统误差。但在该反演方程中，属性参数

G 没有明确的物理意义，需要进行二次转换，且泊松比的变化取决于反射界面两侧的纵、横波速度的变化，在很大程度上限制了参数估计的有效性，而且可能使得 $\Delta\sigma$ 的估计带有较大误差。

很多学者在此基础上发展了用纵横波阻抗、拉梅常数、体积模量甚至流体因子表示的反射系数近似表达式，不同的表达式强调了不同的弹性模量在反射系数中的作用，突出了不同弹性模量在反射系数随入射角变化关系中的物理意义。大部分近似都是在 Zoeppritz 方程的基础上或直接在 Aki-Richards 近似方程的基础上进一步对纵波反射系数作出的简化，虽然在形式上具有差异，但不同近似公式之间存在着非常强的联系。首先，各种近似方法都是在假设反射界面附近弹性参量相对变化较小的条件下得出的，都有一定的适用范围。其次，各种近似都是对 Zoeppritz 方程中的反射系数进行逼近，在小角度条件下近似程度都很好，但在入射角增大的时候都会产生不同程度的误差。根据一定的假设条件，利用纵横波速度、密度和弹性参数之间的关系，通过一定的数学变换和推导能够实现不同近似公式之间的转换，能够方便地对比分析不同方法对反射系数的近似程度。

反射系数随入射角变化是 AVO 分析的基础，但影响 AVO 效应的因素很多，包括储层厚度、孔隙度、泥质含量和含气饱和度等各种储层特征参数，且 AVO 特征也与地震子波等因素密切相关。图 1-6 是将 Ostrander 提出的四类含气砂岩模型组合在一起后通过正演模拟制作的 AVO 道集记录，通过道集上振幅的变化特征与含气砂岩的界面进行对比可以非常直观地观察到不同类型的 AVO 特征，掌握这些特征对叠前地震资料处理和解释具有重要意义。

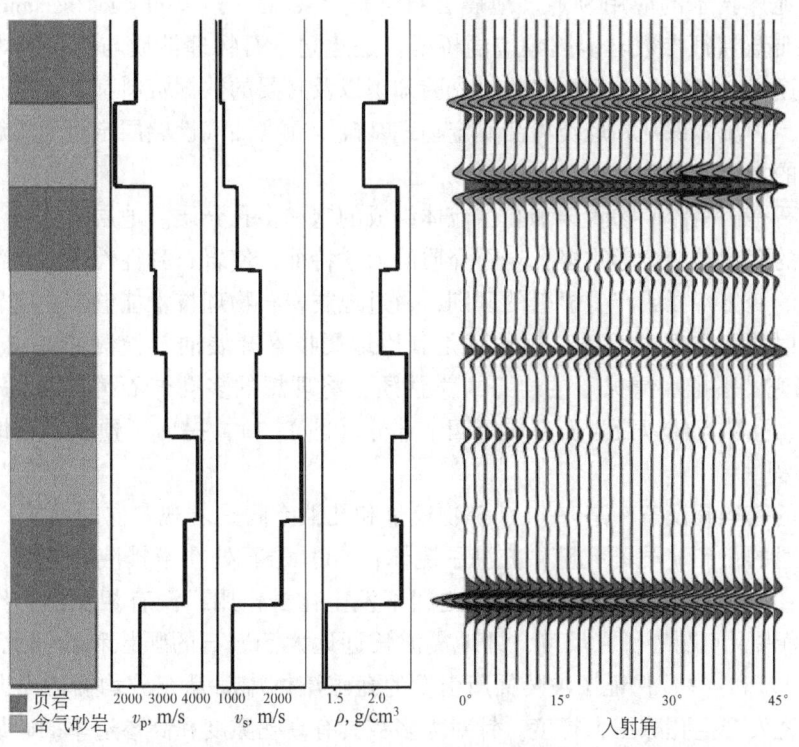

图 1-6　根据典型含气砂岩特征正演模拟制作的 AVO 道集记录特征

叠前地震反演和 AVO 分析都充分考虑了反射波振幅随偏移距（或入射角）的变化关系，为储层预测和含油气性检测提供了更加可靠的信息。在全三维地震解释中，还需要进一步考虑方位角信息，也就是目前发展得如火如荼的五维地震解释技术，对裂缝性储层预测和含油气性检测具有重要的意义。当然，全三维地震资料解释更需要高精度的宽方位地震采集和全三维的地震资料保幅处理，只有高品质的资料才能有效提高利用地震资料开展储层预测和含油气性识别的可靠性。

三、含油气储层地震岩石物理

储层含油气后会引起岩石物理性质发生改变，并在地震波速度或者振幅反射特征上得到体现，含油气性检测正是利用油气层与水层（或干层）之间的地球物理响应特征差异，采用相应的地球物理资料来检测储层含油气性特征的技术。由于储层含油气后在成分、速度、黏度和导电性等方面与围岩、干层或水层产生明显的区别，导致两者之间在地球物理响应特征存在一定的差异，因此，含流体孔隙介质中的岩石物理特征对于含油气性识别尤为重要。

岩石物理（rock physics）学是一门专门研究岩石各种物理性质和其产生机制的一门自然科学，该学科不仅是物理学的一个独立分支，也是地球物理学的一个重要组成部分，其基本目的是为地球物理资料的推断解释提供理论基础，目前已经发展成为一门综合性的边缘学科。岩石物理学的基本任务是找出不同条件下岩石的物理测量参数与岩石结构、组成成分及岩石固有特性之间的关系和规律，是地球科学中许多分支学科的专业基础，成为联系地球物理学、岩石学、水文地质学、工程地质学和岩土力学等学科的纽带和桥梁，有效地拓宽了地震技术的应用领域。地震岩石物理（seismic rock physics/seismic petrophysics）是联系储层特征参数与地震响应的桥梁，是建立岩石物理性质与油藏基本参数之间关系的主要途径，能够为地震反演提供先验知识以及必要的数据资料，从而减小反演问题的不确定性，为流体识别和烃类检测奠定物理基础，在含油气性储层定量地震解释中发挥着非常重要的指导作用。

地下岩石是由固体矿物骨架和孔隙流体组成的饱和多孔介质。地层水、石油和天然气等孔隙流体的存在必然会影响多孔岩石介质的力学特征，使岩石弹性性质在含油气之后呈现出规律性的变化特征或产生显著的区别，通过地震岩石物理技术能够建立起岩石物性参数与地震反射特征之间的关系，这也正是利用地震技术开展油气检测的基础。1951 年，Gassmann 研究了不排水情况下的岩石力学性质，将理想的多孔岩石介质分为饱和岩石、干岩石骨架、孔隙流体以及岩石基质等四个部分（图 1-7），提出了预测岩石饱和模量的 Gassmann 方程。

该理论的基本假设条件是：（1）矿物模量和孔隙空间是宏观各向同性的；（2）所有孔隙都是连通的；（3）岩石孔隙中充满了流体；（4）岩石处在不排液的情况，即整个系统是封闭的；（5）孔隙流体与固体骨架之间不发生化学作用，没有相互耦合作用。假设条件（1）确保了问题的研究尺度，即地震波长远远大于岩石的颗粒和粒间孔隙的大小。假设条件（2）和（3）保证了波传播所引发的孔隙流体流动是充分均衡的，即波在传播过程中不会诱发产生孔隙压力梯度。针对大多数具有高孔隙度和高渗透率的碎屑岩储层来说，频率较低的地震波在传播中引发的压力在孔隙空间的分布是相对均匀的，该条件对碎屑岩基本成立。条件（4）假设岩石—流体系统的边界是封闭的，即系统表面无流体的流动，单位岩石的大小远小于地震波波长尺度，波传播过程中引起的岩石应力变化不足以引起系统表面任何可观的流体流动，该假设是研究流体与岩石骨架之间相对物理过程的关键。假设条件（5）确保了孔隙流体与岩石骨架之间不会发生化学作用和物理作用。

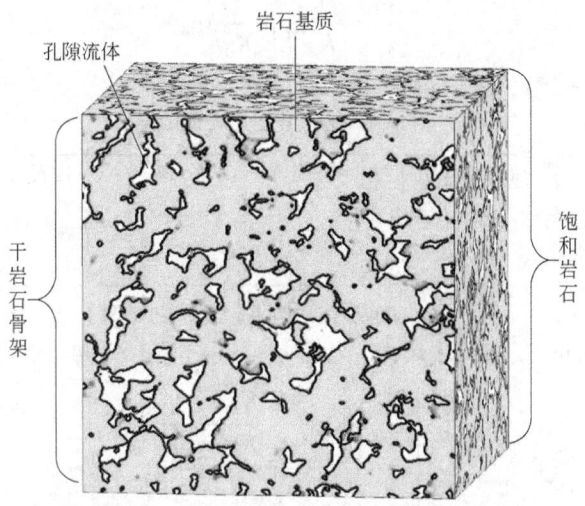

图 1-7　Gassmann 理论中多孔介质的组成示意图

定义干岩石骨架的密度为 ρ_d、体积模量为 K_d、剪切模量为 μ_d；孔隙流体的密度为 ρ_f、体积模量为 K_f；岩石基质的密度为 ρ_s、体积模量为 K_s、剪切模量为 μ_s；饱和岩石的密度为 ρ_{sat}，体积模量和剪切模量分别是 K_{sat} 和 μ_{sat}，孔隙度为 ϕ，研究岩石骨架与流体之间的相互物理作用过程以更合理地表征饱和岩石的弹性性质。

以一个密封的单位饱和岩石立方体为研究对象，假设 ρ_{sat} 是固液两相物质密度的体积加权平均，即

$$\rho_{sat} = \phi\rho_f + (1-\phi)\rho_s \tag{1-19}$$

假定在骨架发生切应变时，流体与固体之间相互无影响，则有

$$\mu_{sat} = \mu_d \tag{1-20}$$

单位立方体的所有面上都受到增量压力为 Δp 的作用，其体积的相应变化量为 $\Delta v/v$，假设应力为负应力，则产生的体积模量为

$$K_{sat} = -\Delta p/(\Delta v/v) \tag{1-21}$$

在封闭系统内，压力 Δp 是干岩石骨架压力 Δp_d 和流体压力 Δp_f 之和，即

$$\Delta p = \Delta p_d + \Delta p_f \tag{1-22}$$

在岩石立方体具有封闭边界的假设前提下，岩石总体积变化是流体体积变化和干岩石体积变化之和，即

$$\Delta v = \Delta v_f + \Delta v_d \tag{1-23}$$

流体体积变化以流体压力变化形式表示有 $\Delta v_f = -\phi v \Delta p_f/K_f$。同时，流体压力变化对固体骨架的压缩量为 $\Delta v_{d1} = -(1-\phi)v\Delta p_f/K_s$，由于固体骨架承受的压力发生变化而引起的固体体积变化量为 $\Delta v_{d2} = -v\Delta p_d/K_s$。将以上体积变化量带入式（1-23）可以得到

$$\frac{\Delta v}{v} = \left(-\frac{\phi}{K_f} - \frac{1-\phi}{K_s}\right)\Delta p_f - \frac{1}{K_s}\Delta p_d \tag{1-24}$$

另外，考虑单位立方体体积变化的另一种表示度量。当体积变化仅由干岩石骨架压力变化引起时，根据体积模量的定义方式可以得到体积变化量为 $\Delta v_1 = -v\Delta p_d/K_d$。若流体压力增加，整个干岩石骨架会收缩变小，为了保持其压力的均衡，在单位体积内会产生一定的变化量 $\Delta v_2 = -v\Delta p_f/K_s$。因此，对于总体积变化量可以表示为

$$\frac{\Delta v}{v} = -\frac{1}{K_s}\Delta p_f - \frac{1}{K_d}\Delta p_d \tag{1-25}$$

由式(1-24)和式(1-25)，可以得到

$$K_{sat} = \frac{\phi/K_s + 1/K_s - \phi/K_f - 1/K_d}{(\phi/K_d)(1/K_s - 1/K_f) - (1/K_s)(1/K_d - 1/K_s)} \tag{1-26}$$

进一步化简得到

$$K_{sat} = K_d + \frac{(1-K_d/K_s)^2}{\phi/K_f - K_d/K_s^2 + (1-\phi)/K_s} \tag{1-27}$$

由此可以得到 Gassmann 方程表达式：

$$\begin{cases} K_{sat} = K_d + \dfrac{(1-K_d/K_s)^2}{\dfrac{\phi}{K_f} - \dfrac{K_d}{K_s^2} + \dfrac{1-\phi}{K_s}} \\ \mu_{sat} = \mu_d \end{cases} \tag{1-28}$$

Gassmann 方程不仅可以用来预测饱和岩石的弹性模量，而且在流体替代中发挥着重要的作用。在流体替代中主要采用两种方式：一种是根据饱和岩石的模量信息计算干岩石骨架模量，然后利用计算的干岩石骨架模量进一步计算饱含新流体后的岩石模量参数；另一种是采用代数方法消去 Gassmann 方程中的干岩石体积模量，由下式来实现新流体岩石模量信息的预测：

$$\frac{K_1}{K_s - K_1} - \frac{K_{f_1}}{\phi(K_s - K_{f_1})} = \frac{K_2}{K_s - K_2} - \frac{K_{f_2}}{\phi(K_s - K_{f_2})} \tag{1-29}$$

式中，K_1 和 K_2 分别表示饱含流体 1 和流体 2 的岩石的体积模量；K_{f_1} 和 K_{f_2} 分别表示孔隙流体 1 和流体 2 的体积模量。

图 1-8(a) 是在不含气情况下，纵、横波速度以及密度随含油饱和度的变化曲线。从图中可以看出纵波和横波的速度以及密度随着饱和度的变化幅度不是很大，原因在于水和油的性质比较接近。纵波速度和密度随着饱和度的增加略有减少，而横波速度则基本保持不变，因为横波速度只与饱和岩石的剪切模量有关，而流体并不存在剪切模量。图 1-8(b) 是假设孔隙中流体为水和气的混合物时，纵横波速度以及密度随含气饱和度的变化曲线。从中可以看出含气时纵横波速度和密度变化较大。刚开始，混合物一旦含气，纵波速度迅速下降；当含气饱和度达到 10% 以后，纵波速度的变化趋于缓慢，并慢慢增加。密度和横波速度的变化比较平缓，密度随着含气饱和度的增加线性下降，横波速度随含气饱和度的增加呈线性增加的趋势。由此可见，地震波速度对流体饱和响应是非唯一的，速度随饱和度的变化规律并不完全由孔隙流体的饱和度所决定，还取决于流体的性质。流体含气时对纵波速度的影响很大，而对横波速度和密度的影响并不是很大。根据 Gassmann 理论可知，当流体含气时，由于气体的体积模量很小，饱和岩石的体积模量随之下降，从而引起

速度的迅速减小，随着含气饱和度的增加，饱和岩石的体积模量变化趋于平缓，纵波速度也随之变化平缓。然而，对于横波速度和密度而言，一般认为流体中并不存在剪切波，流体中含气时只是对饱和岩石的密度产生影响，即含流体时剪切模量不变，油气替换水后岩石密度略微降低，使得横波速度略微升高，当然变化幅度并不是很大。

彩图1-8

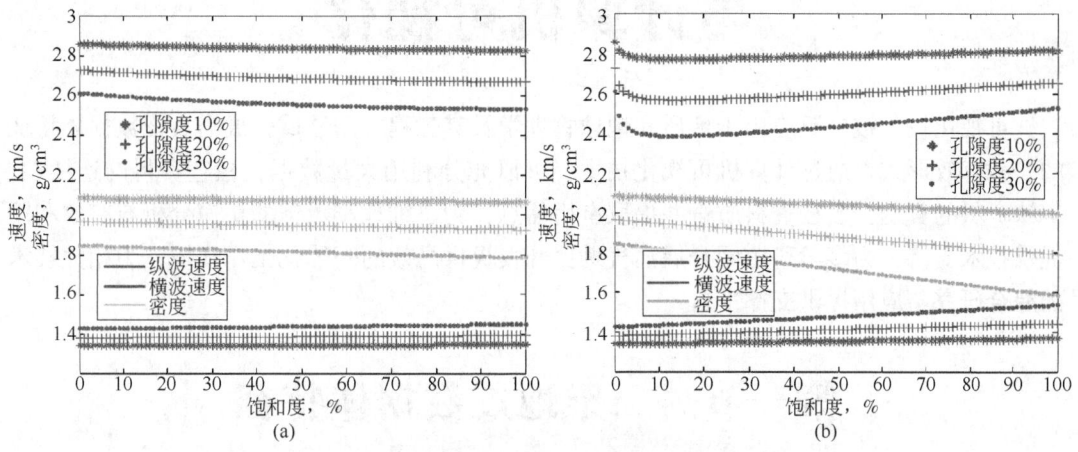

图1-8 含流体介质速度和密度随饱和度的变化曲线
（a）油水混合物；（b）气水混合物

显然，只有当地震波波长比岩石中的不均匀尺度大很多时，才可以将岩石看作是一个统计意义上的均匀物体，即地震尺度下的等效特征。严格来说，Gassmann方程仅仅适用于低频（地震频率）条件下具有中等或高孔隙度的纯砂岩，该方程与Biot理论的低频形式一致，也被称为Gassmann-Biot方程（或Biot-Gassmann理论）。尽管该理论需要满足大量的假设条件，却为含流体的孔隙介质提供了比较合理的解释方案，已经发展成为地震储层预测与流体识别中最常用的岩石物理模型之一。

岩石物理是整合地质、地球物理和油藏工程等多学科数据的核心，是开展定量地震解释的理论基础。加强岩石物理理论、实验观测数据和测井资料的联合分析，揭示地震波反射特征与储层物性和弹性特征之间的定量和定性关系，对充分利用地震波振幅信息开展储层预测和含油气性识别具有重要的指导意义。

第二章 三维地震数据与计算机可视化

可视化技术被广泛应用于地质和地球物理学及其工程应用领域，成为表征数据体特征的一种有效形式。通过计算机可视化技术，可以充分利用大量数据，检查资料的连续性，辨认资料的真伪，监控资料质量并提取有用信息，为三维地震数据的快速分析与有效利用提供技术支持，为多学科协同开展油气勘探开发提供高效的一体化工作环境，为相关技术的综合研究与应用提供支撑平台。

第一节 三维地震数据体特征

一、三维地震数据体规则化

地质体具有三维空间属性，针对地质目标开展全三维地震数据采集和处理可以获得对应的三维地震数据体（3D seismic data volume），即由地震采集的几何形态确定的（处理期间可能会进行调整）具有规则间距的正交数据点排列。三维地震数据体为刻画地质体的三维空间性质提供了可靠的信息来源，为解释人员在整个三维空间范围内直接开展解释提供了有效的数据基础。地震解释需要直接对数据体进行操作并从数据体中提取更多的有效信息，现代计算机提供了很多功能，允许从不同的视角对三维数据体进行各种展示和操作，以便更详细地通过三维数据来掌握地下地质体的整体特征。

通过全三维地震观测系统设计、数据采集和处理等多个过程的优化调整，能够得到由规则间隔、正交排列的数据点组成的三维地震数据体。通常，采用水平方向的 X 和 Y 两个空间坐标代表三维地震数据体在地表的投影位置，垂直向下的纵坐标通常用深度 Z（深度偏移数据体）或时间 T（时间偏移或水平叠加数据体）来表示，三个方向之间是正交的。因此，三维地震数据体中的每个数据点由 (X,Y,Z) 三维坐标来唯一确定，并与地下地质体形态之间存在着良好的一一对应关系，为利用地震数据体分析地下地质体的三维空间特征奠定了基础。

所谓地震记录道（seismic trace），是指由一道地震检波器（或接收仪）所记录到的地震信号序列，简称地震道。地震剖面（seismic section/seismic cross-section/seismic profile/profile）则指根据地震数据采集设计要求沿一条地震测线记录的地震资料，经处理后按一定顺序显示的地震数据（或图形）。其中，在一条测线上两个相邻地震道之间的空间距离称为道间距（trace space/group interval），道间距取决于震源组合和检波器组合中心之间的距离，典型的道间距一般为 12.5m、25m 或 50m。在每个地震道纵向上两个采样点之间的时间差称为时间采样间隔（sample interval），也称为采样率（sample rate），根据采样定理，当频率达到125Hz时采用4ms的采样率即可满足要求，随着高分辨率地震勘探技术发展，实际资料经常采用2ms或1ms采样。显然，在地震记录长度（seismic recording length）保持不变的条件下，采样率的减小必然会导致数据量成倍增加。

规则的三维立方数据体可以从不同的方向进行浏览查看，相当于对三维地震数据体进行切割后从相应的二维视角查看"切片"。在实际应用中，通常根据排列的三个主要方向来确定切割数据体的三组正交切片或剖面，也可以从任意方向穿过数据体并制作相应的数据剖面，具体定义如下：

（1）沿着船移动方向或者电缆排列方向的垂向剖面叫作测线，通常称为主测线（inline或line），也称为主测线剖面。

（2）垂直主测线方向的剖面叫作联络测线（crossline/xline），称横测线，也称为横测线剖面。

（3）任意线（arbitrary line）：以任意方向穿过三维地震数据体的垂直剖面，当然该剖面也可以不是垂直的，在实际应用中通常根据多口钻井的空间位置来提取连井地震剖面，甚至与斜井轨迹相结合来建立任意线，为联合多井特征与地震数据开展综合分析提供数据支持。

（4）水平切片（horizontal sections/horizontal slice）：由整个测线范围内旅行时或深度相同的点所构成的切片，也叫水平剖面或水平切片剖面，针对时间域数据体的切片称为时间切片（time slice），针对深度域数据体的切片被称为深度切片（depth slice），考虑到水平切片的起源，在文献中也经常被称为seiscrop section。

（5）沿层切片（horizon slice）：沿着或平行于给定地震层位按照一定规则所提取的地震数据体属性信息，即沿着平行于构造解释层位的（沿某层理面）切片，也称为层位切片。

（6）断面切片（fault slice）：沿着或平行于断面的地震数据体属性切片。

其中，主测线、联络测线和任意测线重点描述三维地震数据体在垂向（纵向）上的特征，统称为垂直剖面（vertical sections），从而与水平切片所表征的水平剖面（horizontal sections）相对应。上述描述三维地震数据切片特征的相关专业术语在不同的历史发展时期存在一定的差异，其对应的名称也并不完全统一。这种不统一的名称很容易让没有经验的三维地震数据解释人员感到困惑甚至引起误解，图2-1给出了业界广泛采用的三维地

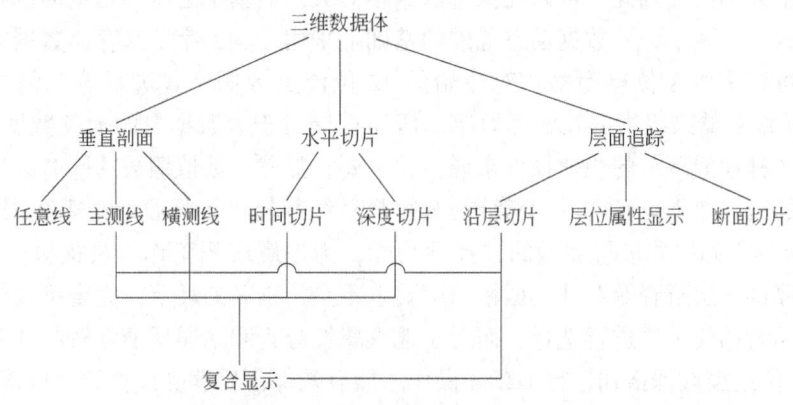

图2-1 三维地震数据体规则化剖分示意图（据Brown，2011）

震数据体描述方式，为全球范围内地震解释人员之间的准确交流奠定了基础，在实际应用中应尽可能地采用这种统一的命名方式以避免产生歧义。在实际解释过程中，三维地震解释人员应该充分利用穿过数据体的三组正交切片来开展解释，同时辅助其他任意测线或者沿层切片来提高解释效果。

二、地震数据振幅特征

三维地震数据体的规则化剖分为准确分析数据特征奠定了基础，在采用剖面或切片方式对地震数据进行可视化显示时需要充分考虑地震数据本身的数值范围，即地震道的振幅分布特征，从而有助于更好地开展计算机可视化及相应的地震解释工作。地震振幅（seismic amplitude）通常指地震道中波峰（wave peak/wave crest）或波谷（wave trough）极值点与平衡点之间的距离，可以用于表示地震反射波的强度。由褶积原理可知，地震波振幅的数值大小取决于震源子波的振幅和地层界面反射系数的大小，在地层性质不变的条件下主要取决于地震子波的振幅，而实际观测到的振幅还受到球面扩散、薄层调谐、地震波吸收衰减等因素的影响。地震资料数字处理中的振幅实质上是地震波振动幅度经模数转换后所得到的一个相对振幅，其具体数值大小与震源强度、噪声、仪器精度、地震记录仪器的动态范围、模数转换等参数都密切有关。

32位数据格式能够在数字处理过程中确保15~16位的有效位数，有助于准确地表征原始地震信号的真实动态范围，因此，在地震数据计算机数字处理环节通常采用32位（即计算机数值计算中最常用的4字节浮点数）来表示地震波振幅值。数字处理后得到的三维地震数据体通常按照SEG-Y格式进行存储和交换，该数据格式也按照浮点数，即32位数据格式的精度进行数据交换，确保了数据精度不变。由于地震勘探中采集、处理和解释三个环节相对独立，在将地震资料数字处理所得到的数据体输入到解释系统时也需要充分考虑数据的精度。从理论上讲，在解释环节也应该采用32位字节进行数据加载，所以在20世纪80年代初期开发的第一套交互系统就直接采用了32位的地震数据格式。但受当时计算机软硬件条件的限制，加上地震解释环节要求能够对整个数据体进行快速显示和实时操作，因此，在地震资料解释环节常常对原始地震数据进行适当的精度转换，从而降低数据存储空间、有效提高人机交互解释效率。

地震数据反映了不同空间、时间地震波振幅的相对数值大小，而构造解释等环节对数值精度的要求并不高，因此，可以在保持数据相对关系的基础上将高精度的原始数据进行等比例的缩放，在减小原始数据动态范围的基础上采用更少的字节来存储数据，即在加载地震数据时可以采用8位整型格式对原始的32位浮点数据格式进行等比例缩放（scaling），通过压缩存储来提高交互解释效率。压缩存储对于大数据量的地震数据实时显示、现场计算和各种中间环节的快速操作来说至关重要，显然，数值缩放的同时必然会降低原始数据本身的动态范围。目前，大部分交互解释系统都提供了将原始地震数据按照8位、16位或32位等不同格式进行加载的选择性功能，为地震解释工作人员提供了更多选择。对于构造解释或地层解释等对地震振幅精度要求不是特别高的环节，完全可以根据计算机硬件或者使用者的要求来进行选择，而对于地震属性分析和地震反演等解释环节来说，则应该选择32位地震数据格式进行加载和操作才能有效保证后续的计算和分析精度。

对于数据范围从$-A$到$+A$的地震数据来说，按8位地震数据加载时最简单的办法就是

将所有数据都除以 A 再乘上 128 并四舍五入取整，相当于数据体中的最大振幅值被设定为 ±128。对于 $-A$ 到 $+A$ 的数据等比例缩放来说，数据的动态范围显然受到了明显的影响，即在将数据动态范围很大的浮点数转换至仅有 256 个数值的 8 位数时必然会严重地限制振幅的动态范围。对于大部分有效数据集中在 $-A$ 到 $+A$ 之间的情况来说，常常出现还有少量数据集在 $-A$ 到 $-B$ 和 $+A$ 到 $+B$（$B>A$）范围内的情况，在转换时如果按 $-B$ 到 $+B$ 的区间进行等比例变换必然会压缩大部分有效数据的动态范围。当该范围内的数据对于整个地震解释来说并不重要时，可以在加载数据过程中按照 $-A$ 到 $+A$ 的范围进行缩放，并将所有绝对值大于 A 的振幅值直接设置为 ±128，从而合理地凸显有效范围内的数值，相当于是对绝对值大于 A 的数据进行了强制性的数字限幅（digital clipping），即这些较大的振幅在数据加载过程中受到了一定程度的限制，虽然这样做会损失部分原始数据信息，但在一定程度上满足了地震解释对动态范围的实际需求。通过对大量工区数据开展分析，图 2-2 给出了按照 8 位格式加载数据后统计得到的地震数据振幅分布范围特征。

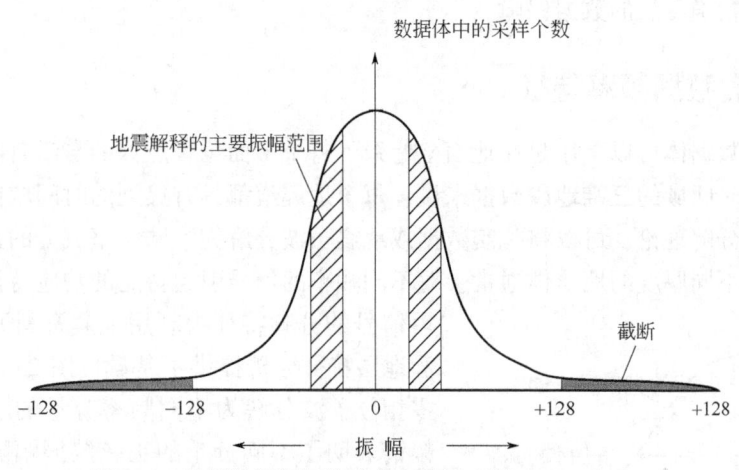

图 2-2 地震数据振幅统计分布特征（据 Brown，2011）

地震数据体振幅的典型统计分布特征表明，在实际地震数据中存在大量数值较小的微弱振幅、相当数量的中等振幅、极少量的高振幅和部分被限幅的振幅值。在地震解释环节，解释人员更侧重于在中等强度振幅（图 2-2 中的中间条纹部分）范围内开展构造解释工作，因为大部分目的层的地震反射既不是非常微弱也不是特别强；当然，高振幅部分（图 2-2 中的两个尾巴）的解释有助于确定反射异常区，特别是在古近系和新近系碎屑岩盆地中常见的含油气储层亮点特征通常具有这种强振幅特征；同时，解释人员也很少在低振幅位置处开展层位解释，因为该区域包含的噪声往往比较大，需要注意的是，对于 90°相位的资料来说经常需要在零点振幅附近开展构造解释。因此，对于按照 8 位数据格式存储的地震数据来说，解释人员将大量的精力和时间都投入到图 2-2 中所示的条纹区域，对于动态范围更大的 32 位地震数据格式来说也具有类似的规律，其具体的数值范围取决于原始数据的振幅特征。

在实际应用中，8 位地震数据所提供的动态范围基本上能满足常规构造解释的需要，但地震资料振幅数值及其动态范围必然受到损害，导致其不适合开展精细储层特征分析。虽然直接按照更高位数的数据格式甚至 32 位格式进行加载可以减少对高振幅数值的损伤，但并不能完全解决所探讨的动态范围问题。目前，常用的解决方法是加载 16 位振幅值数据，由于 16 位数据振幅值的有效范围是 ±32768，有足够宽的动态范围开展构造解释和亮点等特征研究，而且相对于浮点数格式来说不仅提高了效率还较好地解决数据动态范围的问题。

在地震数据解释过程中，8 位地震数据与 16 位地震数据的解释成果会有一定的差别，但两种成果的差异通常小于 5%。能否容忍这种误差主要取决于实际需求，实质上两种数据的差异更多体现在不同的动态范围所引起的地震数据振幅限幅问题。在采用 8 位数据格式进行转换时，如果大量的数据被强制转换到最大值 ±128，则会在地震数据可视化过程中出现大量的高振幅异常区域，甚至会严重影响后续的地震解释工作。随着计算机硬件技术的发展和工艺成本的降低，高性能计算机越来越普遍地应用于地震解释环节，采用 32 位格式进行地震数据的加载与存储也越来越便捷，在提高数据动态范围的基础上减小了对数据进行限幅的操作，确保了后续解释环节中开展地震属性分析与反演的精度，为地震解释提供了更为精确可靠的数据保障。

三、地震数据频率特征

三维地震数据体可以看作是在地面坐标系下每个平面位置点处的自激自收信号依次排列而成，对于时间域的三维地震数据来说，每个地震道都具有典型的时间域信号特征。根据信号的频谱分解理论，可以将地震数据或地震子波分解为不同频率成分的正弦波或余弦波叠加，由于不同厚度的地质体通常会对不同频率的信号引起特定的响应特征，因此，地震信号的分频特征为利用地震资料开展薄层预测和地层特征分析提供了基础。图 2-3 展示了一个零相位子波分解为不同频率分量的示意图，其振幅谱表明了不同分量的正弦波振幅随频率的变化情况，振幅谱中心波峰较宽且近乎是水平的，振幅变化比较平缓，且不同频率分量都具有零相位特征，在地震资料采集处理过程中通常希望得到类似的振幅谱。

从地震子波的振幅谱（amplitude spectrum）可知，地震子波的频谱在高频和低频部分都存在缺失，即地震波具有一定的频率范围（频带宽度），地震子波的带宽（bandwidth）定义为振幅谱中指定振幅值所对应的频率区间，通常采用最大振幅的一半来确定带宽（图 2-3）。受地层黏弹性特征的影响，地震波高频成分在实际地球介质中传播时衰减较快，导致在常规地震勘探中难以获得有效的高频反射信息，而低频信息则受震源激发、检波器接收性能和资料处理过程中的滤波等因素的限制，导致常规三维地面反射地震勘探资料的频带通常在 10~100Hz 范围内。相对频带

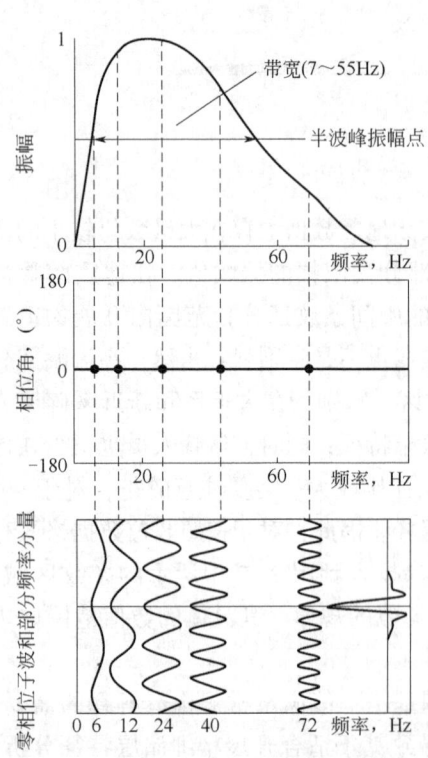

图 2-3 地震子波振幅谱与相位谱特征
（据 Simm, 2014, 有修改）

和绝对频带越宽则地震资料的分辨率越高，因此，在地震资料主频固定的条件下补充低频特征能够更加有效地拓宽数据的相对频带宽度，即拓展低频信息在提高地震资料分辨率方面发挥着更加重要的作用，这也正是当前地震勘探资料采集处理和解释技术发展的趋势。目前，宽频带地震勘探已经能够采集到2Hz甚至更低的频率信息，但采集成本相对较高，也可以充分利用测井资料对地震资料中缺失的低频信息进行补充，并且已经在测井约束地震反演中取得了较好的应用效果。

四、地震数据相位特征

相位可看作是正弦波位置相对于参考点的移动量，地震资料的相位（phase）特征通常包含两层意思，一方面是每个时间域地震道信号进行频谱分解后每个频率正弦波分量所对应的相位，即正弦波位置相对于参考点的移动量，用相位角表示；另一方面则泛指地震资料在整体上（或在主频范围内）所表现出来的相位特征，即零相位或90°相位等特征。由地震子波的振幅谱和相位谱（phase spectrum）分解原理可知，地震子波可以分解为多个具有不同相位、不同频率的正弦波叠加，在每个正弦波分量振幅不变的条件下，地震子波在时间域的波形主要受正弦波分量的相位特征影响。通常在主频范围内将地震子波近似为常相位，即每个频率分量的相位相同，零相位子波属于常相位子波。所谓零相位子波（zero phase wavelet），就是指波形对称且最大振幅在零点的子波，即对子波进行频谱分解后所有频率的正弦波分量都具有零相位特征，相当于每个频率的相位均为零（图2-3）。

由于零相位子波具有对称性且最大振幅在零点，子波波形尖锐且旁瓣少，从而具有最高的分辨率。波阻抗界面在零相位地震记录中通常对应着波峰或者波谷，更容易实现地震反射与地质界面之间的对应，为地震构造解释提供了方便，所以零相位子波在实际资料处理解释中得到了广泛的应用。通常将零相位子波称为理想子波，并将能量集中于脉冲前部、中尾部能量（振幅）逐渐减弱的不对称子波称为最小相位子波（minimum phase wavelet）。在实际应用中，炸药震源子波具有最小相位特征，而可控震源信号的相关子波则具有典型的零相位特征，显然零相位子波不是因果信号，而最小相位子波属于因果子波。考虑到零相位在解释环节具备的大量优点，在地震资料数字处理过程中需要专门对数据开展零相位化处理，旨在有效提高地震资料解释精度。图2-4是零相位子波、45°相位、90°相位子波和最小相位子波之间的对比，其中，90°相位子波与零相位子波之间具有导数关系。

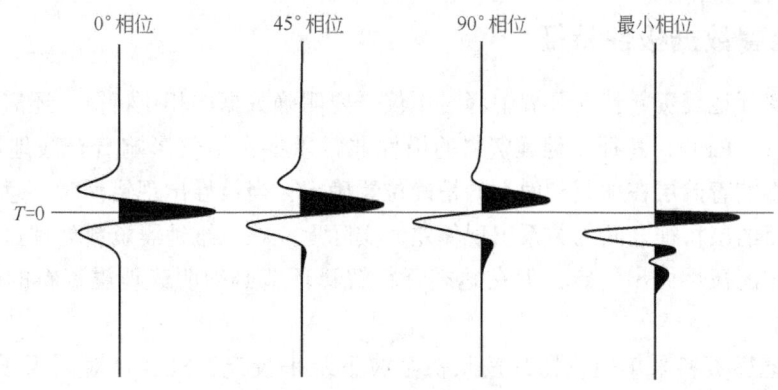

图2-4 不同相位的地震子波特征对比

从图 2-4 可以看出，不同相位的地震子波具有不同的波形特征，随着相位的旋转，子波的波峰、波谷也发生有规律的变化。当相位角为 0°时，子波的波峰出现在零时刻，而当相位角为 90°时，子波的波峰和波谷振幅幅度完全相等，振幅零点则出现在零时刻位置。图 2-5 展示了一个较厚的含气砂岩储层在不同相位地震子波的作用下所得到的单道地震波形和相应的地震剖面，从图中可以明显地看到，零相位资料中储层的顶底都对应于较强的地震反射特征（顶界面对应波峰、底界面对应波谷）；在 90°相位资料中，储层的顶底界面则分别对应于地震道的零点，此时开展层位解释就不应该再追踪波峰、波谷；而对于其他相位的地震资料来说，储层顶底界面与波峰、波谷或零点之间没有直接的对应关系，增加了地震解释的难度。

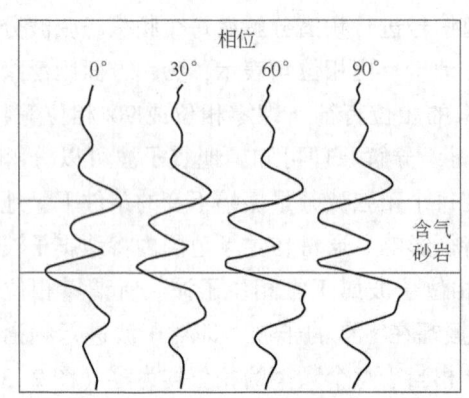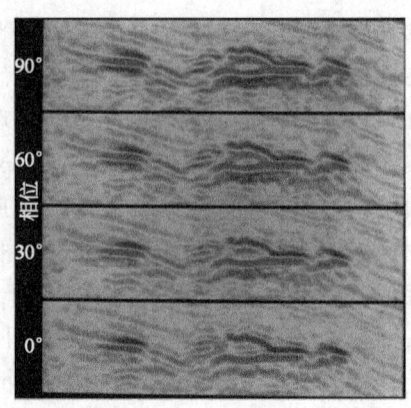

图 2-5 不同相位的地震道与地震剖面特征对比（据 Brown，2011）

从不同相位子波之间的对比可以认识到，在实际应用中首先需要准确判断地震资料的相位特征以避免产生错误的认识，要求解释人员能够准确掌握资料处理过程对数据相位的改变情况，并结合成果资料中相对比较确定的典型地震反射特征来判断该资料的相位特征。在有测井资料时可以通过井震标定来确定地震数据的相位，而在没有测井数据时则可以通过海底等强反射界面、标准层或特殊地质体等已知的典型地震反射特征来推断整个地震资料的相位特征。其中，海（水）底、盐丘顶（底）、基底、油（气）水界面、浅层砂岩气顶（底）、碳酸盐岩顶（底）、火山侵入岩顶（底）都是典型的地震反射界面，根据这些典型界面的地震波形特征有助于更加准确可靠地判断该工区地震数据的相位特征。

五、地震数据极性特征

在针对实际地震资料特征开展解释时不仅需要明确数据的相位特征，还需要准确掌握数据的极性（polarity）特征。地震资料的极性非常重要，不仅影响着合成地震记录的正确标定，还影响着储层在地震剖面上的精确位置确定，当极性出现错误时，意味着拾取的地震相位与目的层特征之间的关系出现偏差。实际上，在三维地震资料处理过程中很少专门对地震数据的极性做出约定，但在地震资料解释环节必须明确地震资料的极性和相位特征。

考虑到地震资料采集前仪器都按照初至波下跳来校定，SEG 针对因果子波的特点，将地震记录的标准极性定义为当检波器向上运动或压力增加时，记录为负数且显示为波谷，其含义为正反射系数[(正(positive)反射或硬(hard)反射]对应的地震反射始于波谷。因此，在纸剖面的图头上有时可以看到"黑波峰代表负反射系数"的标注，有的剖面上则标有 normal polarity（正常极性，也称正极性），反之则称为反极性（reverse polarity）或负极性（negative polarity）。由于因果子波反射界面与反射信号的能量存在位置时移，导致反射特征与地质界面之间缺乏对应关系，而采用对称子波则有助于在地震剖面上更加准确地拾取地质界面所对应的同相轴，Sheriff（1995）将正标准极性定义为波峰（即正值）表示正反射，而将负标准极性定义为用波谷（即负值）表示正反射。

在极性的使用习惯方面往往受到地域性的影响，美洲人喜欢采用美洲极性（American polarity）的约定，即正的振幅值代表正的反射系数，也称为正极性（或 SEG 正极性）；而欧洲人偏爱欧洲极性（European polarity）的约定，即负的振幅值代表正的反射系数，也称为负极性（或 SEG 负极性），极性的对比示意图见图 2-6。这两种约定具有一定的区域性和使用范围，在实际应用中大部分资料都采用蓝色（或黑色）表示正振幅、红色表示负振幅（当然这种习惯也缺乏一定的通用性，大约有 20% 的资料使用者习惯采用相反的颜色进行表征）。目前，大部分解释软件已经不再局限于红色和蓝色，解释人员可以根据习惯任意选择颜色，需要结合地震资料中典型的反射特征、地震波形特征和实际测井解释成果来确定地震资料的极性和相位特征，从而确保地震资料解释的合理性。由于"正""负"术语容易引起混淆，在地震振幅和 AVO 研究中建议统一使用正标准极性（即正值代表正的反射系数），确保在解释过程中避免由于正负极性的差异所产生的干扰。

彩图 2-6

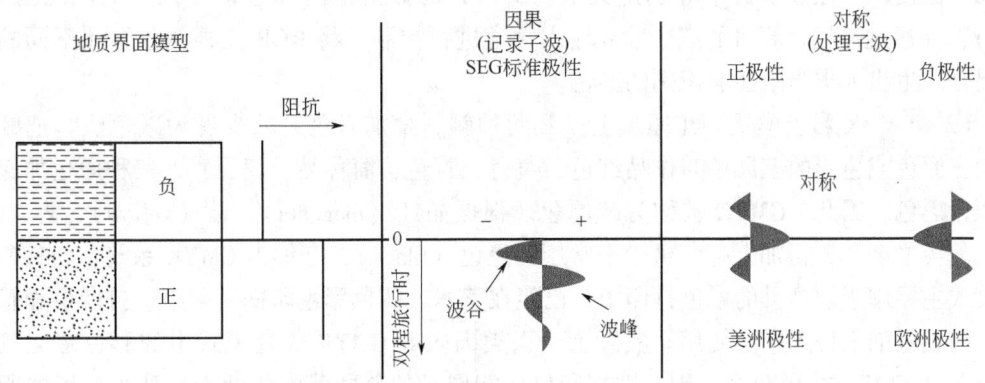

图 2-6 地震资料几种极性的约定与对比（据 Simm，2014）

显然，结合数据相位信息、联合判断地震资料的极性是合理开展地震解释的前提，常用的判别方法有：(1) 在合成地震记录标定过程中，根据已经确定的典型强正（负）反射界面与实际地震剖面中波峰或波谷的对应关系来判断；(2) 通过 VSP 资料在实际地震剖面中确定一个典型的强正（负）反射界面与实际地震剖面中波峰或波谷的对应关系来判断；(3) 根据勘探区域中分布特征较好的典型正（负）反射界面（如大套灰岩的顶底界面、海底、煤层等）与实际地震剖面中波峰或波谷的对应关系来判断。

第二节 地震振幅的颜色表征

地震数据中包含了非常丰富的信息，相对于黑白的变面积/波形地震剖面显示来说，人类的眼睛对色彩更加敏感，彩色剖面显示增大了视觉动态范围，能够更加形象地表达数据中隐藏的信息，因此，地震数据的计算机彩色显示得到了地震解释人员的青睐。

一、计算机色彩显示基本原理

实验表明，红色、绿色和蓝色（RGB）通过组合能够产生所有希望得到的彩色光，通常被称为基本色。蓝色与绿色组合可以产生青色，红色与蓝色光组合可以产生洋红色，红色和绿色组合可以产生黄色，通常将青色、洋红色和黄色（CMY）称为合成色。对RGB和CMY中的三种颜色进行组合可以调出其他色彩，被称为原色/基色（primary colors）。常用的三种彩色组合模式为：

（1）RGB彩色模式。在原理上，当两种色光叠加时亮度增加者为加色法。在物理上、美术上、电视上、电影上、计算机上、印刷上、印染上、彩色感光材料上，都统一把加色法的三原色或色光的三原色确定为红色、绿色和蓝色，这三种原色加起来的和为白色，因此，RGB被称为加原色。根据红（red）、绿（green）、蓝（blue）的英文名称将使用红、绿、蓝的系统称为"RGB系统"。RGB彩色模式在计算机、数码相机和电视荧光屏领域得到广泛使用，在显示器中分别定义R、G和B的数值范围（通常8位时的范围为0~256），并通过连接计算机的三个独立输入频道进行控制，将RGB三种颜色按照不同的比例混合产生出人类眼睛能够识别的颜色。

（2）CMYK彩色模式。在原理上，凡两种颜料叠加时色光减少者为减色法。把减色法的三原色或色彩的三原色叫作品红色、黄色、青色，简称品、黄、青，三种原色加起来的和为黑色。因此，CMYK被称为减原色。根据品红（magenta）、黄（yellow）、青（cyan）的英文名称，再加上打印机中最常用的黑色（black），合称为CMYK系统，CMYK彩色模式主要用于硬拷贝的彩色打印中，已经在美术、四色彩色印刷、印染、打印机和感光胶片的成色剂上得到广泛使用。实际上，人类肉眼对CMYK彩色模式中的彩色感觉范围要小于RGB模式中的色彩范围，即打印机所能展示的色彩范围要低于计算机显示器所显示的范围，也就是说在显示器上用RGB表示的部分颜色并不能通过彩色打印机的CMYK模式完全精确地打印出来。

（3）HLS彩色模式。HLS彩色模式也是工业界常用的一种颜色标准，该模式通过色调（hue）、饱和度（saturation）和亮度（lightness）三个颜色通道的变化及其相互之间的叠加来得到不同的颜色，由于该模式与人类心理彩色有较好的对应性，能够简单地表达为明亮的、阴暗的、清淡优美的、灰白的和纯净等各种方式，且几乎包括了人类视力所能感知的所有颜色，因此得到了广泛采用。其中，色调与光波的波长有直接关系，即光线中以哪种波长占优势，不同波长产生不同颜色的感觉，决定了颜色本质的根本特征；亮度和饱和度与光波的幅度有关，人眼看到的任一彩色光可以表示成这三个特性的综合效果，因此，HLS 也相当于颜色的三要素。其中，饱和度测量的是到中央轴的距离，数值范围是从零（中央轴）到 100%（颜色体的表面），而色调是旋转参数，测量一种颜色的光谱成分。

图 2-7 通过彩色体简图来说明上述三组颜色模式之间的相互关系。红色、绿色和蓝色三种加色法三原色按等量组合产生黑色，彩色显示器在不加电压的时候相当于黑色；洋红、黄色和青色三种减色法三原色按照等量组合则产生白色，而打印机在不加电压不打印的时候打印纸上正好为白色。由于颜色的组合实际上是通过电压来控制的，上述组合关系决定了 RGB 调色方案在电子显示器中能够得到广泛应用，而 CMYK 调色方案则在打印机中得到推广应用。

彩图 2-7

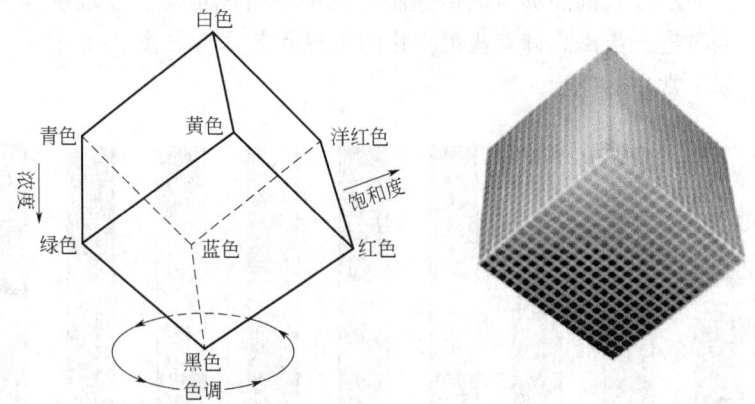

图 2-7 三种颜色组成模式及三维色彩立方体示意图（据 Brown，2011）

目前，在解释系统中通常同时采用 RGB 和 HLS 两种调色方案供用户选择，实际上上述三种彩色模式之间的关联性非常强。HLS 模式通常定义为双螺旋线，可以通过球状形式来展示。当沿赤道、色度或者 H 轴旋转，依次分别是 0°蓝色、60°洋红色、120°红色、180°蓝色、240°绿色、320°青色和 360°黑色，因此，该色度轴对相位、方位角和走向等周期性地震属性的成图展示特别有效。而沿垂向轴（即 L 轴）代表灰度，从南极到球心到北极分别是黑色、灰色和白色。而沿半径方向则是饱和度轴（即 S 轴），沿该方向则有利于展示倾向方位角图像。

通过上述不同颜色的组合可以得到具体的颜色值，以减色为例，当洋红色、黄色和青色都有 17 个级别时，色彩立方体中总的色彩数是 17×17×17，即通过组合产生了 4913 个不同的颜色，其中，位于立方体表面的 1538 种是完全饱和的颜色，而在立方体内部的颜色则具有其他不同的饱和度。由于人眼对不同的颜色具有不同的敏感性，当将地震数据中不同大小的振幅值与某一种特定的颜色建立起对应关系后，即可通过丰富的颜色在计算机屏幕上生动的展示地震数据中的细节特征。

二、色标与地震振幅渐变特征表示

色标（color scheme）即地震数据的数值大小与计算机可视化显示时所用颜色之间的一一对应关系，也称为色表、色棒（color bar）。通过将具有一定变化规律的多个颜色依次排在一起,并与具有一定动态范围的数据按照从小到大的顺序建立起颜色与数值之间的一一映射关系,即可在计算机屏幕上采用该色标中提供的不同颜色来表示相应的地震数据数值,从而将原始的波形或振幅信息转换成计算机屏幕上生动的彩色画面,为精确展示地震资料中的各种细节特征提供了可能。

对于任何一种有效的彩色显示来说,每种色彩所对应的数值范围非常重要,每个色标中所用的色彩数量、色彩的排列次序、相邻颜色之间的相似性和对比度、显示范围等都需要根据数据特征进行认真选取。因此,在选择或构建色标进行实际资料可视化显示时,通常要求相邻颜色之间具有相等的视觉差,且各种颜色的边界不能比其他颜色更为突出,否则某一个不恰当的颜色会显得比较突兀,并导致整个色标系统不协调,降低利用计算机颜色来展示地震数据特征的效果。同时,还应该确保每种彩色显示方式都能够有效传递出数据中的有用信息,在准确表征数据内涵的同时进一步提高计算机可视化的美感和艺术性。图 2-8 展示了地震资料解释中常用的色标。

彩图 2-8

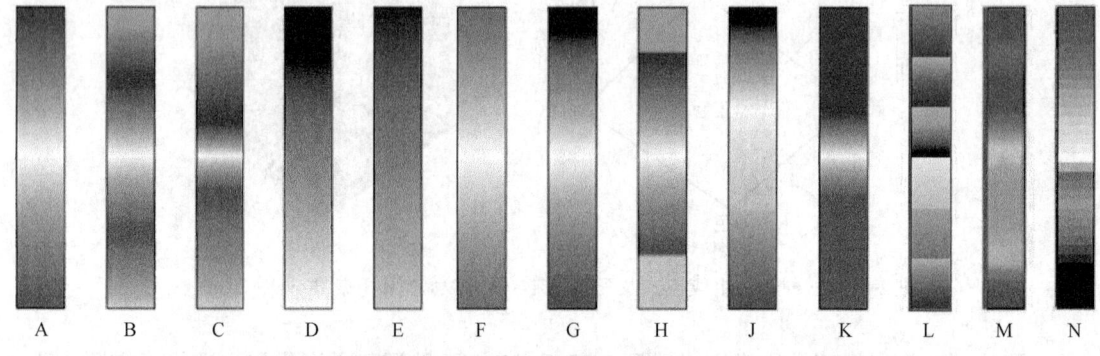

图 2-8 地震资料显示中的常用色标(据 Brown,2011,修改)

图 2-8 中,A 表征的是蓝—白—红色色标,一端的基本蓝色和另一端的基本红色表现出非常好的平衡状态。G 采用黑—白—红色色标,与色标 A 具有一定的相似特征,这两种色标在实际地震资料的彩色显示中应用非常广泛。F 是在色标 A 基础上常见的变种,该色标利用了非基本蓝色和带红色特征的棕色,虽然不同颜色之间的变化特征完全能够展示数据本身的特征,但该色标的对比度显然要差很多。色标 B 则属于双向渐变色标,并在色标 A 的基础上增加了青色和黄色,从而扩大了该色标所能够展示的数据动态范围。在实际应用中,还可以根据原始数据中的振幅统计特征对色标中的颜色变化范围进行压缩或者拉伸,如色标 C 将两端的蓝色和红色向中间的白色进行了压缩,当然也可以向色标的两头进行压缩,旨在确保色标能够更加有效地表征在某一特定数值范围内的地震波特征,有助于充分展示地震数据中振幅变化等细节特征。显然,当将色标压缩成如 K 所示后,整个色标中大部分数值都用蓝色或者红色这两种颜色来展示,此时色标所能展示的数据动态范围明显缩小,可视化显示结果类似于地震数据被限幅一样,这种过度压缩后的色标在色彩显示中无法准确反映地震数据的真实振幅特征,需要谨慎使用。H 色标则在两头分别增加了青色和黄色,颜色边界非常清晰,非常适合于加强或凸显亮点等强振幅值特征。需要注意的是,当大量振幅集中于极大值和极小值附近时,采用该色标进行显示时同样容易

导致类似于原始数据被限幅的结果。J色标相对于零值的白色来说不是对称的，因此，该色标所对应的彩色显示效果很模糊，与常用的色标展示方式存在较大差异，在应用中非常容易引起混淆。L色标代表彩虹色，在等值线色彩填充等方面具有独特的优势。D和E都是单向渐变色标，相对于其他色标来说有利于凸显微弱反射特征，常用于构造解释和断层识别，特别是在相干体数据显示中被广泛采用。

在地震解释中通常采用对比配色法和渐变配色法两种最基本的配色方案。其中，对比配色法（contrasting color scheme）采用不同的颜色对应不同的数值范围，通过多种颜色的对比来有效展示数据特征，常用于构造等值线图的显示，通过在每个等值线条带内各采用一种颜色来形成鲜明的对比。而渐变配色法（gradational color scheme）则采用颜色之间的逐渐过渡来展示数据特征，该色标重点关注数据之间的相对关系，有助于展示地震资料中的走向、形态和连续性等特征，在地层解释等方面应用更为广泛。在地震解释中通常将色标分为以下几类：

（1）单向渐变色标（single-gradational color scheme）：根据某一种颜色的深浅程度组成具有渐进变化规律的色标。

（2）灰度色标（即单向渐变灰色色标，single-gradational gray scale）：最大值为黑色，最小值为白色。灰度色标加强了低振幅同相轴的清晰度，有助于增加可见断层同相轴的数量。

（3）双向渐变色标（double-gradational color scheme）：在实际应用中通常采用渐变的蓝—白—红色、黑—白—红色两种色标进行地震资料的显示，其中，最大值为蓝色（或黑色）、最小值为红色，并在零值附近采用白色。

（4）增强动态范围的双向渐变色标（enhanced dynamic range double-gradational color scheme）：在双向渐变色标的基础上将色标的最大值和最小值分别采用另外一种颜色进行替代，替代时既可以在一定范围内采用渐变方式也可以直接将该范围内的颜色全部替代成新的颜色。

（5）对比色色标（contrasting spectral color scheme，也称为彩虹色标）：对比色色标是一个与渐变色标相对的概念，即仅用少数几种不连续且具有一定差别的颜色来表示地震数据。该色标在用于地震剖面显示时往往会产生过于强烈的差别，但在等值线成图显示等方面则具有独特的优势。

（6）复合色标（composite color scheme）：将两个色标进行压缩后按顺序组合在一起，当数值小于给定门槛值时采用一个色标，而当数值大于门槛值时则采用另一个色标来显示。该色标有助于在保持数据显示效果连续性的条件下突出指定的数值范围。

（7）一维周期性色标（1D cyclical color scheme）：专门用于显示具有周期性的地震属性特征（如相位、方位角、走向等）的周期性变化色标。该色标具有对称性和周期性，最大值和最小值所对应的颜色完全相同。

（8）二维色标（2D color scheme）：在上述一维色标变化的基础上对颜色增加了亮度等参数的变化，从而能够更好地融合并展示数据特征。

（9）三维色标（3D color scheme）：综合应用颜色的色调、饱和度和亮度等三个参数特征，将地震数据中的多种数据特征整合在一起，全面展示目的层各种信息，在展示地层倾向、倾角和相干性方面具有独特的优势。

上述色标在地震数据的计算机可视化过程中发挥着非常重要的作用，在应用过程中需要关注的是不同的色标在不同的场合下使用会带来不同的效果，为地震成果数据的展示提供了契机。在实际应用中，灰度显示（中等灰度表示零振幅，黑色表示最大的正振幅，白色表示最大的负振幅）和红蓝或红黑（白色表示零振幅，蓝/黑表示最大的正振幅，红色表示最大的负振幅）等双极性显示应用比较广泛。其中，灰度色标比具有强烈颜色反差的色标更能有效展示地质体的细微反射特征，而红蓝或红黑色标更倾向于表征连续性较好的振幅反射特征。

颜色是人眼对光的一种感知，研究表明颜色能影响脑电波，并对人的脉搏和情绪产生影响。因此，颜色表征实际上还包含着对使用者心理和视觉方面的影响，从而为色标的使用增添了一份神秘的色彩。通常，波长较长的红色、橙色、黄色属于暖色调，象征着太阳、火焰，具有前进和吸引人的优点；而波长较短的紫色、绿色、白色和蓝色属于冷色调，相对来说具有让人冷静和后退的感觉。地震解释人员要尽可能地发掘让人感觉最舒服的配色方案进行资料展示，从而更加直观地凸显地震数据中的某些特殊信息。因此，在地震资料显示中，暖色调的亮度越高或占据的范围越大，其整体感觉越偏暖，从而对眼球产生更强的吸引力；而当冷色调的亮度越高或范围越大时，其整体感觉则越偏冷，该显示区域对读者的吸引力则明显降低。解释人员采用不同的色标来充分展示研究成果，旨在让读者聚焦于某一区域或吸引读者关注其研究亮点，色彩的这种特点为解释人员的成果展示提供了更多的选择，通常采用彩虹色标来展示地震构造图，且将深度浅（低值）的部分用红色表示，而深的部分用蓝色表示，由于埋藏浅的构造顶部存储油气的可能性更大，因此，采用红色有助于在构造图中突出构造高点部分，更好地吸引解释人员的注意力。同理，在等厚线较大（地层较厚）或强振幅区域（亮点等异常区域）通常也采用暖色调进行展示，即充分挖掘色标对眼睛、心理的作用，有助于更好地展示研究成果。

在地层解释环节通常采用水平切片或沿层切片来识别河道、沙坝和其他沉积特征，由于很多地质现象依赖于人的眼睛从地震成果图件中去判别，因此，切片中振幅的色彩显示对于沉积特征的检测非常重要。图 2-9 是同一个数据体采用两种不同的色标进行显示的结果，显然，两个图给人的第一感觉相差非常大，影响了解释人员对河道的识别。图 2-9（a）中主测线 55 与联络测线 250 附近的井表明，区域亮点的下部是砂岩充填的河道，该河道的延伸范围可能包括主测线 70~80 之间以及联络测线 180~270 之间的连续区域。然而，河道在穿越两条断层后，可以见到曲线状地貌继续向右上方延伸至主测线 122 和联络测线 330 位置处，虽然很难从这个切片上就对该河道是否连续的问题直接下结论，但是通过该颜色显示方式能够较好地观察到连续外延的曲线状地貌特征。图 2-9（b）中则采用了反差较大的颜色来进行显示，该切片一下子将人的眼睛吸引到主测线 45~60 和联络测线 250 位置处的红色和粉色环形状密集区（由暖色调及其在整个切片中的特点所决定的），而弓状的强振幅走向区域则不容易引起关注。该对比充分表明了色标对地震资料解释的重要性，解释人员应该在不同的场合根据需求来选择有针对性的色标，在有效展示成果的同时增强图片吸引力。

彩图 2-9

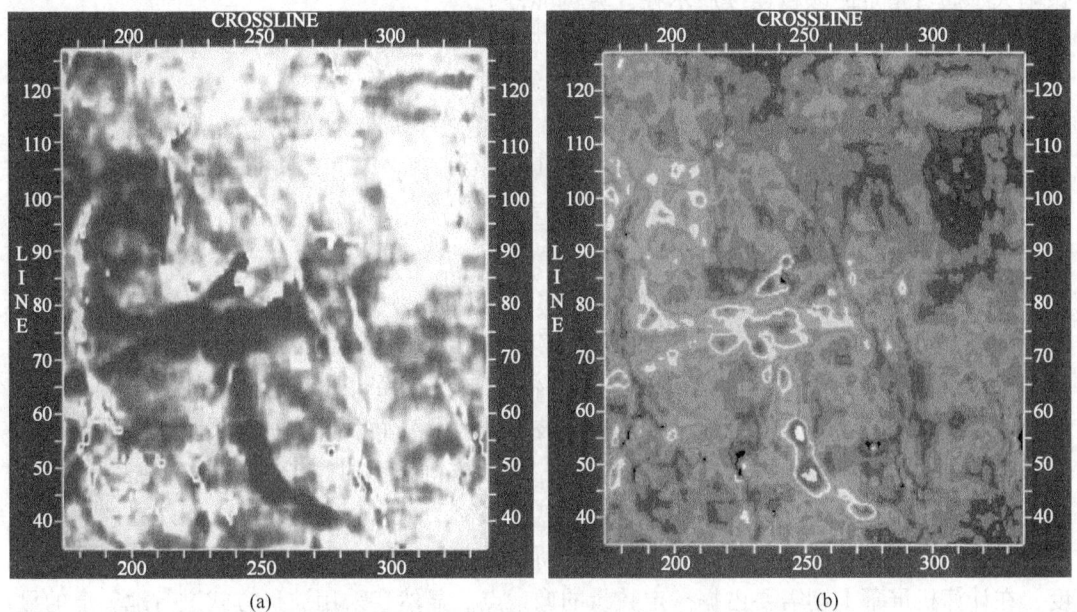

图 2-9 两种不同色标显示相同数据切片时呈现出的差异（据 Brown，2011）

第三节 地震数据计算机可视化

在计算机中展示三维地震数据时，最简单、最形象的方法是采用各种垂直剖面和水平切片，并通过二维数据的彩色显示及各种复合显示、椅状显示等方式来展示数据体特征。进一步还可以采用体元方式开展全三维数据的可视化，将各种理念和技术整合在一起可以更好地理解并开展数据解释，还有助于提高综合开展数据研究与分析的能力。

一、二维地震数据计算机可视化显示

地震数据是在固定空间位置采集的时间域信号序列，作为振动信号来说其振幅有正有负，如何有效展示数据的真实特点是二维地震数据可视化的重要内容。对于二维地震数据可视化来说，剖面显示（cross-section display）通常采用以下几种方式：

（1）波形曲线显示（WT，wiggle trace）：采用偏离各道基线的曲线来表示地震道的振幅大小。

（2）变面积显示（VA，variable area）：将波形显示的正向地震道用黑色覆盖。

（3）波形加变面积显示（VA-WT）：在波形显示的基础上将正向地震道用黑色覆盖。

（4）双极性变面积显示（D-VA，dual polarity variable area）：变面积显示时波峰采用黑色，而另外一个极性（即波谷）则采用红色进行显示，从而更好地突出波谷信息。

（5）变密度（灰度）显示（VD，variable density）：用不同的灰度来代表相应的地震波振幅。

（6）彩色变密度显示（VI，variable intensity）：在色标给定的范围内，将地震数据的振幅大小通过指定的颜色连续展示在计算机屏幕上。

（7）波形加变密度显示（VI-WT 或 VD-WT）：将地震波形叠置投影在变密度（彩色或灰度）显示结果上。

（8）变面积加变密度叠合显示（VA-VD）：类似于波形加变密度显示方式，通常将感兴趣的某种地震属性（包括阻抗）以彩色显示作为背景，并将反射地震数据以变面积方式投影在该背景上，旨在突出并分析目的层属性特征，也称为叠合显示（seismic overlays）。

（9）两种数据的混合显示（blended or mixed displays）：根据两个数据体的数值大小，采用 0~1 范围内的系数对两个数据体所对应的 RGB 数值进行加权求和并产生一个新的 RGB 数值，从而更加有效地凸显出两个数据体中的优势特征。

在纸质剖面上绘制地震剖面时通常采用波形或波形变面积方式进行展示，即根据波形特征画出曲线，并将大于 0 的振幅充填黑色，在计算机显示时也通常采用黑色表示波峰，白色表示波谷（或采用蓝色代表波峰，红色代表波谷）。无论是在绘图纸还是在计算机屏幕上显示地震剖面，要完整绘制地震波的波形信息时，每个地震道都必须占据一定的宽度，在计算机屏幕上则需要占据一定数量的像素点。显然，采用波形方式进行地震道的显示能够更为精确地展示地震波形在空间和时间上变化的细节信息，但该显示方式却受到绘图纸或计算机屏幕大小的限制，在波形不相互重叠干扰的情况下只能展示有限数量的地震道，因此，很难直观地对数据量较大的地震剖面获得一个整体认识。如果为了在有限的空间内显示更多的地震道，则需要把地震道抽稀，也就相当于在数据显示环节增大空间采样间隔，但过大的空间间隔往往容易导致相邻地震道在局部反射区域出现假频现象。由于该显示方式导致波峰与波谷之间存在视觉差异，因此，在波形显示时开展波峰的横向对比更为容易，而波谷的横向对比则不明显，从而加大了地震解释时同相轴对比的难度。

为了解决波形、面积显示方式中存在的这些问题，更好地浏览并准确分析大量的地震道，在计算机中通常采用彩色方案进行显示，当在计算机屏幕上给每个地震道分配一列像素时，每个像素点就直接对应于一个时间或空间采样点，有效地解决了波形显示时必须用多列像素才能展示一道的问题。此时，每个像素都可以通过彩色编码采用给定的颜色来表示该采样点位置处的地震波振幅，彩色编码则采用本章所述的各种色标来建立起不同颜色与地震波振幅大小之间的一一对应关系。

计算机彩色显示成果与输入地震解释系统的数据动态范围有着直接的关系：对于 8 位格式加载的地震数据来说有效数值范围只有 256 个，对于 8 位分辨率来说显示不同振幅水平的颜色一般也是 256 个，能够实现一一对应。当用少量的颜色显示更宽动态范围的地震数据时，显然较少的颜色不能充分展示数据的原始特征；而采用大量的颜色显示较窄动态范围的地震数据时，再多的颜色也只能是浪费。根据前面所提到的地震数据格式转换和限幅设置，在加载地震数据时采用合理的限幅标准值，可以最大限度地利用计算机色彩来有效展示地震数据的振幅变化情况。对于前面所提到的大部分有效数据集中在 $-A$ 到 $+A$ 之间的情况来说，将少部分绝对值超过 A 的数据进行适当的限制，不仅可以充分展示有效数据的动态范围，避免少量异常数据引起数据动态范围的不正常变化。同时也应该看到，如果数据在加载到解释系统时就已经被裁剪（超过标准的数值用某一个固定值来替代），虽然减小了存储空间且提高了可视化及计算效率，但是裁剪过的数据显然是无法恢复的，当解释人员想进一步研究这些强反射振幅特征或开展分析时则无能为力。

除了针对二维地震数据特征的计算机可视化外，在实际中通常采用平面可视化（surface visualization）技术，即在二维空间精确显示地震剖面、断层、层位、钻井轨迹和测井曲线特征及其相互接触关系。

切片是三维地震资料解释中最常用的显示方式，通过切片和剖面的联合则能够更为有效地展示三维地震数据体的整体特征，这种介于二维和全三维之间的显示方式为充分利用地震资料特征奠定了基础。这种常用的准三维显示方式包括复合显示、立方体显示和椅状显示（图2-10）。复合显示（composite display）通常指水平切片和垂直剖面的复合显示，剖面与切片沿它们之间的相交线拼接在一起，通过垂直剖面和水平切片的对比有助于获得更加满意的三维空间展示效果，有助于让解释人员将注意力集中在感兴趣的局部精细区域，见图2-10(a)。立方体显示（cube display）即采用立方体的方式来同时显示数据体中的三个正交切片，有助于正确地进行三维评价，但该展示方式容易导致立方体中的两个面被扭曲，见图2-10(b)。椅状显示（chair display）则提供了一种更为合适的立方体显示理念，即通过立方体与垂直剖面相结合，另外也可以通过一个切片与两个垂直剖面相连组合成座椅状，这种显示方式有助于在三维空间内对生长断层进行追踪，见图2-10(c)。

彩图2-10

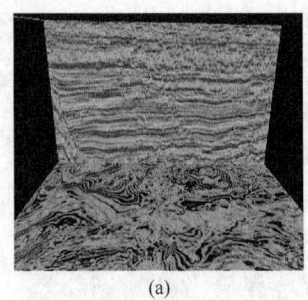
(a)

(b)

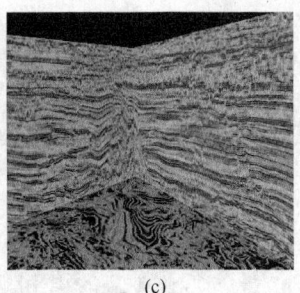
(c)

图2-10　准三维地震数据复合显示方式对比

二、三维地震数据计算机可视化与集成

三维地震数据反映了地下地质体的三维空间特征，三维可视化则是一项不断发展的三维图形计算、处理和显示技术，如何通过计算机可视化技术对三维地震数据体特征进行有效展示，有助于在立体空间范围内更好的理解地质目标特征，对于油气勘探开发等多学科协同工作来说至关重要。地震数据三维可视化（seismic data 3D visualization）就是指在地震解释系统中对地震数据进行具有动感和真实感的三维图形和图像处理、显示过程。三维可视化基于透视学原理，充分利用颜色、透明度、光照、阴影、动画、旋转灯处理手段，直观、快速、逼真地显示出三维空间的构造和沉积特征。其中，面向三维地震数据体特征的三维体可视化（volume visualization）就是基于体的概念来显示地震数据体及各种地震属性体，并将钻井轨迹、测井数据、断层和层位解释的空间三维接触关系在计算机中精确展示。三维体数据可视化通过体元（voxel）来实现，通常一个体元由一个地震采样点转换而来，每个体元在计算机可视化显示时不仅展示数据大小还呈现不同的透明程度，即每个体元由一个具体的数值大小和透明参数值来表述，数据本身的数值大小可以是原始地震

数据的振幅值也可以进行缩放，透明参数（也称为透明度或不透明度）通常采用0~1.0之间的数值来表示该体元在三维空间范围内是彻底透明还是直接可见，从而让解释人员可以在计算机屏幕上更加直观地透视目标地质体内部特征（即让一些特定的地质体不可见，从而突出某些可见的地质体）。

与二维地震数据的计算机可视化显示类似，将每个地震数据采样点看作一个体元后，一个地震道中按时间顺序排列的多个采样点则相当于一个体元柱，各个方向相邻的各个体元柱构成一个完整的三维体空间。通常一个三维数据体由上亿个体元组成，体元的维数依赖于主测线、横测线的线距和采样率。1987年，埃克森（Exxon）石油公司首先使用了三维可视化解释技术，随着计算机软硬件技术的飞速发展，更加真实的三维显示已经得到广泛应用，通过透明值的设定能够清晰地呈现河道的空间展布特征（图2-11）。体显示可以快速刻画出地震数据的特征，但必须将整个数据体同时加载到内存中，显然数据量过大时会降低数据显示的动态范围。在显示地震数据的同时还可以将其他各种类型的数据通过三维显示整合在一起，图2-11(b) 整合并显示了三维地震数据、相干体等多种地震属性、井眼轨迹、测井数据、地震层位网格化和等值线等多种信息，这种整合多类型数据的全三维显示方式有利于数据的可视化与综合分析，同时也对计算机的实时显示提出了更高的要求。

(a) (b)

图2-11 三维地震数据计算机可视化显示
（资料来源：中石油西南油气田和中石化石油物探技术研究院）

三维可视化不仅在地震数据显示中得到应用，在石油天然气勘探开发等很多领域都得到了广泛应用，其优点主要表现在：

（1）三维可视化能够充分展示整个三维数据体的整体特征，保留了数据体的细节特征，能够快速浏览数据体、熟悉资料品质、了解地质构造的基本特征，在认识地质体连续性等方面具有更多的启发性，有利于提高对数据体特征的整体把握能力。

（2）三维可视化有利于观察数据体内部特征，通过透明参数的设置不仅能够了解目标地质体的外部形态，还有利于观察地质体内部结构，通过振幅与构造特征的结合有助于揭示复杂的构造沉积环境，全面掌握地质体特征。

（3）三维可视化具有快速、强大的成图功能，能够实现对地质体特征的快速精确成图，相对于传统的二维切片显示来说提供了更为丰富全面的图形信息。

（4）三维可视化能够有效提高地震解释的效率和精度，缩短解释周期，快速实现解释质量控制，相对于传统的二维剖面来说极大地提高了地震解释工作效率，降低了生产成本。

（5）三维可视化实现了在同一可视化环境下对多种类型数据的快速整合与显示（也称为可视化集成，visual integration），提供了让多学科研究人员充分利用自己的专业技能针对目标开展观察和评判的条件，为多学科团队的协同工作奠定了基础，有助于提高地震解释结果的合理性。

显然，要将大量的三维数据体进行快速可视化依赖于计算机的内存大小、数据交换能力和显卡性能。目前，各种先进的高速缓冲存储硬盘和数据压缩算法有效地加速了三维地震数据的全三维快速浏览与显示，为全三维地震数据的可视化与解释奠定了基础。

虚拟现实（virtual reality）系统将观测者、操作者和决策者都沉浸于数字化信息的多维图像中，让使用者以更加直接和自然的方式来对目标进行观察与操作，采用透视、确切空间坐标和全方位人机交互方式来提高对数据的分析和理解程度。虚拟现实是三维可视化领域中最新且具有质的飞跃性的一次发展，也称为浸入式可视化（immersive visualization）或沉浸式可视化。在浸入式的工作环境中不再采用传统的单人工作站解释方式，而是勘探开发多学科团队同时在可视化交互的三维环境中"钻"进同一数据体开展沟通与合作，技术专家和管理决策者不再限于传统的工作方式，而是和专业人员一起准确透视储层的空间分布特征，通过声控和感应交互等其他形式进入到圈闭和油藏周围，直接调动和分析数据，甚至沿着设计的井轨迹去触摸储层，亲临其境地去检查成果，审视油藏建模和模拟结果，真正意义上与数据进行对话，从而有效降低成本、减少风险并优化决策。

三、基于计算机可视化的全三维地震解释

三维勘探对地震波场在各个方向进行密集采样，单独分析地下构造和地层中的任何一个网格单元都只能是"盲人摸象"。整个三维数据体中的每个数据点都包含着反映地下地质特征的独特信息，在开展地震资料解释时应该全部利用，特别是在时间有限的情况下，充分利用水平切片和自动追踪等创新技术，综合数据体中的所有信息，有助于提高解释效率。

地震资料全三维解释（full 3D interpretation of seismic data）指采用立体解释方法和技术在三维空间对地震资料进行点、线、面和体相结合的地震地质解释，即全面使用自动拾取、体元追踪、层面切片等分析和解释手段，以垂直剖面和水平切片的解释为辅助手段，与三维相干体等不连续性分析相结合，采用三维可视化技术展示成果的一整套解释流程，被称为"真"三维解释，也称为地震资料三维可视化解释。其中，采用计算机解释系统对层位和断层面开展自动追踪是全三维解释的基础。自动追踪（autotracking），也称自动拾取（autopicking），就是解释人员把"种子点（seed voxel）"或"控制点"设置在三维地震工区的纵横测线上，并以此为基础在相邻地震道甚至整个三维工区内按照指定的标准来搜索与给定种子点性质相似的特征点。

三维数据体的二维解释把视觉和解释局限于纵横测线上，对于解释人员来说二维垂直剖面的感觉更为直观，但由于数据量过大，只能一条线一条线逐条进行解释。全三维地震数据体的解释不等于加密的二维解释，在全三维地震数据解释中数据越多越好，从而有助

于在整体上提高解释结果的可靠性。体元是构成三维显示的最小独立单元,通过自动追踪可以将满足指定条件的数据点连接起来,并通过三维显示实现储层的快速刻画。通常是在精细井震标定的基础上选取具有准确含义的初始种子点,从该种子点出发分别往上、下、左、右、前、后等所有正交方向依次进行搜索判断,逐一将振幅或属性满足给定门槛值的体元连接在一起,当该属性与含油气性或储层范围具有较强的相关性时,自动追踪结果能够实现对目的层属性特征的快速精确雕刻。特别是在地震资料品质较好的区域,储层与振幅或阻抗特征往往具有良好的对应关系,采用自动追踪通常能够取得较好的应用效果。图2-12展示了开展层位自动追踪的中间过程,可以看到层位与地震反射特征吻合较好。

彩图2-12

图2-12 三维地震数据层位自动追踪实例(资料来源:中石化石油物探技术研究院)

显然,自动追踪、断层追踪等自动搜索方法对原始资料的信噪比变化非常敏感。随着人工智能技术的不断发展,自动追踪分析技术也逐步实现多样化,并分别在属性判别、窗口控制、追踪范围等各个方面取得了显著的进展。目前,不同解释系统所提供的自动追踪功能存在着一定的差异,在实际应用中还需要将自动追踪与手工解释进行有机结合,根据资料品质开展交互式解释,并结合地质认识进行反复修改完善,有效提高地震资料解释的效率和可靠性。

第四节 地震资料解释系统

地震资料解释技术经历了四个阶段:一是光点时期,即在单张记录上进行波的对比,并在手工绘制反射剖面图的基础上制作构造图;二是二维模拟磁带记录和数字记录的水平叠加纸剖面解释,该阶段主要是在时间叠加剖面上开展手工解释,存在断点难以确认、倾斜地层空间归位不好的问题,需要手工开展空间校正;三是二维和三维叠加偏移剖面的解释,该阶段相比水平叠加剖面的品质得到很大提高,断层位置准确,并且可以通过时深转换尺直接从剖面上读取数据来编制构造图,也可以在t_0图基础上通过计算得到深度构造图;第四个阶段是人机交互解释阶段,解释工作从手工解释发展到计算机数字化解释,极大地拓宽了解释思路,有效提高了解释效率。

一、地震资料人机交互解释系统的特点与优势

地震数据解释的水平随着计算机软硬件技术的发展而发展,在早期的三维地震资料解释中,将一系列的水平切片显示在胶卷或胶片上,并采用移动图片的方式来展示数据特征,地震工作站的出现成为20世纪80年代地震勘探技术的重要进展。SeisCrop是最早用于地震解释的一套含有16mm胶卷投影机的设备,并针对需求进行定做,逐步丰富了数据图像大小调整、对焦、移动、放映速度等各种控制功能,该名称也因此而被经常用于代指地震切片。

相对于传统的纸质剖面解释来说,地震解释系统(seismic interpretation system)一般是指用于开展地震资料解释的人机联作工作站,也称地震资料(人机)交互解释系统(interactive interpretation system of seismic data),交互式解释系统的采用有效提高了地震解释的效率,为解释人员充分利用各种地质、地球物理信息开展多学科综合解释提供了多种手段,丰富了解释成果的展示方式,有效地加快了地震解释的现代化进程,在实际应用中具有以下非常明显的优势:

(1)强大的数据管理能力。解释人员能够任意选取所需数据并通过彩色显示器进行显示,相应的解释结果随时可以更新到数据库中,能够同时对井、层位和断层等各种重要数据进行有效管理。

(2)强大的交互功能。地震解释中合成地震记录的制作、层位解释和断层解释是一个不断修改、完善与更新的过程,建立在数据管理基础上的交互功能为最大限度地提升解释成果奠定了基础。

(3)节约大量解释时间。基于解释系统的交互式地震解释能够节约大量的时间,同时更加方便了解释成果的随时修改完善,在最终成果的成图完善等方面也更加高效。

(4)提供丰富的色彩显示与高品质成图。解释系统提供了丰富且灵活的色彩显示功能,为各种特定问题的研究与显示提供了最大的光学动态范围。通过对数据的高精度成图,解释人员可以全神贯注地关注所研究的问题与对应资料,为更好地透视地下地质体特征奠定了基础。

(5)快速构建解释思路与流程。在解释系统中解释人员很容易尝试各种新颖的解释思路,解释人员能够快速地开展创新性的成图工作,逐步改善并建立起最优的地震解释流程。

(6)实现最佳的解释一致性。解释系统提供了浏览各种不同形式数据特征的功能,从而可以通过任意线、纵横测线全面联动等方式来确保解释成果的一致性。

(7)解释系统提供了更多的地下信息。基于解释系统可以实时从地震数据中提取出更详细、更令人信服且影响也更大的地下地质体信息。

早期的地震解释人员面对的是一摞摞打印出来的纵横测线地震剖面,首先在过井点的测线上标出感兴趣的层位,然后沿着此层位依次找到与该测线相交的其他测线的交叉点,并根据该交叉点上的信息依次完成其他测线上的层位解释。通过沿着一圈相互交叉的测线反复进行层位拾取,并通过该层位返回到解释的起点,从而有效地检查该层位解释结果是否闭合。显然,完全采用人工来解释地震层位的工作量相当大,对于500条纵测线、1000条横测线的矩形区域来说,需要依次检查的纵横测线交叉点数量

为500000个。即使在层位拾取比较简单且每天能够检查2000个交叉点的情况下，完成一个层位的拾取和检查工作也需要近一年的时间。当然，在实际工作中并不需要这样对每条测线逐一进行解释，而只是对骨干测网进行精细解释，比如每十条主测线和横测线解释一条线，具体的测网精细程度取决于实际工作的解释需求，从而确保地震解释工作的高效开展。

三维地震资料解释工作都采用交互方式完成，这主要得益于计算机工作站软硬件技术的飞速发展。基于专门的地震数据解释系统，解释人员可以从硬盘或磁盘任意调用数据，通过彩色显示器或投影仪显示并浏览数据。三维地震数据体中数据的规则排列方式使得在计算机中非常容易实现交互解释。受计算机二维屏幕和传统工作思路的限制，实际应用中大量的三维地震解释工作还依赖于二维地震资料剖面或切片来开展工作。

二、常用地震资料人机交互式解释系统

在20世纪80年代初期，美国GSI公司最先推出SIDIS地震解释系统，到90年代初，国外已经有20多个厂家生产地震解释工作站（也称人机联作解释系统或交互解释系统），随着技术的不断发展和时间的推移，LandMark和GeoQuest逐渐发展成为主流解释系统。1984—1986年，我国石油行业引进了SIDIS、LandMark和GeoQuest等多套解释系统，促进了国内地震资料数字化解释的发展。随着三维地震勘探成果的增加及其在油田勘探开发中的广泛应用，各油田加大了解释系统的投入，让解释人员摆脱了繁重的手工解释，实现了地震资料的数字化解释。21世纪以来，地震解释系统得到了更快的发展，由常规三维解释发展到全三维解释、由单一学科解释发展到多学科综合解释、由单一的地震解释发展到地震地质综合解释，并且在可视化显示方面提供了更加丰富的功能，增加了丰富的地震属性分析、反演等技术，从早期的构造解释逐步发展到了储层与含油气性综合解释阶段，不仅丰富了地震解释成果的内涵，还有效提高了地震解释成果的精度。

在石油勘探开发环节中常用的地震解释系统有Schlumberger公司的GeoFrame软件和Petrel软件、Haliburton公司的LandMark软件、Paradigm公司的EPOS软件、开放源代码的OpendTect软件、中石油的GeoEast软件和中石化的NEWS软件。这些主流的商业软件不仅提供了完善的数据和工区管理、强大的数据可视化显示功能和完整的地震解释流程与解决方案，不同公司还针对地震地质综合研究推出了大量特色模块功能。目前，在市面上出现了多种专门用于不同解释系统之间开展数据交换的接口软件，更好地提高了地震资料跨平台解释与交换的效率。此外，部分解释系统还提供了用户编程接口甚至专门的功能开发平台，为用户将特色技术集成到现有解释系统上提供了有效的技术支持。实际上，大部分地震解释软件在功能方面是相通的，因此，并不需要解释人员学会所有软件的操作和功能，而是应该根据实际需求开展有针对性的工作。

第五节　地震解释中的工业化成图

地震资料解释成果（results of seismic data interpretation）是反映地震资料解释最终成果的文字报告、相关图件和数据的总称。

一、地震勘探解释图件的基本要求

石油勘探开发中需要使用大量的高精度高分辨率地震勘探解释成果图件，地震解释图件通常按照 CGM（computer graphics metafile，即计算机图形元文件）格式进行数据交换，ISO 委员会定义的 CGM 图形格式由一套标准的与设备无关的定义图形的语法和词法元素组成，该格式提供了一个在虚拟设备接口上存储与传输图形数据及控制信息的机制，具有广泛的适用性，主要用于描述、存储和传输与设备无关的矢量、向量以及两者混合的图像。

地震解释图件的分辨率与图像的输出密切相关，主要用于表示图像的清晰度、衡量图像的细节表现力，分辨率越高代表图像质量越好，能够更加准确地反映图像的细节信息，但包含的像素越多也使得文件占用存储空间越大。分辨率用于度量位图图像内数据量的多少，通常表示成每英寸像素（pixel per inch，PPI）和每英寸点（dot per inch，DPI），其中 DPI 通常用于表示各类输出设备每英寸上可产生的点数，DPI 越大表明图像输出的色点就越小，输出的图像效果就越精细。该单位常用于显示器、喷墨打印机、激光打印机、绘图仪等设备，即所谓的设备分辨率，其中 PC 显示器的设备分辨率在 60~120DPI 之间，打印设备的分辨率在 360~2400DPI 之间。

在实际应用中，图像的大小与分辨率和打印尺寸之间存在着相乘的关系，即图像的横向（竖向）像素数=打印横向（竖向）分辨率×打印的横向（竖向）尺寸。对于特定的图像而言，图像的像素数是固定的，因此，打印分辨率和打印尺寸呈现出反比关系。在图像输出过程中，当希望打印的照片尺寸是 4in×3in、打印分辨率横向和竖向都为 300DPI 时，该图片的像素数至少为 (300×4)×(300×3)= 1080000 像素，即日常生活中常说的一百万像素。图片的像素过低显然会降低图像的打印质量，但过高也不能提升打印质量，需要根据实际应用环节对地震勘探解释成果图的具体分辨率要求进行合理的选择。

地震解释图件是展示地震勘探成果的有效途径，主要包括基础图件和成果图件两大类。图框形状一般根据研究区域的轮廓及图框内的充满程度采用长方形或正方形，并加注投影方式及选用的坐标系。当采用直线比例尺时，需要根据图名的位置来确定比例尺的相应位置，同时还需要根据比例尺的不同来标注对应的地名和地物（包括铁路、公路、河流和大型工程建筑等）。如果图件中没有专门标注正北方位，则规定为上北、下南、左西、右东。另外，还需要在图框内的左下角或右下角编制图例、说明和责任表等，并在责任表中明确相关的单位和负责人、数字比例尺、日期和资料来源等信息。

二、地震勘探解释基础图件及成图要求

地震勘探解释的基础图件指在地震勘探处理、解释过程中基于地球物理方法直接获取的图件，旨在为油气地震勘探提供直接或间接的支撑材料。基础图件主要包括二维地震测线位置图、三维地震勘探 CMP 网格图、三维地震勘探面元叠加次数图、野外静校正量平面图、速度资料、地震剖面（包括叠加、叠加偏移、叠前偏移、叠前时间偏移、叠前深度偏移、叠前深度偏移时间剖面等）、亮点剖面、三瞬剖面（瞬时振幅、瞬时频率和瞬时相位）、波阻抗剖面、地震反射层层位标定图、反射系数剖面、吸收系数剖面、AVO 处理

成果等。

对于典型的地震剖面等基础图件来说，在纵向上通常用1cm代表100ms，在横向上采用1:25000的比例尺，即1cm代表250m（对于深度偏移剖面来说则纵横比例同时采用1:25000）。在剖面上需要标注CMP号、桩号、叠加速度、相交测线号、已钻井井位、剖面方位等基本信息。对于有地形校正的剖面还应该在剖面上显示地表高程，标出本工区统一基准面的海拔高程（在水上作业时则应标出水深线），并将主要的采集、处理参数（或偏移方法及参数）及测线位置示意图显示在剖面左侧或右侧。同时，还应按照任务统一规定的颜色解释层位和断层（断裂），并在适当位置注明主要的构造和断层名称，当测线通过露头区时还应注明露头区的地层时代、产状、厚度和岩性等特征。当采用彩色显示地震剖面时必须提供对应的色标，当不同单位在同一地区分别开展资料处理或地震施工时，必须以凹陷、坳陷及盆地等独立单位为基础建立统一的色标。对于波阻抗等成果展示来说还需要在剖面上显示合成地震记录、声波测井曲线等信息，本书对这些具体要求不详细展开，具体要求可以参考SY/T 5331—2016《石油地震勘探解释图件要素规范》等相关行业标准。

三、地震勘探解释成果图件及成图要求

地震勘探解释的成果图件指在地震处理后的数据体基础上，结合油气勘探实际需要，经过后期解释加工所形成的各类地震勘探成果图。成果图件主要包括地震反射层时间构造图、地震反射层深度构造图、地震反射层品质图、地层等厚图、地层综合柱状剖面图、地层柱状对比图、油气藏特征剖面、区域构造单元划分图、层序地层解释剖面图、地震相平面图、沉积相（体系）平面图、地震属性平面图、地质地球物理综合解释大剖面、构造演化剖面图、古地质图、二级构造带综合成果图、综合评价图、井位设计综合图、泥质含量平面分布图、含油气预测平面图等其他相关分析图件。

地震勘探解释成果图件涉及的面非常宽，此处不一一详细展开，对于典型的地震反射层时间构造图（也称等t_0构造图）来说，在成图过程中需要使用解释过的全部地震测线，将t_0数据根据可靠程度分为可靠级和不可靠级两级数据，t_0数据通常标注在测线的右侧，对于不可靠的数据则通常标注在括号内以示区别。在时间构造图成图过程中，等值线间隔根据作图的比例尺来确定，同时需要标明钻达该层位的探井位置和井号，还需要准确注明断点位置、断层上下盘的t_0值。

对于地震反射层深度构造图来说，比例尺为1:25000和1:50000的深度构造图，等深距分别采用25m和50m，并注明构造和主要断裂名称；比例尺为1:100000和1:200000的深度构造图，则采用100m的等深距，并标明主要构造名称、断裂名称及该层位缺失和异常体的接触边界线等。对于地层倾角过缓及大比例尺（如1:5000、1:10000）深度构造图，其等深线应加密；而对于地层倾角过陡及小比例尺（如1:500000、1:1000000）深度构造图，其等深线则应抽稀。通常，构造等深线采用圆滑曲线勾绘，用实线表示可靠级数据，用虚线表示不可靠级数据，点画线则表示辅助等深线。图件中不仅应该注明相应的地质层位和作图方法，还应该标明钻达该层位的探井位置、井号、深度（从成图基准面起算）和油气显示情况。

除了时间和深度构造图外，不同的解释成果图件在成图过程中均具有其特定的要求，

比如地震相平面图不仅要标注地震相的名称或代号、钻达研究层系的主要探井位置，更需要准确标注控制研究层系的断层及超覆或侵蚀尖灭线，同时勾绘出地震相界线及异常体边界。这些不同的标注或者具体要求旨在确保相关成果图件的精确性和可靠性，在实际应用中需要参考相应的标准。

  值得注意的是，地震解释图件中的长度单位在国际上不仅采用英尺、英寸，也使用千米等，而且也经常出现两种单位混合使用的情况，国内编制的图件基本上都统一采用国际标准单位。对地震解释工作者来说，在制图、看图之前必须准确核实所用数据的单位，特别是使用不同类型的仪器在不同时间分别测量的深度、声波时差等测井数据开展井震标定、速度分析并成图时，常常会涉及不同单位的数据联合应用，因此，在地震解释成图的读图和制图环节必须仔细检查，才能确保准确。

第三章 地震属性分析

地震波运动学信息主要是指地震反射波旅行时（t_0 时间及层间旅行时差）和速度（平均速度、层速度）等，利用这些信息可以把地震时间剖面变为深度剖面、绘制地质构造图、开展构造解释、明确岩层界面、确定断层和褶皱的位置及展布方向等。动力学信息则主要是指地震反射特征，如反射波的振幅、频率、吸收衰减、极化特点、连续性，反射波的内部结构和外部几何形态等。从这些地震信息中可以提取非常有用的地层岩性信息，并进一步确立地震层序、分析地震相、恢复盆地的古沉积环境、预测生储油相带的分布、寻找地层或岩性圈闭油气藏。借助地震波的波形振幅、频率等动力学信息，结合层速度以及钻井、测井资料，可以获得岩性信息和储层物性参数，协助解释人员开展储层岩性、物性、含油气性预测及油藏动态监测等。

地震属性一词于 20 世纪 70 年代开始引入地球物理界，刚开始在国内对应的名称较多，如地震特征、地震信息、地震参数、地震标志等，直到 20 世纪 90 年代初才基本上统一称为地震属性。地震信号的特征是由储层岩石物理特征及其变化直接引起的，因此，地震数据中蕴含着大量的储层物性变化和储层饱和流体成分等信息。地震属性技术可从地震资料中提取出大量的有用信息，在储层预测、含油气性识别、储层动态监测等方面发挥着重要的作用。简单来说，地震属性技术包括属性提取、属性优化和储层参数预测等三个方面的内容。

第一节 地震属性分析基础

地震属性分析（seismic attribute analysis）是指以地震属性为载体，从地震资料中提取隐藏信息，基于岩石物理学及地震勘探原理来建立地震属性与地质参数之间的关系，并把这些信息转换成与岩性、物性或油藏参数相关的、可以为地质解释或油藏工程服务的信息。实际应用时，首先根据测井资料解释的储层物性参数与井旁道地震属性建立两者之间的映射关系，实现地震属性到储层参数之间的定量转换，并将该关系应用到整个三维地震数据范围内，实现井之间甚至无井区的储层参数预测。

一、地震属性的定义

地震属性（seismic attribute）一般指从叠前或叠后地震数据中通过数学变换或物理变换引入的表征地震波几何学、运动学、动力学和统计学特征的物理量，有些有明确的物理意义，有些没有明确的物理意义，只有数学意义。

关于地震属性的定义通常可以概括为三种：一是从数学意义上看，地震属性是地震资料几何学、运动学、动力学和统计学特征的一种度量；二是从地震属性的提取过程来看（或从集合的观点来看），地震属性是一种描述和量化地震资料的特性，是原始地震资料中所包含的全部信息的子集，因此，求取地震属性就是对地震数据进行分解，即每一个地震属性都是地震数据的一个子集；三是从应用地球物理学的角度看，地震属性是地震数据中反映不同地质特征（信息）的分量或子集，是刻画、描述地层结构、岩性以及物性等地质信息的地震特征量。因此，地震属性可以定义为能够更好地展示并解释地质目标特征的地震数据度量。

地震属性来源于地震资料，属于地震资料的某种变换形式，根据地震资料的信息特征和地震属性所发挥的作用，可以将地震属性定义为三个不同级别：第一级为旅行时类地震属性，主要用于早期的构造解释；第二级为基于振幅的简单地震属性，涵盖了直接基于地震振幅所提取的各类信息和通过地震反演所获取的各种弹性参数，这一级属性能够为储层预测提供间接的依据；第三级为基于各种地震属性进一步导出的岩石特征参数，即将岩石物理特征与地震响应相结合所得到的能够直接反映储层性质的物理参数。

二、地震属性的发展

地震属性起源于20世纪60年代末的亮点分析，其研究大致经历了三个发展阶段：

第一个阶段为起步阶段（20世纪60年代末到70年代末）。该阶段以"亮点"技术为代表，通过调谐厚度来解释薄层厚度，当时的属性分析既没有考虑地震资料的运动学、动力学特征，也没有具体而明确的地质含义，只是对地震剖面特征的一种定性描述与分析。

第二个阶段为迅速发展阶段（20世纪70年代末到80年代末）。该阶段出现了大量的属性提取方法，衍生了自相关分析、频谱分析、自回归分析、复地震道分析等大量地震属性，但多数方法仅停留在地震波场的几何学、运动学和动力学等特征的研究上，对地震属性所代表的地质意义缺乏深入分析与解剖。该阶段地震属性的应用开始向各个领域延伸，如储层预测与油气检测等。

第三个阶段为基本成熟阶段（20世纪90年代以后），该阶段的主要标志是出现了多维属性，应用也更为理性。90年代初出现了以相干、倾角、方位角、曲率等为代表的一批多维属性，这类属性能够更直观地反映地层的结构性信息，如倾角、方位角能够反映地层的视倾角、倾向。同时，属性标定与优化的方法开始大量涌现，地震属性研究开始向规范化和科学化等方向健康发展。

利用地震属性开展地震解释，可以说是起起落落，既经历了繁荣期，也遭受过质疑。直到复地震道分析技术的提出和地震反演的引入，地震属性才受到广泛重视。Taner在1979年提出的复地震道分析方法对于地震属性分析具有十分重要的意义。20世纪80年代，地震属性数量激增，但很多地震属性只是单纯的数学变换，并没有给出具体的地质意义，地震属性开始不受解释人员重视，属性技术的发展也步入了低谷。到了90年代，地震属性技术基本成熟，出现了一批三维体属性，这类属性能够更直接地反映地层构造信息。进入21世纪，地震属性技术已经发展成为比较成熟的解释工具，将更先进的理论引入到属性提取的流程中，为地震属性分析技术开辟了新的发展空间。

地震属性分析与标定技术在我国的发展起步于20世纪80年代，这一阶段主要是开展油藏描述，建立了一套应用于储集体轮廓描述、岩性预测及储层物性参数预测的方法。

20世纪90年代初，这一技术广泛地应用于储层研究项目，在推广使用过程中，忽略了对属性的地质地球物理基础研究，对算法的选择也缺乏针对性，地质效果不甚理想。在进一步总结国内外经验的基础上，地震属性开始更加合理地应用于全三维地震解释、储层特征参数描述和四维地震数据分析等领域，具有巨大的应用前景和潜力。

三、地震属性的分类

地震属性有很多种，但相同类的地震属性存在一定的相关性或相似性，反映的地质特征比较相似，而不同类的地震属性对同一地质特征敏感程度明显不同。对地震属性进行分类的目的是排除冗余信息，减少信息关联的维数，优选出有效的地震属性来开展储层预测。目前，对地震属性还缺乏统一的分类标准：

（1）Taner 等将地震属性划分为几何属性和物理属性两大类：几何属性（geometrical attributes），包括旅行时、地震反射构形、地震相单元边界反射结构、同相轴反射强度和连续性等，主要用于地震地层学、层序地层学、断层与构造解释等，对刻画地质体轮廓、分层结构和断裂系统等特征比较有效；物理属性（physical attributes），包括速度、振幅、频率、衰减等，主要用于岩性解释、储层预测与含油气性识别等领域。

（2）Brown 将地震属性分为四类：提供构造信息的时间属性、提供地层和储层信息的振幅属性、提供潜在储层信息的频率属性和提供可能与流体及渗透率性有关的吸收衰减属性，并将每类属性均按叠前和叠后进行进一步划分。

（3）以运动学和动力学为基础，把地震属性分为振幅、波形、频率、衰减特性、相位、相关分析、能量、比率等几大类。

（4）以储层特征为基础的地震属性分类方法，将地震漏性分为表征亮点、暗点、不整合圈闭或断块隆起异常、含油气异常、薄层油藏、地层间断、构造不连续性、岩性尖灭、特殊岩性体等不同储层特征。

在众多地震属性中，有些属性对特定的油藏环境比较敏感，有些属性对地下界面异常有利，还有些属性可直接用于碳氢检测。大部分属性都是叠加或偏移地震数据的一种衍生物，而入射角（或偏移距）域的数据甚至方位角域的数据则可提供更多的信息源，如基于叠前地震资料的 AVO 属性包含了丰富的储层和含油气信息。

第二节　地震属性提取

地震属性的提取主要采用各种数学或统计学方法来实现，即经过相应的分析计算来得到一系列的地震属性参数。常用的地震属性提取方法包括复地震道分析、相关分析、傅里叶谱分析、功率谱分析、自回归分析、数理统计分析等。

在提取方式上，地震属性提取通常包括界面属性提取和体积属性提取两种。其中，界面属性是在三维地震数据体内沿三维层面求取的与地层分界面有关的地震属性，从而提供沿分界面或两个分界面之间的地层变化信息。而体积属性则是由三维地震数据体导出的完整的属性数据体，是地震数据的另一种图像表示方式。地震属性提取时可以是直接对当前位置的振幅进行变换，也可以是在一个时窗范围内进行计算。时窗可以是固定的顶底水平的时间段，即表示一个厚的时间切片，有时也叫作统计切片（statistical slice）；时窗也可以是两个构造层位之间的层段，如储层顶、底反射所夹的层段。在时窗内，可以对数值求和或做别的运算来获得相应的属性值，也可以计算时窗内的属性变化特性。

在属性提取过程中可以根据数据对象特征提取单道时窗属性（single trace windowed attributes）、多道时窗属性（multi-trace windowed attributes）和层位构造属性（event object structure attributes）等不同类型的地震属性，为寻找更适合反映地质特征的地震属性奠定了基础。其中，单道时窗属性一般采用一个固定或可变的时窗在时间轴上进行纵向滑动，在时窗内按照一定的规则求取地震属性，并将该结果作为时窗中心点位置的属性进行输出。多道时窗属性则需要定义二维或三维的窗口，既包括时间轴也包括空间上的不同测线方向。

由于地震属性提取所涉及的方法和原理众多，此处仅简述几类最基本的常用地震属性。

一、振幅/能量特征统计类属性

地震振幅/能量属性是地震资料岩性解释和储层预测常用的动力学参数，能够反映波阻抗差、地层厚度、岩石成分、地层压力、孔隙度及含流体成分的变化，可以用来识别振幅异常、追踪地层学特征（如三角洲河道或砂岩）、识别岩性变化以及含流体特征等。

（1）均方根振幅（RMS amplitude），指在一定时窗内对振幅平方的平均值开平方。由于振幅值在平均前进行了相乘，因此该属性对数值较大的振幅非常敏感，有助于更明显地突出振幅值较大的区域，该属性的计算公式为

$$\text{RMS} = \sqrt{\frac{1}{N}\sum_{i=1}^{N} A_i^2} \tag{3-1}$$

（2）平均绝对值振幅（average absolute amplitude），是指对地震道在分析时窗内所有振幅的绝对值取平均。

（3）最大波峰振幅值，是指在给定时窗范围内记录的地震波波峰振幅最大值。

（4）平均波峰振幅（average peak amplitude），是指对地震道在分析时窗内的所有正振幅值相加，得到总数并除以时窗里的正振幅值的采样数。

（5）最大波谷振幅值，是指给定时窗范围内记录的地震波振幅的最低值。

（6）平均波谷振幅（average trough amplitude），是对地震道在分析时窗内的所有负振幅值相加，得到总数并除以时窗里的负振幅值的采样数。

（7）总振幅，每一道的总振幅（total amplitude）是指在分析时窗内对所有采样点求和所得到的总的振幅值。

（8）振幅的立方差，每一道振幅的立方差（skew in amplitude）是指先对分析时窗内的所有采样点求取平均值，然后减去该道的平均值，计算差值的立方，求出这些值的总和，除以采样点数，从而得到振幅的立方差。

（9）整波形能量 E_{NZ}，每一道的整波形能量是在分析时窗内对所有采样点的振幅的平方进行求和。

（10）波形正半周能量 E_N，每一道的波形正半周能量是在分析时窗内对振幅值大于 0

的所有采样点的振幅的平方进行求和。

二、复地震道属性

复地震道属性是指根据复地震道分析方法在地震波到达位置上拾取的瞬时地震属性，也称为瞬时属性（instantaneous attributes）。一个复地震道可以表示为 $C(t)=S(t)+jh(t)$，其中，$C(t)$ 为复地震道，$S(t)=A(t)\cos\phi(t)$ 为实际地震道，$h(t)=A(t)\sin\phi(t)$ 为虚地震道，通常对实际采集到的地震道做希尔伯特变换来得到。理论研究表明，一个物理可实现的系统，其系统函数的实部与虚部互为一对希尔伯特变换。$A(t)=\sqrt{S^2(t)+h^2(t)}$ 为振幅包络，$\phi(t)=\arctan\dfrac{h(t)}{S(t)}$ 为瞬时相位，$\overline{\omega}(t)=\mathrm{d}\phi(t)/\mathrm{d}t$ 为瞬时频率。根据这三个基本属性可以导出许多瞬时类的地震属性，如瞬时实振幅、瞬时平方振幅、瞬时相位、瞬时相位的余弦、瞬时频率的斜率、反射强度、视极性等。

（1）瞬时实振幅体现了在选定的采样点上时间域地震道的振幅变化，为地震道数据的一般表示，主要用于构造和地层学解释，可以用来圈定高或低振幅异常（亮点或暗点）。

（2）瞬时平方振幅表示时间域振幅变化，其相位与瞬时实振幅相比延迟 90°，是在指定相位上唯一能观测到的振幅属性，可以用于确定薄储层 AVO 异常，其相位延迟特性对瞬时相位的垂直变化的质量控制十分有用。

（3）瞬时相位为在选定的采样点上以角度或弧度表示的相位，由于烃类聚集会引起相位变化，瞬时相位属性常作为烃类直接指示因子进行应用。瞬时相位能够突出同相轴连续性，有助于加强储层内部的弱反射，但同时也会加强噪声。瞬时相位的余弦可以由瞬时相位导出，受相位的周期性变化特征影响，该属性有一个固定的边界值（−1 ~ +1），可以用来改进瞬时相位的变异显示。

（4）瞬时频率定义为瞬时相位对时间的导数，由于油气储层常引起高频成分衰减，该属性多用于估计地震衰减，同时也有助于反映地层区间的周期性，但该属性在干扰条件下容易表现出不稳定性。

（5）反射强度斜度即反射强度随时间的变化率，在时延三维（4D）地震中，反射强度斜度多用来表征垂直地层层序和储层中流体成分的变化。

（6）视极性定义为反射强度的极性，用来检查沿反射层位极性的横向变化，常与反射强度联合使用。

三、几何特征属性

地震几何特征属性（seismic geometry attribute）基于地震波射线传播理论，与地震波走时密切相关，是一种反映地下地质构造几何形态的属性表达，主要用于分析构造特征、断裂系统等与构造相关的几何形态，是辅助三维地震资料构造解释的重要手段，在火山岩、碳酸盐岩、致密砂岩和页岩气储层的裂缝检测等领域发挥着重要的作用。几何特征属性主要包括走时、相干、倾角、方位角、曲率、纹理及其延伸属性，其中，地层倾角描述反射地层倾角的变化，地层方位角表征反射地层在地理上的方位特征，相干体多用于断层和河道的识别，曲率属性多用于地层褶皱、弯曲以及储层裂缝特征的表达，纹理属性多用于地震几何纹理形态描述。

相干体（coherence）是地震波形（道）之间相似性的一种量度，是由三维地震数据体经过相干处理后得到的一个新的数据体，其基本原理是在三维数据体中，求每一道每一样点处小时窗内分析点所在道与相邻道波形在局部的相似性，并把该结果赋予时窗中心样点，从而形成一个表征相干性的三维数据体。相干体技术利用地震信号相似性的变化来描述地层的横向非均匀性，确定断层、微断裂甚至裂缝发育带的空间分布、地质构造异常及岩性的空间展布特征。相干体技术被称为是近几十年来三维地震解释方面最重要的突破，大大减少了解释人员开展构造、岩性解释的时间。该技术发展非常迅速，算法种类非常多，而且应用领域非常广，参考资料也很多，此处不展开详述。

倾角（dip）是详细描述构造细节的一种时间衍生的层位属性。在高精度自动追踪的时间面上，由于同一时间值直接相邻的点所形成的局部面的真倾角是属性倾角，倾角的方向是方位角（azimuth），其应用方式与倾角相同。倾角和方位角属性都可以在复地震道分析的基础上通过矢量计算的方式来获取，此处不详细讨论。图 3-1 展示了某实际工区的断层倾角方位、断层概率信息与地震数据的叠合情况，充分展示了地震属性在刻画断层特征方面的优势。

彩图 3-1

图 3-1　某实际资料的断层倾角方位、断层概率与地震资料综合显示图（据 Marfurt, 2018）

照度（illumination）是来自地形等制图领域的常用显示技术，其中，时间层位面指向源的部分是强光区，而背离源的部分是阴影区。通过照亮方向的选择更好地展示或突出数据中的某些专属特点，增强可视化效果。

曲率（curvature）是表征曲线弯曲程度的一个二维物理量，定义为曲线方向的变化速度，例如曲线在某一点偏离直线有多远。曲线上某点 P 的曲率定义为曲线在该处的角度变化量 $d\omega$ 与对应的弧长变化量 ds 之比。相当于在 P 点可以画出一个曲率半径为 R 的内切圆，圆周上每一点的弯曲程度相同，此时，P 点的曲率 K 为常量，即采用整个圆周的角度变化量来表示该点的曲率：

$$K=\frac{d\omega}{ds}=\frac{2\pi}{2\pi R}=\frac{1}{R} \tag{3-2}$$

四、基于谱分析的地震属性

在相同的激发接收条件下,地震波穿透不同岩石后在频谱上存在比较明显的差异。在同一岩性中,不同频率震源激发所得到的资料主频也会产生规律性的变化,且不同岩性分界面上的反射波频谱上也有着明显的差异。谱分析是描述地震记录特征的重要方法,常用的有傅里叶谱分析和功率谱分析,前者主要用于确定函数,而后者主要用于随机过程。

功率谱(power spectrum)通过地震记录自相关函数的傅里叶变换来求得。为消除傅里叶变换输入函数在分析时窗边界上跳变的影响,在做变换前需要使用窗函数进行平滑;为减少偶然误差,需要对3~5道相邻道的功率谱分析结果进行平均,然后开展参数拾取。

(1)加权功率谱平均频率。计算功率谱对频率的加权平均值,与全频带(L_f-H_f)内计算的功率谱加权平均值比较,为后者的$A\%$时所得到高截频(通常A取25、50、75、90等),即得到加权功率谱平均频率,该参数也是信号能量按频率分布的一个标志。

(2)功率谱极大值频率。功率谱极大值频率指功率谱曲线中最大极值对应的频率,反映了信号成分中能量最大的简谐波频率。

(3)优势功率谱。优势功率谱是与优势频率相对应的功率谱值。这个属性沿着有意义的区段发生横向变化,能够反映岩性和流体饱和度变化所带来的地震反射非均质性。

(4)指定带宽能量。指定带宽能量是在低截频和由用户指定的特定频率边界范围内所包含的能量,在实际操作中多用来产生一个低频带宽能量,用于检测天然气和裂隙等特征。

(5)功率谱的斜度。功率谱的斜度能够描述谱的分布和频率成分的吸收特征,常用于检测天然气。

傅里叶谱特征又称为谱属性,通常是指在一个长为几十到几百毫秒的时窗内的地震信号频谱。地震波在实际介质中传播时,高频成分损失明显,导致频谱在空间上存在着明显的变化,通过在合适的时窗内提取频谱的变化特征,有助于更好地分析岩性、物性或流体性质变化。

(1)振幅谱主频。振幅谱主频率是指振幅谱极大值所对应的频率,反映地震信号简谐成分中振幅最大的简谐分量频率,与信号的视频率参数相应。

(2)振幅谱极大值。振幅谱极大值是指振幅谱主频F所对应的幅值,表示主频简谐分量的振幅大小。

(3)平均中心频率。将振幅谱曲线包含的面积分成高频和低频面积相等的两部分,分界处的频率就是平均中心频率,该参数表示了地震信号中简谐波成分随频率的分布特征。

(4)频带宽度。把在低截频L_f和高截频H_f之间的振幅谱曲线所包含的面积,用一个以振幅谱极大值为高度的矩形面积代替,该矩形面积的宽度即为频带宽度。该参数反映了波形在频率域的特点,与子波延续时间成反比。

(5)优势频带宽度。优势频带宽度定义为振幅谱幅值$A(f)$超过指定门槛值时的频率范围,作为频带宽度的另一种定义,反映了地震信号延续时间和分辨率特征。

(6)优势频率。优势频率是在固定时窗内计算地震记录过零线次数或零点个数,反映地震记录瞬时频率变化特征,与视频率相应。

当用于分析的地震数据是一个均值为零的随机过程时，功率谱作为统计特征可以较好地表示反射波特征；而当用于分析的地震数据是一个确定的时间函数，记录信噪比较高，分析时窗中有稳定的反射波脉冲出现时，使用傅里叶谱分析描述反射波特征较为适宜。

地震资料中包含了不同频率成分的信息，不同频率成分的地震波信息对不同的地质体特征具有不同的敏感性，对地震数据开展精细频带划分有助于从中挖掘出更多与地质体特征密切相关的信息，结合可视化技术对不同频带信息的数据进行融合显示，有利于增强地震数据对地质体的刻画能力，如图3-2所示。时间域或频率域特征精细分析能够增强地质体表征能力，通过时间域和频率域的联合分析有助于从地震信号中获取更多有效信息，即时频联合域分析，通过联合能够更好地描述信号频率随时间的变化关系，在反映地质体沉积旋回特征方面具有独特的优势，简称时频分析（time-frequency analaysis）。

彩图 3-2

图 3-2　分频地震数据 RGB 融合显示实例（资料来源：中石油勘探开发研究院）

图 3-2 综合利用了地震数据的低、中、高频信息开展 RGB 融合显示，即采用每个频率成分的数据对 RGB 三原色进行调制，形成一个具有宽频信息的彩色数据体，从而增强地震数据刻画地质体特征的能力。该实例旨在通过地震属性与可视化技术的结合来精确刻画古地表水系，通过 RGB 混频数据体清晰地展示了地表水系展布特征，混频结果对于古水系的分辨能力较单频分析结果有了很大的改善。该图非常明显地展示了连续、弯曲、宽窄不一、延伸很大并由北部潜山高部位逐级向南汇聚的地表水系特征，其中，西部位置是本区最大的分支水系之一，与西部断裂有密切关系；中部和东部分支水系的规模相对较小，与该区北东—南西走向及北西—南东走向的"X"形断裂有关，在此基础上即可预测出该区地表古水系的长度、宽度和厚度等信息。

五、吸收衰减类地震属性

地震波在地层中传播时必然发生能量衰减，吸收衰减参数与纵横波速度和密度参数联合有助于更好地表征地层特征，地震波吸收衰减通常采用地层品质因子参数来表示。油气藏对弹性波的吸收衰减主要取决于岩石骨架的弹性性质，孔隙度、孔隙可压缩性、饱和度、渗透率及孔隙流体成分也对地震波吸收衰减具有非常重要的影响。

（1）吸收系数（absorption coefficient）α，是地震波在传播过程中对振幅衰减特征的一种度量，表示地震波振幅 A 沿传播距离的衰减，单位是 $1/m$。

（2）衰减因子（attention factor）β，也是地震波在传播过程中对振幅衰减特征的一种度量，表示地震波振幅 A 随传播时间 t 的衰减，单位是 $1/s$。

（3）对数衰减率（logarithmic attenuation rate）δ，表示地震波振幅在一个波长 λ 距离上或在一个时间周期 T 上的衰减量，描述了地震波传播一个波长或者一个周期时的振幅变化特征，是一个无量纲的量。

（4）品质因子（quality factor）Q，表示地震波能量在一个波长（或一个周期）范围内的相对变化，即地震波总能量与耗损能量之比乘以 2π，是一个无量纲的量。介质 Q 值越大，能量耗损越小，介质越接近于完全弹性体。

六、叠前 AVO 地震属性

由 Shuey 近似式可知，截距 P 代表垂直入射时的反射振幅，梯度 G 代表振幅随偏移距的变化率，截距和梯度的组合能够描绘岩石和流体的综合响应，是利用叠前地震数据识别岩性和流体技术的基础。

1. 截距属性（P 属性）

当 $\dfrac{\Delta\alpha}{\alpha}$ 和 $\dfrac{\Delta\rho}{\rho}$ 的比值均小于 0.2 时，Shuey 近似式中的 P 就是 P 波垂直入射反射系数，即截距属性大小等于纵波垂直入射时的反射系数值。截距属性剖面与 CMP 叠加剖面相比，更接近于零炮检距剖面，其分辨率比常规 CMP 叠加剖面要高，信噪比也有一定程度的改善。

2. 梯度属性（G 属性）

梯度属性的物理含义与纵波速度反射系数和泊松比参数 σ 密切相关，包含了能够反映界面上下地层岩性变化的信息 $\Delta\sigma$。一般情况下，在 P 波叠加剖面上出现的强振幅，在斜率 G 剖面上也应该是强振幅，但符号不一定相同。这种符号的改变，往往是由于岩性组合本身的变化所引起的，因此，把 G 剖面称为岩性组合变化剖面，也称为梯度剖面。

3. 拟零炮检距横波反射属性（P-G 属性）

当纵横波速度比为 2 时，有 $(P-G)/2=C_{s0}$，即横波垂直入射到地层界面上时的横波反射系数。实际上，平面 P 波垂直入射（炮检距为零）时是不会产生横波的，通过具有入射角参数的反射系数可以拟合计算出零炮检距横波反射信息，代表横波入射横波反射时的振幅（不是转换横波的反射振幅），其出现的时间是纵波的垂直反射 t_0 时间。因此，在前面冠了一个"拟"字，以示区别。

4. 拟泊松比属性（$P+G$ 属性）

当纵横波速度比为 2 且界面上下波阻抗差较小时，对速度比值的微分可以近似地表示

成 $P+G$ 的形式,而速度比值的变化趋势与泊松比变化趋势保持一致。因此,把截距 P 剖面和斜率 G 剖面相加所得到的剖面,称为拟泊松比剖面。

5. 烃类指示属性（$P×G$ 属性）

由于斜率 G 的大小及其正负符号与岩性以及流体性质有关,通过与截距 P 相乘有助于加大数据绝对振幅值的差异,扩大数据的动态范围,提高清晰度。虽然 $P×G$ 属性物理含义不清晰,但两个参数相乘后能够增强 AVO 显著程度,有效区分"正 AVO"和"负 AVO"响应（振幅绝对值随角度或偏移距增加称为"正 AVO",反之称为"负 AVO"）,有利于更好地开展含油气性检测。因此,$P×G$ 剖面通常被称为烃类指示剖面,且其可信度比亮点高。

6. 比商属性（$P÷G$ 属性）

P 和 G 相除在某种意义上反映了振幅随炮检距的响应与法线反射时振幅响应的偏差,偏差的大小及其符号能反映振幅随炮检距变化的整体趋势和变化幅度。该属性对判断岩性变化具有一定的实际意义。

七、相关类地震属性

设 $f(n)$ 为离散地震信号,N_1 和 N_2 为分析时窗的起始、终止时间所对应的离散时间序号,时窗内离散时间样点数为 $N=N_2-N_1+1$,$f(n)$ 的自相关函数（auto correlation function）$ACF(\tau)$ 表示为

$$ACF(\tau) = \frac{1}{N}\sum_{m=N_1}^{N_2} f(m)f(\tau+m) \tag{3-3}$$

通常,自相关函数的主极值幅度代表了记录段的能量;主极值宽度与记录的视周期有关,对于频率低的信号,主极值宽度大,而对于频率高的信号,主极值宽度相对较窄;旁极值的幅值和面积与地震记录的重复性及延续时间的长短有关。当反射层具有薄互层结构时,反射记录中出现干涉现象,导致自相关函数幅值和面积增大。

设 $f_1(n)$ 和 $f_2(n)$ 为两个离散地震信号,$f_1(n)$ 和 $f_2(n)$ 的互相关函数（correlation function）$R_{12}(\tau)$ 表示为

$$R_{12}(\tau) = \frac{1}{N}\sum_{m=N_1}^{N_2} f_1(m)f_2(\tau+m) \tag{3-4}$$

互相关函数是时移 τ 的函数,反映了两个地震信号在不同的相对位置上互相匹配的程度。互相关函数不是偶函数,但 $R_{12}(\tau)=R_{21}(-\tau)$。在频率域中与互相关算子相当的计算过程是同频振幅相乘、相位相减,即两个函数互相关的振幅谱是这两个函数振幅谱的乘积,而互相关函数相位谱则为两个函数的相位谱之差。

第三节 地震属性优化

一、地震属性优化及其原则

地震属性包含了原始地震资料中不能直接反映的大量有效信息,由于任何一种数学方

法都可以计算得到一种地震属性，导致产生的地震属性数量繁多，但地震属性并不是越多越好，属性的无限增加反而会给储层预测带来不利的影响：（1）有些地震属性可能与目的层本身无关，物理意义与地质意义完全没有联系，还可能受属性提取中时窗长度的影响而主要反映浅层或深部地层的信息，如不加鉴别直接使用，只能对目的层的预测起干扰作用；（2）属性的增加会给计算带来困难，占用大量存储空间和计算时间；（3）许多地震属性彼此是相关的，真正独立的个数并不多，不仅造成信息的重复和浪费，还容易引起储层预测结果产生偏差；（4）属性个数是与训练样本数有关，就模式识别而言，当样本数一定时，属性数过多会造成分类效果恶化。因此，解释人员必须针对实际地质目标特征，从地震属性集中挑选最佳的地震属性子集以降低多解性，提高储层预测的精度和可靠性。

在地震储层预测中需要引入与储层密切相关的各种地震属性，但不同工区不同类型储层对预测目标敏感的地震属性并不相同，即使在同一工区、同一储层，预测目标不同时，对应的敏感地震属性也会存在一定差异。同时，并不是所有的数学变换都具有物理意义，导致众多地震属性之间存在着冗余信息，如果直接利用所有地震属性开展储层精细解释与定量分析，不仅会增加计算量，而且会引入干扰信息。

地震属性的引入要经过一个从少到多再从多到少的过程。所谓从少到多，是指在设计预测方案的初期阶段应该尽可能多地提取出各种与储层预测有关的地震属性，有助于充分利用各种有用信息，尽可能吸收专家经验，改善储层预测效果。但是属性的增加也会对储层预测带来不利的影响，过多彼此相关的地震属性会降低样本训练的效果。因此，在储层预测阶段有必要对大量的地震属性信息进行压缩，即针对大量不同地震属性开展优化处理，从众多的地震属性中优选出与储层关系更为密切且彼此相关度较低的最佳地震属性或属性组合，即从多到少的地震属性优化分析过程，其中一个最重要的原则就是要选择那些具有明确物理意义的地震属性。

地震属性优化（seismic attribute optimization）就是利用专家经验或数学方法，优选出对所求解问题最敏感（最有效或最有代表性）、个数最少的地震属性或地震属性组合，从而提高地震储层预测精度，改善与地震属性有关的处理和解释效果。地震属性优化是属性分析技术的核心，是提高储层和含油气性预测精度的基础。

地震属性优化的方法较多，大致上分为地震属性降维映射和地震属性选择两大类。其中，地震属性降维映射通常使用 K-L 变换或主分量分解等方法，即从大量原有地震属性出发，构造出少数有效的地震属性子集。地震属性选择则包括专家优化、自动优化以及两者结合的混合优化，其中，专家优化是指解释专家凭经验选择与预测目标关系比较密切的地震属性；而自动优化方法则是利用各种数学方法来确保预测误差最小，包括地震属性比较法、顺序前进法、顺序后退法、遗传算法以及 RS 理论决策分析法等。

虽然地震属性较多，但直接用于储层预测的属性数量则相对较少，在开展地震属性优化时需要遵循如下原则：

（1）不同的研究区域应根据本区的地质特点，在试验的基础上选择相应的属性参数；

（2）地质目标（如岩性、地层、含油气性、埋深等）不同，选择的属性参数应有所不同；

（3）尽量选择反映异常特征最敏感、物理意义最明确的属性参数参与运算并开展综合研究；

（4）在众多的地震属性参数中，对于反映异常特征相似的若干个参数，只选其中之一，即避免同类或相似属性的重复选用；

（5）根据实践和经验，参与综合分析或处理的属性参数一般在 3~9 个为佳；

（6）在优选地震属性之前必须深入分析井信息（测井、录井、钻采和井中地震信息等），明确地震属性与岩石特性之间的关系，做好对地震属性的标定工作（即通过井旁地震道来建立储层岩性、物性和含油气性等特征与地震属性之间的关系），这也是应用地震属性开展各种研究的前提条件；

（7）在有条件的情况下应该尽可能地多做些理论研究，即研究并分析地震属性与地质特征之间的相关性，深入理解地震属性的物理含义。

基于实际资料所提取的不同地震属性之间类型不同，量纲不统一，数量级大小差别很大，局部异常很容易淹没在区域背景上，甚至还存在一些离群的异常数值等问题，如果不进行归一化处理，势必影响定量分析的效果和可靠性。在开展地震属性优选和储层预测之前，需要对提取的地震属性开展预处理，如地震属性数据标准化等，从而使得不同属性具有相同的变化范围，以便在后续的解释性处理中尽量减少属性贡献度之间的差异性。由于大量地震属性参数之间可能具有一定的相关性，会造成信息的重复和浪费，并可能影响最终的解释成果，通常采用数据压缩等预处理方法来实现属性数据冗余信息的剔除。常用的预处理方法包括：

（1）地震属性标准化。由于不同地震属性的单位、量纲、数值大小和变化范围不同，如果对原始地震属性数据直接使用，容易突出绝对值大的属性并压低绝对值小的属性，因此，在开展地震属性分析时，应首先将各种属性的原始数值变换到合理的数值范围之内，即地震属性的标准化。比如，极差正规化方法将变量的每个观测值减去该变量中所有观测值的最小值，再除以该变量观测值的极差，确保变换后每个变量的数值范围在 0~1 之间。

（2）去噪处理。地震属性的提取难免受到部分数据信噪比较低时噪声的干扰，从而使得参与计算的属性在数值上出现"毛刺""野值"等。这些奇异值容易造成地震属性参数在地质标定或模式识别过程中出现"假异常"。因此，需要对属性参数开展去噪处理，通常采用中值滤波或滑动加权平均等方法来去除"毛刺"和"野值"，从而确保在应用中取得更为可靠的地质效果。

（3）属性组合增强效果。综合利用现有地震属性进行优化或组合（如属性比、级联属性等），有助于更好地发挥地震属性的作用。比如，将振幅与频率属性相比获得新的地震属性（幅频特征），可以在一定程度上压制地层结构的影响并突出岩性异常，部分实际应用表明，幅频特征比振幅属性能够更好地反映储层的岩性/含油气性特征。由于地层沉积上的继承性，在条件适合的情况下还可以利用储层顶、底反射的振幅比来压制地层结构的影响并突出岩性与油气异常。

另外，还可以根据地震波特征点（极值点、半极值点、拐点、最大相干点等）对计算地震属性的方法进行约束，通过直接改进属性提取算法，压制由穿层或穿时等非地质因素引起的干扰，从而改善属性的地质应用效果。应用地震波形的特征点对地震属性算法进行约束，其中心思想就是在选定的时窗内，运用地震波形特征对时窗进行自适应调整，确保地震属性能够最优地反映地质目标特征，避免同相轴之间的相互干扰与影响。

二、地震属性选择方法

地震属性选择是指从地震属性集合中选出更加合理的地震属性子集。由于不同地震属性所代表的地质意义不完全相同，有必要从该集合中选择出对所求问题最为敏感的地震属性。在选取敏感地震属性时，一般应遵循以下几个原则：（1）尽量选择有物理意义的属性，有利于建立储层物性参数与地震属性的合理关系，因为抽象的属性所表现的敏感性有可能只是一种偶然现象；（2）应避免使用呈周期性变化的数据求和来确定地震属性，例如简单的振幅求和不如振幅绝对值求和或平方和更能够说明问题；（3）在统计分析时反映相同或相近的物理意义的属性（如振幅绝对值求和与均方根振幅）不能同时出现在一个敏感属性子集中。常见的地震属性选择方法有：

（1）专家知识的选择。最简单的地震属性选择方法是根据专家的知识挑选那些对储层预测影响最大的地震属性。一般来说，油田专家对某个地区的储层特征最为了解，可凭经验进行属性的选取，提出几种较优的属性或属性组合，在此基础上进一步采用其他一些数学方法有助于确定最优属性组合。

（2）属性贡献量方法。属性贡献量方法的理论依据为马氏距离和线性判别函数。其中，马氏距离表示为

$$D^2 = c_1 d_1 + c_2 d_2 + \cdots + c_n d_n \tag{3-5}$$

式中，c_1，c_2，$\cdots$，c_n 为线性判别函数的系数；d_1，d_2，$\cdots$，d_n 分别为 n 个属性。属性贡献量的计算公式为

$$A_i = (c_i d_i / D^2) \times 100\%, i = 1, 2, \cdots, n \tag{3-6}$$

式中，A_i 为第 i 个属性对马氏距离 D^2 的贡献量，值越大，代表 A_i 对属性集的可分类性的贡献量越大，从而可以通过选择属性贡献量较大的属性来达到优选地震属性的目的。

（3）搜索算法。搜索算法是一种常用的地震属性选择方法，包括最优搜索算法和次优搜索算法。最优搜索算法（穷举法）的缺点是需要分析每一种可能的地震属性选择方案，以便从中选出最优的地震属性组合。采用最优搜索算法进行地震属性优选的计算量较大，在实际工作中经常采用次优搜索算法。

（4）地震属性与储层参数相关性分析。储层和流体性质的空间变化会引起地震反射波形、振幅、频率、相位等一系列地震属性的变化。这些变化是利用地震属性开展储层预测的主要依据，通过地震属性与储层参数之间的相关性分析，有助于找出能够反映储层性质且相互独立的地震属性参数。设工区内 n 口井的储层参数（例如厚度、孔隙度等）为 $\boldsymbol{X} = (x_1, x_2, \cdots, x_n)$，对应的 n 个井旁道地震属性参数的第 i 项为 $\boldsymbol{Z}_i = (z_1, z_2, \cdots, z_n)$，两者之间的相关系数为

$$r_i = (\boldsymbol{X} \cdot \boldsymbol{Z}_i) / (|\boldsymbol{X}| \cdot |\boldsymbol{Z}_i|) \tag{3-7}$$

采用式（3-7）可以优选出相关系数较大的地震属性用于储层参数预测。

（5）关联度分析方法。关联度分析法是既含有已知信息，又含有未知信息（或不确定信息）的分析技术。采用这种方法预测、评定油藏或储层时，把油田的勘探开发看作既包含已知信息（井孔资料、地震属性参数等）又包含未知信息（如储层岩性、物性、含油性）的灰色过程。其基本思路是根据地震波形曲线的差异程度来解决储层参数预测

的问题，把井孔处的已知信息作为一种模式，与多种地震属性特征参数进行关联程度分析，优选出关联度大的参数。

（6）聚类、交会分析方法。聚类分析（cluster analysis）又称点群分析，它是按照客体在性质上或成因上的亲疏关系进行属性聚类分析，对客体进行定量分类的一种多元统计分析方法。这种分类方法不受已有的定性分类结果影响，只是以某种分类统计量作为依据对客体进行分类。聚类分析可分为聚合法聚类分析和分解法聚类分析等，聚合法是将客体类型由多变少，直到把全部客体合并为一类的一种聚类分析方法；分解法聚类分析方法则与聚合法恰好相反，先把全部客体看作一类，然后根据某种统计准则进行分解（或分类），一直分解到所需的分类为止。交会分析旨在建立所提取的各种地震属性参数之间的相互关系，根据相关系数的大小来选择或舍弃某一种属性。如果两种属性相关性很好，则只需要选用其中一种即可，从而优选出更合理的独立的地震属性。

（7）利用正演模拟优选地震属性。随着人们对地下地质情况的了解越来越多，可以充分利用现有信息建立模型开展正演模拟，将其中的一些已知因素（如构造模型、地层模型等）确定下来，再通过正演模拟去研究其他未知因素（如储层岩性与含油气性等）的影响。比如，在相对稳定的沉积环境中，储层厚度和岩性等因素的横向变化相对较小，当将它们对地震属性的贡献近似为一个常量时，引起储层地震属性变化的主要因素可能就是含油气性或储层物性。但在复杂多变的沉积环境中，影响地震属性的因素则很多。

三、地震属性优化方法

地震属性优化方法可分为线性与非线性方法，其中，主成分分析方法是线性属性降维中常用的方法，在实际应用方面发展得比较完善，其目的是从一定数量的属性参数中，找出数目较少、彼此独立的综合变量，并将原来的属性参数用这些综合变量进行表示。

主成分分析（principal component analysis，PCA）是一种降维的统计方法，实质上是一种变量变换。在主成分分析中引进一组新的变量，它们是原来变量的线性函数，而且彼此不相关，这组新变量称为主成分。这些新变量的方差按照递减的次序排列：第一主成分是原来变量的线性函数中具有最大的方差者；第二主成分是与第一主成分不相关的线性函数中具有最大的方差者；第三主成分是与第一、第二个主成分都不相关的线性函数中具有最大的方差者。通过 K-L 变换从原有大量地震属性出发，构造出少数有效的新地震属性，并在此基础之上开展综合地质解释。在开展主成分变换时，若对应的协方差矩阵的特征值按大小顺序排列，则顺序得到的多个新属性中，其主要特征集中在特征值最大的那个新属性上，即第一主成分，其次是第二主成分上，并依次减小。主成分分析的具体流程可以表述为：

（1）原始属性数据标准化。采集 p 维随机向量 $\boldsymbol{x}=(x_1,x_2,\cdots,x_p)^{\mathrm{T}}$ 的 n 个样品 $\boldsymbol{x}_i=(x_{i1},x_{i2},\cdots,x_{ip})^{\mathrm{T}}$，$i=1,2,\cdots,n$，$n>p$，构造样本矩阵，对样本矩阵进行如下标准化变换：

$$Z_{ij}=\frac{x_{ij}-\bar{x}_j}{S_j} \tag{3-8}$$

其中 $\bar{x}_j = \frac{1}{n}\sum_{i=1}^{n} x_{ij}, S_j = \sqrt{\frac{1}{n-1}\sum_{i=1}^{n}(x_{ij} - \bar{x}_j)^2}$

得标准化矩阵 $\boldsymbol{Z}$。

(2) 对标准化矩阵 $\boldsymbol{Z}$ 求相关系数矩阵：

$$\boldsymbol{R} = [r_{ij}] = \frac{\boldsymbol{Z}^T \boldsymbol{Z}}{n-1} \tag{3-9}$$

其中 $r_{ij} = \frac{\sum Z_{ki} \cdot Z_{kj}}{n-1}, i,j = 1, 2, \cdots, p$

(3) 求解样本相关矩阵 $\boldsymbol{R}$ 的特征方程 $|\boldsymbol{R} - \lambda \boldsymbol{I}_p| = 0$ 得 p 个特征根，确定主成分。根据 $\sum_{j=1}^{m}\lambda_j / \sum_{j=1}^{p}\lambda_p \geq 0.85$ 来确定 m 值，使信息的利用率达85%以上，对每个 $\lambda_j, j = 1,2,\cdots,m$，解方程组 $\boldsymbol{Rb} = \lambda_j \boldsymbol{b}$ 得到单位特征向量 $\boldsymbol{b}_j^0$（其元素为 $b_{kj}^0, k = 1, 2, \cdots, p$）。

(4) 将标准化后的变量转换为主成分：

$$U_{ij} = \boldsymbol{Z}_{ik}^T b_{kj}^0, j = 1,2,\cdots,m \tag{3-10}$$

式中，$\boldsymbol{U}$ 的第一列 U_{i1} 称为第一主成分，第二列 U_{i2} 称为第二主成分，……，第 m 列 U_{im} 称为第 m 主成分。

(5) 对 m 个主成分进行综合评价。对 m 个主成分进行加权求和，得到最终评价值，加权系数代表每个主成分的贡献率。

在具有多井资料情况下，还可以进一步结合地质统计学方法开展地震属性井震联合建模。利用多井数据，可以在各种地震属性与油气藏特征之间开展交会分析，选取与油气藏特性相关性好的属性。在实际应用中，不能把属性优化完全寄托于数值计算的各种相关系数上，而是应该把地球物理与岩石物理相结合，综合多种方法的优势选取3~5种最佳的地震属性开展储层预测。

第四节 储层参数定量预测

一、地震属性储层参数预测

储层参数定量估计是油藏描述中的一项基本工作，能够为储量计算和开发方案设计提供可靠的依据，但仅仅根据工区稀疏分布的井孔数据几乎不可能完全准确地估算储层参数的空间分布规律，而综合使用地震数据和井中测量结果可以有效改善对储层参数的空间描述。显然，地震属性参数不仅与岩性、深度有关，还与物性如孔隙度、泥质含量、渗透率和含油饱和度等性质密切相关，如何充分利用地震属性开展储层预测是石油地球物理勘探中最热门的课题之一，该方法已经与地震反演方法一起在储层参数预测（reservoir parameter prediction）中得到了广泛的应用，旨在通过三维地震属性特征来预测储层参数的空间展布规律。

目前，研究人员尚无法全面建立起地震属性（如均方根振幅）与地质目标（如储层孔隙度）间一一对应的因果联系。大量实践表明，油气储层性质与地震属性之间确实存在某种统计相关性（表3-1），但某一种地震属性在不同的地质条件下可能是多种地质特征的反映，而一种储层物性特征也可能在多种地震属性中均有反映。

表 3-1 地震属性可能反映的储层性质

地震属性或指示特征	可能反映的地质现象或特征相关参数
运动学特征	反射界面几何形态、倾角及埋藏深度
反射波的连续性	沉积过程、连续性、沉积盆地的大小
振幅（瞬时+能量）	古地貌、岩性差异、岩层连续性、总孔隙度
视极性（瞬时+能量）	岩性、反射极性差异，含气性
频率（瞬时+能量）	岩层厚度及流体性质
相位（瞬时+能量）	岩层连续性、地层结构
振幅极小值与极大值数目比及位置	古地貌、岩相结构
层速度	岩性、孔隙度、地层压力、地层年代、流体成分等
体反射谱分解的各阶分量	横向、垂向分辨率，孔隙度、流体及其几何形态
AVO	岩层中流体性质
声阻抗	孔隙度及泥质含量
曲率、边界增强等	断层及裂缝分布特征
倾角、方位角及人工照明等处理成果	构造、断层及由地震资料处理得到的地质特征
均方根、最大/最小振幅、最大振幅绝对值、波峰平均值	烃指示属性
波谷平均值、平均能量、振幅和、振幅绝对值之和	岩性、物性指示属性
优势频率、平均瞬时频率	频率—烃类指示属性
半幅能量、门槛值	频率—岩性、物性指示属性
平均瞬时相位	流体指示属性
零值个数、弧长、带宽	岩相水平、垂直变化特征
反射波的极性	沉积顺序、岩石成分变化
反射波的相关性	沉积条件的稳定性、地层分界面的光滑度
地层品质因子、吸收衰减系数	地层岩性、地层年代、含流体成分

地震属性预测（seismic attribute prediction）旨在将提取和优化后的各种地震属性与已知井的地层结构、储层岩性、物性和含油气性等信息相结合，明确地震属性的地质地球物理意义，建立地震属性与待预测参数之间的数学关系，实现储层的定性或定量描述。利用地震属性研究储层特征的基础是地震反射与储层特征之间存在一定的内在关系，利用测井资料中解释的储层物性参数，建立起储层物性参数与井旁地震道地震属性之间的定量关系，实现地震属性到储层物性参数的可靠转换，并将该关系推广到井间或无井区。

储层物性变化、储层饱和流体成分等有关信息，在实际应用中虽然受到各种畸变甚至是不可恢复的扭曲，但确实隐藏于地震数据之中。从岩石物理学角度来看，储层参数与大部分地震属性之间并不存在直接的解析关系，而且影响储层参数的因素很多，相互之间的关系也很复杂，很难用确切的函数表达式来建立定量关系。实际应用中，需要在地质地球物理信息综合研究的基础上，通过数学统计等方法来预测储层参数的空间变化。常用的方法包括回归分析方法、地质统计学方法（克里金方法、协克里金方法等）、人工智能方法

(神经网络、模糊逻辑、支持向量机方法等)。

二、回归分析方法

统计关系旨在建立测井数据与地震数据之间的相关性。回归分析（regression analysis）是确定两种或两种以上变量间相互依赖的定量关系的一种统计分析方法，即通过一组预测变量（自变量）预测一个或多个响应变量（因变量）的统计方法。回归分析按照涉及变量的多少，分为一元回归和多元回归分析；按照自变量和因变量之间的关系类型，可分为线性回归分析和非线性回归分析；在线性回归中，按照因变量的多少可分为简单回归分析和多重回归分析。在地震属性预测环节主要指采用已知井点处实测的储层参数与井旁道地震属性信息开展交会分析，统计拟合出两者之间的近似关系，并充分利用地震属性在三维空间的优势来预测储层参数的分布特征。

多元回归分析是研究多个变量之间关系的回归分析方法，是建立多个变量之间线性或非线性数学模型数量关系式的统计方法，即研究一个因变量与两个或两个以上自变量的回归关系，是反映一种现象或事物的数量与多种现象或事物的数量的变动而相应变动的规律。比如，在地震属性对孔隙度的回归分析过程中，根据多个变量对孔隙度作用的大小，依次引入到回归方程中，同时还要对引入回归方程中的变量逐个进行检验，及时剔除不显著的变量。照此下去，直到没有显著的变量可引入回归方程，同时方程中也没有不显著的变量被剔除为止，从而获得仅包含对孔隙度作用比较显著的变量。

三、地质统计学方法

地质统计学（geostatistics），简称地质统计，是以区域化变量为基础，借助变差函数，研究既具有随机性又具有结构性，或空间相关性和依赖性的自然现象的一门科学，属于统计学和地质学的交叉领域。地质统计学是20世纪60年代由克里金等人在对南非金矿储量评估的基础上发展起来的，旨在研究区域变量的规律和特征，后发展为地质绘图技术。克里金估计是地质统计学的核心，该方法是一种最优估计和无偏估计，反映了变量的空间结构性，而且能给出估计精度，在实际中得到了广泛的应用，特别是在井资料丰富、地质结构较简单的区块。在地质结构复杂的地区，为提高建模精度，往往使用协克里金估计将测井资料中的实际测试参数作为硬数据，将与待估计参数相关性较好的地震属性作为软数据来对参数分布特征进行空间估计。

克里金（Kriging）估计通过变差函数来确定对一个点有影响的距离范围，然后根据这个点周围其他点的属性来判断该点的属性。该估计以无偏差和估计方差最小为原则，在充分考虑了变量的空间结构等信息后，通过加权平均值法来对未知变量进行估计，不仅能给出待估点的估计值，还能给出确定的估计精度。

假设区域变化变量 $Z(x)$ 满足本征假设条件和二阶平稳条件，数学期望为 m，协方差函数 $C(h)$ 及变差函数 $\gamma(h)$ 存在。假设在待估计点 x_0 的邻域内共有 n 个实测点，即 x_1，x_2，$\cdots$，x_n。那么，普通克里金估计可表示为

$$Z^*(x_0) = \sum_{i=1}^{n} \lambda_i Z(x_i) \tag{3-11}$$

式中，λ_i 为权重系数，表示各空间样本点处的观测值对估计值的影响度或者贡献程度。

显然，克里金估计的关键问题在于求解 λ_i 的值，估计的基本原则是无偏性和最优性（估计方差最小），即

$$E[Z(x_0)-Z(x)]=0 \tag{3-12}$$

在二阶平稳假设条件下，应当有

$$E[Z(x_0)]=E[\sum \lambda_i Z_i]=\sum \lambda \cdot E[Z_i]=m\sum \lambda_i \tag{3-13}$$

从而得到无偏条件

$$\sum \lambda_i = 1 \tag{3-14}$$

克里金估计的估计方差可表示如下：

$$\sigma_E^2 = \overline{C}(V,V) - 2\sum_{i=1}^n \lambda_i \overline{C}(x_i,V) + \sum_{i=1}^n \sum_{j=1}^n \lambda_i \lambda_j C(x_i,x_j) \tag{3-15}$$

为了使估计方差最小，采用拉格朗日乘法，令 $F = \sigma_E^2 - 2\mu\left(\sum_{i=1}^n \lambda_i - 1\right)$，对 λ_i、μ 求导并整理可得

$$\begin{cases} \sum_{i=1}^n C(x_i - x_j)\lambda_i - \mu = C(x_0 - x_j), j=1,2,\cdots,n \\ \sum_{i=1}^n \lambda_i = 1 \end{cases} \tag{3-16}$$

协克里金估计是多元地质统计学中的基本方法，即通过利用几个变量之间的空间相关性，对待估变量进行空间估计的一种方法。该方法综合少量不规则分布的井点数据和规则密集网格分布的地震参数来重建储层参数空间分布特征，可以说是一种以少量稀疏不规则分布的井中测量结果作为约束条件、把地震属性换算为储层参数的反演方法。它的区域化变量由 K 个统计学相关的随机函数 $Z(x_0)$ 的集合来表征。根据二阶平稳假设：

$$E[Z(x_0)] = m_0$$

令 K_0 为 $K\sqrt{b^2-4ac}$ 个区域化变量中某一待估的主要变量，则在待估域 $K\sqrt{b^2-4ac}$ 上主要变量 $Z_{k_0}(x)$ 的协克里金估计可用下式表示：

$$[Z(x_0)]_{CK}^* = \sum_{k=1}^K \sum_{k'=1}^{n_k} \lambda_{k'} Z_k \tag{3-17}$$

以 $K=2$ 为例，根据无偏和最优两个条件，经整理后的协克里金方程组为：

$$\begin{cases} \sum_{i=1}^n \lambda_{\alpha_i}\overline{C}\{x_i x_j\} + \sum_{i=1}^m \lambda_{\beta_i}\overline{C}\{y_i x_j\} + \mu_1 = \overline{C}\{x_0 x_j\}, j=1,2,\cdots,n \\ \sum_{i=1}^n \lambda_{\alpha_i}\overline{C}\{x_i y_j\} + \sum_{i=1}^m \lambda_{\beta_i}\overline{C}\{y_i y_j\} + \mu_2 = \overline{C}\{x_0 y_j\}, j=1,2,\cdots,m \\ \sum_{i=1}^n \lambda_{\alpha_i} = 1 \\ \sum_{i=1}^m \lambda_{\beta_i} = 0 \end{cases} \tag{3-18}$$

式中，λ_{α_i} $(i=1,\cdots,n)$ 和 λ_{β_i} $(i=1,\cdots,m)$ 为待求解的权重系数。

彩图 3-3

协克里金估计的优势在于充分采用观测数据充足的其他相关变量来对被估变量进行弥补，以提高其估计精度。因此，协克里金估计尤其适用于待估变量的实际观测数据较少的情况，旨在充分利用待估计参数与地震属性之间的关系来获取无井区域的参数。图 3-3 为针对井点孔隙度数据分别开展克里金估计和协克里金估计的结果对比。

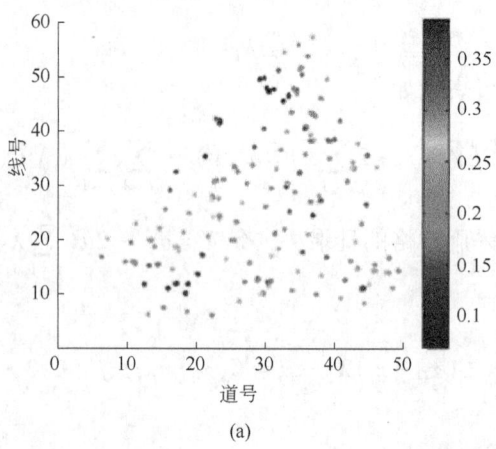

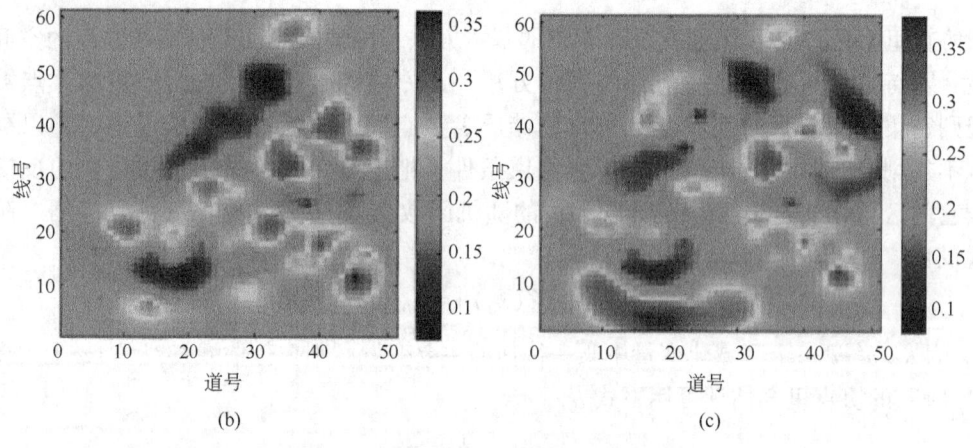

图 3-3　孔隙度参数克里金估计结果对比
（a）井点孔隙度分布；（b）克里金估计；（c）协克里金估计

地质统计法在地震勘探中应用时，通常采用测井资料中的待估计参数作为硬数据，并综合考虑地震属性的横向变化趋势，即在井点处严格遵循井上的硬数据，将地震属性的横向连续性和测井参数的高纵向分辨率有机地结合在一起，提高参数估计精度。但克里金估计是一种局部估计，对估计值的整体空间相关性考虑不够，该方法属于光滑内插方法，很容易把一些有意义的异常"光滑"掉。

四、人工智能方法

人工智能方法包括神经网络、模糊逻辑、支持向量机等，这些方法在建立地震属性与储层参数之间的非线性关系方面发挥着重要的作用，其中，神经网络方法在储层参数预测中应用较多。现代神经科学指出，人的大脑皮层分布着高度有序、数量巨大的神经细胞（神经元，约 10^{11} 个），它们相互连接交织成神经网络。神经元可感受外界的刺激，加工信息并输出信号，网络根据神经元之间的连接强度对信息进行编码，实现信息的传递与存储。人工神经网络（artificial neural networks，ANNs）是一种模仿动物神经网络行为特征、进行分布式并行信息处理的算法数学模型。人工神经网络旨在对人的大脑功能进行模拟，通过大量的神经元（处理单元）广泛互连而成，神经元模型大都是多输入、单输出的元件，根据输出值与神经元内部状态的关系来建立模型。

1986 年，Rumelhart 提出了反向传播（back-propagation，BP）学习算法，BP 神经网络是一种按误差逆传播算法来训练的多层前馈网络，该算法除了考虑最后一层外，还考虑网络中其他各层权值参数的改变，使得算法适用于多层网络，成为目前应用最广泛的神经网络算法之一。BP 神经网络的学习过程由正向传播和反向传播组成，在正向转播过程中，输入模式从输入层经隐单元层逐层处理并传向输出层，每一层神经元的状态只影响下一层神经元的状态。如果输出层不能得到期望的输出，则转入反向传播，将误差信号沿原来的连接通路返回，通过修改各神经元的权值，使得误差达到最小。通过多个样本的反复训练并朝减少偏差的方向修改权值，最后达到满意的结果，故称为反向传播学习算法。神经网络应用于储层参数预测时，网络的输入是优化后的地震属性，输出是待预测的孔隙度等储层参数，通过网络的训练建立起地震属性与储层参数之间的非线性映射关系。图 3-4 是上述两种方法与神经网络预测方法预测结果的对比。

在采用地震属性开展储层参数预测时，参数预测精度取决于以下因素：（1）参数预测使用的输入信息与预测目标间的相关性与敏感程度；（2）已知井位点地质参数的准确性、平面分布特点、储层厚薄等；（3）预测方法本身的优劣、适应性等。

地球物理学家希望利用地震资料来解决储层岩性、孔隙度、渗透率、饱和度等物性参数以及孔隙流体性质等问题，并在岩性和孔隙度等方面取得了较好的应用效果，但在渗透率和饱和度等性质的预测依然不尽如人意。储层性质与地震属性之间、测井参数与地震属性之间往往表现出非常复杂的非线性关系，为地震属性到储层参数的转换带来了实际困难。可喜的是，岩石物理研究提供了储层物性与地震属性之间的桥梁，正演模拟则可以揭示地震对不同构造、不同岩性和不同流体性质的响应特征，结合测井数据和油藏工程数据还可以进一步约束反演过程或验证反演结果。

在实际应用环节，需要在大量地震属性提取的基础上采用对储层参数更为敏感的属性开展参数预测，通过深入研究地震属性与储层参数之间的相关性并寻找规律，选择适合有效的方法将地震属性转换为储层参数（在实际应用中往往凭经验来选择某种预测方法），并结合已有测井和地质认识开展综合研究，从而有效提高储层参数预测的准确性和可靠性。

近年来，大数据与人工智能技术得到了飞速发展。以深度学习为代表的机器学习方法得到了迅猛发展。大量研究表明，机器学习是寻找数据间非线性关系的理想工具，其本质是充分挖掘数据中蕴含的储层信息，已经在构建地震属性与储层参数之间的映射关系方面发挥着越来越重要的作用，为利用各种地震属性参数开展储层参数预测提供了更多的选择，也为利用地震属性开展储层参数定量预测提供了非常好的发展机遇。

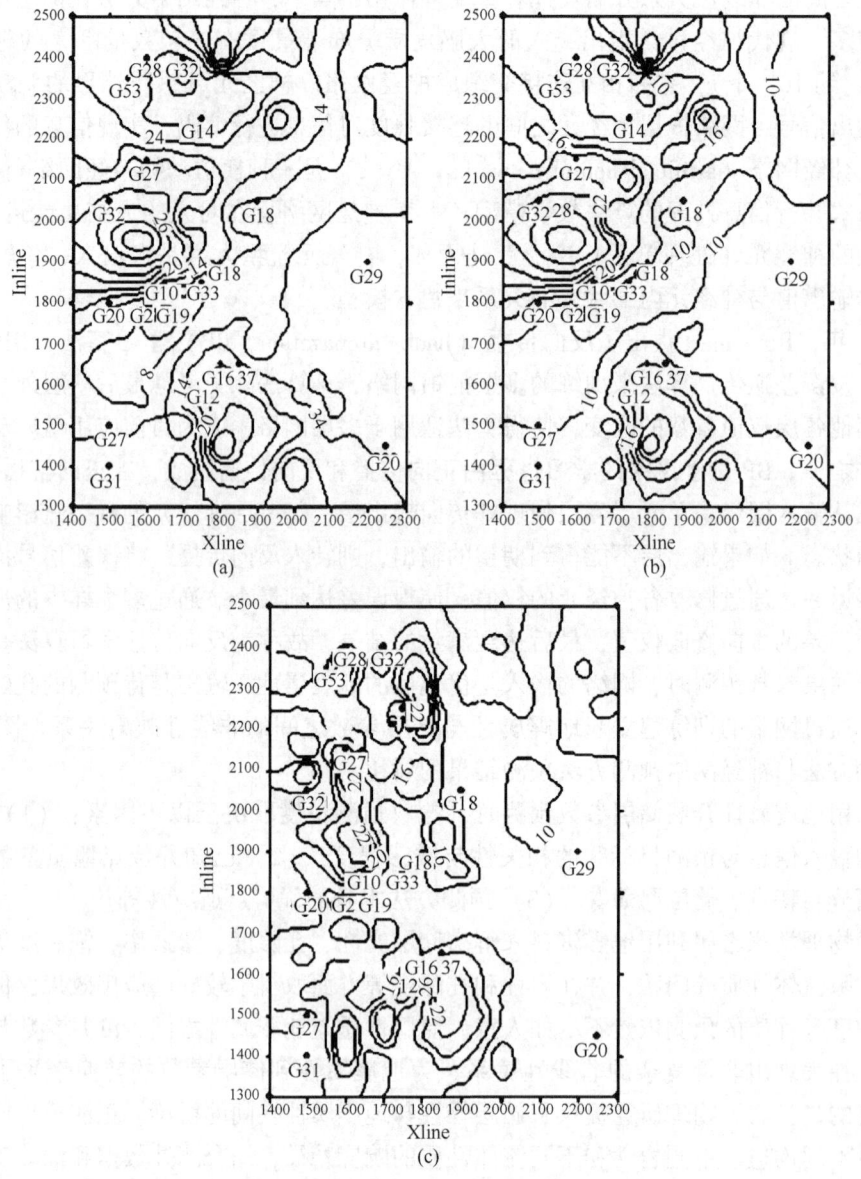

图 3-4 基于地震属性开展孔隙度参数预测的结果对比
(a) 线性回归方法；(b) 神经网络方法；(c) 协克里金方法

第五节 地震属性的物理意义

地震属性反映了地下地质信息，一种属性可能反映了多个不同的地质含义，一个地质特征则可能同时反映在多个地震属性上，也就是说不是每种地震属性都能够明确地表征一个确定的地质意义，即地震属性存在多解性。多解性是导致地震属性应用过程中失败的根源，成功利用地震属性需要在充分掌握研究区地质特征的基础上，针对地质特点采取有针对性的方法和思路。因此，了解地震属性的地球物理意义对于正确地使用地震属性来说具有非常重要的价值，有助于在地震属性的应用环节减小盲目性。由于部分地震属性的物理意义已经在前面提及，此处仅简要介绍典型地震属性的物理意义，旨在强调地震属性物理意义的重要性，加深读者对地震属性的理解。

瞬时振幅、瞬时相位、瞬时频率简称"三瞬"属性，具有典型的物理意义。瞬时振幅是所选样点上各道时间域的振动幅值，该属性是地震数据的隐含表示，已经广泛应用于地震资料的构造和地层解释，经常与其他振幅属性一起用于分离高幅区或低幅区，如亮点和暗点。瞬时相位表示在所选样点上各道的相位值，通常用度或弧度来表示，由于油气的存在容易引起相位的局部变化，因此常用于增强油藏内的弱同相轴，检测薄层的相位特性，并与其他属性一起用做油气检测的指示因子，但该属性对噪声也有放大作用。瞬时频率是瞬时相位对时间的导数，经常用来估计地震振幅的衰减，能够在一定程度上反映油气存在所引起的高频成分衰减特征。

显然，从地震资料尤其是三维地震数据体中可以提取出大量的地震属性参数。这些属性参数都是地下地层、岩性、物性特征的具体反映，有的反映储层含油气特征，有的反映局部高振幅特征，有的反映油藏厚度或断层特征变化，有的反映储层频率吸收衰减特征，有的表征储层裂缝及其发育带，有的表征地层倾角、方位等构造特征。不同的地震属性从不同视角描述了地下地质体特征，在实际应用中需要在熟悉研究区地质特征的基础上，充分发挥不同地震属性的优势，通过综合研究来更加全面完整的表征地质体特征。

受复杂地下地质情况和实际地震资料品质的影响，具有明确物理意义的地震属性不一定能够解决特定的地质问题，而根据实际经验对某些典型地震属性所做的简单数学运算却能够取得显著的地质效果。比如，均方根振幅能够突出振幅大的区域，比较适合于地层岩性识别，增强亮点、暗点等烃类指示因子，但该属性却并不能放之四海而皆准；在东部某些油田的实际应用中，均方根振幅很难发挥效果，但均方根振幅与频率根号的比值却能够非常好地指示有利区域，并作为"甜点"属性进行推广应用。

在地震属性的具体应用过程中通常需要对地震数据做相应的预处理或根据数据特征对地震属性提取方法进行完善，比如在做相干体之前开展构造导向滤波或边缘保持处理、在提取与储层相关的属性特别是 AVO 属性之前离不开去噪等预处理工作。该过程需要在地质规律的指导下把握好"度"，以便取得更加符合地质认识的解释结果，图 3-5 所示为对地震资料进行预处理后所提取的地震张量属性，通过有针对性地开展预处理，有效地识别出了隐藏在强反射下的振幅异常，为精确开展地质解释提供了地球物理技术支持。

在利用地震属性参数解决具体地质问题时，不同的地震属性之间往往存在一定的差异甚至是矛盾，在实际应用中并不强调地震属性的数量，更注重不同地震属性之间的对比分析，重点关注测井资料和井旁地震道之间开展岩石物理综合分析，通过实际资料品质和目标特征的结合来确保地震属性的合理选择与可靠使用。因此，只有将地震属性的优化问题与实际地质问题相结合，有效建立地震属性与储层参数之间的内在联系，全面理解地震属性的客观性与局限性，才能有效提高利用地震属性来解决油气勘探开发问题的能力。

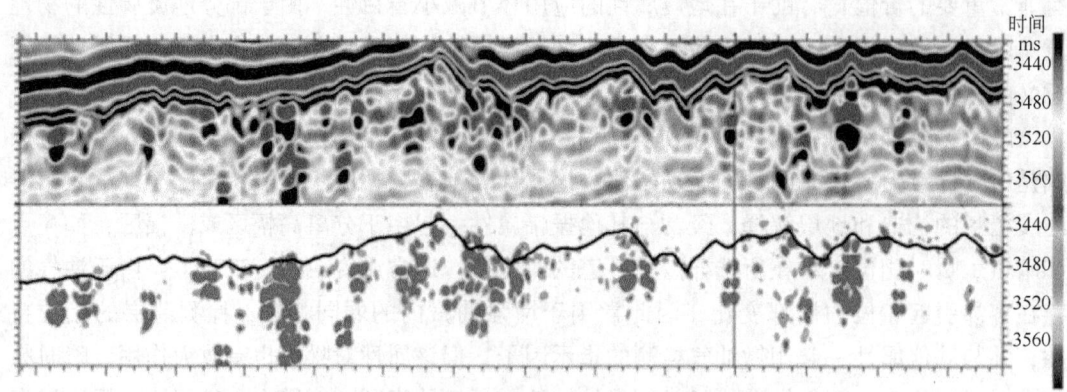

图 3-5 某碳酸盐岩储层地震剖面及地震张量属性
（资料来源：中石化石油物探技术研究院）

彩图 3-5

第四章 地震反演

地震勘探主要利用地层的声学特征来确定地层分界面，为了使地震资料能够与钻井资料直接对比，需要把常规的界面型反射剖面转换成地层型测井剖面，实现这种转换的技术就是地震反演。在学习地震反演问题之前需要首先了解什么是正演、什么是反演。正演问题（forward problem）是按照事物的一般原理（称为"模型"）及其相关条件（初值、边值等）来预测事物的结果，且这些事物的结果往往可以由该模型观测得到。反演问题（inversion problem）是指从一个物理系统上的观测值来恢复该物理系统有用信息的一套数学和统计技术，即利用观测数据，由一般原理（即模型）出发来确定表征问题特征的参数，也称为"模型参数"（model parameters）。

地震正演模拟（seismic forward modelling）是指根据已知（或设计）的数学及物理模型或地质模型来确定其地震响应的过程，也称为地震模型正演，简称地震正演。地震波正演模拟旨在模拟地震波在地下介质中的传播过程，即在给定地震地质模型情况下，采用某种正演算子来计算接收到的地震记录特征，通常包括物理模拟、理论计算及数值模拟等。地震反演（seismic inversion）是指以某些先验信息（如已知地质规律和钻井、测井资料）为约束，利用地震观测资料对地下岩层空间结构和物理性质进行成像或预测的过程，广义上的地震反演包含了地震资料处理解释的整个内容，即根据地震勘探观测数据重建地下地质特征的过程。通俗地讲就是以地震资料为基础，加上其他先验信息的约束，采用反演理论来推断地下地层性质的过程，其目的是根据地震资料来反推地下介质波阻抗、速度、密度等岩石弹性参数的空间分布特征，获得孔隙度、泥质含量等储层物性参数并开展储层预测。由于地震反演物理意义明确、分辨率高，目前已经发展成为地震储层预测的核心技术之一，为直接利用地震资料开展岩性解释、储层预测和含油气性识别奠定了理论和方法技术基础。

第一节 地震反演基本原理

一、反演理论基础

目前有关地球内部的认识，绝大部分是来自于地球物理观测资料，利用任何一种地球物理观测资料来获取地下地质体信息最终都要求解反问题。反演理论（inversion theory）是从一个物理系统上的观测值来恢复该系统特征信息的一套数学和统计技术（微积分、微分方程、矩阵代数、统计估算和推断等）。解反演问题的古典方法有最小二乘法、统计回归和参数估计等，近年来，信息论、线性及非线性规划、广义逆理论及最优化方法等一些数学工具在理论和方法上取得了重大进展，并在地球物理反演问题中得到了广泛应用。

地震反演属于优化问题，即在确定正演算子的基础上寻找最优的模型参数，确保模型参数正演模拟地震记录与实际观测地震记录特征之间达到最佳吻合，即合成记录与观测记录之间达到误差最小。在表征合成记录与观测记录之间的误差时通常采用2范数，即表示为 $E=(d_{obs}-d_{model})^T(d_{obs}-d_{model})$，反演就是为了找到使这个误差函数达到最小时的模型参数。受地震观测方式、观测噪声等因素的影响，反演问题往往不稳定且存在多解性，因此在反演过程中往往需要加入正则化信息和其他信息作为约束条件，从而确保反演结果的可靠性。所谓目标函数（objective function），就是指在反演过程中设计的包含了合成记录与观测记录之间的误差、正则化和其他约束信息的函数，地震反演问题的实质就是求解目标函数最小化的优化问题。

在实际应用中往往是根据需要来开展目标函数的设计，即在反演目标函数中设计不同的误差最小准则、采用不同的正演算子、添加不同的正则化信息、引入地质模型等其他先验信息作为约束条件等，从而将反演问题转变成为目标函数的最优化求解问题。设计不同的反演目标函数就需要采用不同的求解算法，由此衍生出不同的地震反演方法和相应的算法，受篇幅所限无法详细阐述，下面简要介绍地震反演的分类，并探讨地震反演中的线性反演和非线性反演两个问题。

二、地震反演分类

地震反演的发展是一个不断丰富和完善的过程，经历了从间接反演到直接反演、从声波反演到弹性波反演、从叠后反演到叠前反演、从线性反演到非线性反演、从利用传统数学方法反演到利用现代数理方法进行反演的发展过程。

根据反演优化算法不同，地震反演可分为线性反演和非线性反演；根据采用地震资料的不同，地震反演可分为叠后反演和叠前反演；根据反演所利用的地震资料信息的不同，地震反演可分为地震波旅行时反演和地震波振幅反演；根据反演参数所在的域不同，地震反演可分为时间域反演和深度域反演；根据反演过程所在的域不同，地震反演可分为时间域反演和频率域反演；根据反演地质结果的不同，地震反演可分为构造反演、波阻抗反演（声阻抗/弹性阻抗）、弹性参数反演和储层物性参数反演等；根据地下介质等效模型的不同，地震反演可分为均匀/非均匀介质、各向同性/各向异性介质、弹性/黏弹性介质、单相介质/双相介质反演，以及基于这些介质等效模型进行组合的地震反演方法等；根据地震正问题解析表达式的不同，地震反演可分为基于波动方程的全波形反演、波形反演、基于地震波精确反射系数方程的反演、基于反射系数近似方程的叠前地震反演和基于地震波散射系数方程的地震散射反演等；根据反演策略的不同，基于振幅/反射系数随偏移距变化的叠前反演方法可分为AVO/AVA反演及弹性阻抗反演；根据采用的反演理论不同，可分为确定性反演和概率化反演。在实际应用中，根据反演时采用的计算方法和反演思路的差异产生了多种地震反演方法，如地震岩性模拟、广义线性反演、宽带约束反演、稀疏脉冲反演、单道反演、多道反演、神经网络反演、遗传算法反演、模拟退火反演等非线性反演方法。

三、地震线性反演

线性反演（linear inversion）是指求解观测数据与模型参数之间满足线性关系的地球物理问题的反问题。通常，线性反演中的正问题可以用线性方程表示，即

$$d = Gm \tag{4-1}$$

式中，d 代表观测数据；m 代表模型参数；G 代表观测数据与模型参数之间的理论关系。如果观测数据 d 和模型参数 m 之间存在确定的线性关系，就可以采用线性反演算法从观测数据 d 中反演出模型参数 m。地震线性反演就是如何根据线性关系从地震观测数据 d 中求解模型参数 m 的过程。常用的线性反演算法有线性回归、矩阵求逆、最小平方解、约束线性最小平方反演（Lagrange 乘子法和平滑解）等。下面以约束线性最小平方反演法为例，介绍两种经典反演算法。

1. Lagrange 乘子法

在许多地球物理问题中，通常几组完全不同的解都能够满足已知观测数据的特征，特别是在具有较大观测误差的情况下表现得更为明显，即反演问题存在很强的多解性。反演问题的最终目的是获得一个"最好的解"或"最合适的解"，要做到这一点通常需要加入约束，即加入一些原方程 $d = Gm$ 中没有的信息（称为先验信息或已知信息），并用于对反问题进行约束求解，从而满足模型参数的量化期望值。在地震反演问题中，先验信息可以有多种形式，不仅可以包括实际观测到的地球物理、钻井、测井或地质信息，也可以包括针对模型参数的物理性质所作的某种假设或预测。这些外部信息可以是以前的观测数据，也可以是对模型参数物理性质期望值的量化限定，即先验信息的约束反演具有多种形式。将与模型参数有关的信息添加到反问题的求解公式中，有助于从所有可能的解中得到更为可靠的唯一解，在线性反演问题中常用的约束方程可以表达为

$$Dm = h \tag{4-2}$$

D 一般是只在对角线有值的矩阵，采用式（4-2）意味着在反问题中加入了确定性的线性等式约束。该约束表达式的数学意义很直观，线性问题的反演期望朝着 h 偏置 m，并使目标函数达到最小。在地球物理反演问题中最小化的准则经常采用 L_2 模，即采用最小平方的概念来表征目标函数：

$$\varphi = (d-Gm)^T(d-Gm) + \beta^2(Dm-h)^T(Dm-h) \tag{4-3}$$

通过目标函数 φ 对模型参数 m 求导，并令 $\frac{\partial \varphi}{\partial m} = 0$ 可得

$$2G^TGm - 2G^Td + 2\beta^2 D^TDm - 2\beta^2 D^Th = 0 \tag{4-4}$$

当矩阵 D 为单位阵时可得约束线性反演公式：

$$m_c = (G^TG + \beta^2 I)^{-1}(G^Td + \beta^2 h) \tag{4-5}$$

式中，I 为单位矩阵；G^TG 为自相关矩阵；β 称为 Lagrange 乘子。因此该方法被称为 Lagrange 乘子法，也称为偏置线性估算技术。该方法的主要优点是对存在观测误差的超定或欠定问题，均能从无限多个可能的解中获得唯一的解，显然，反演结果的合理性取决于该约束条件是否合理。

2. Marquards 阻尼最小二乘法

对一个有限的不精确数据集来说，比较有效的反演方法是强制约束其解是平滑的。

特别是当问题具有很小奇异值时，反演就必须考虑其稳定性，而采用平滑度约束反演所求得的解实际上是对实际模型的谨慎估计，也是在缺乏可信的先验信息时能够得到的最好结果。当假设模型参数随着空间位置的不同仅发生缓慢变化时，可以令自然相邻的两个参数之间的差 $(m_1-m_2, m_2-m_3, \cdots, m_{p-1}-m_p)$ 达到最小，即可以写成约束方程 $\boldsymbol{Dm}=\boldsymbol{h}$ 的形式：

$$\begin{bmatrix} 1 & -1 & & & \\ & 1 & -1 & & \\ & & \ddots & \ddots & \\ & & & \ddots & \ddots \\ & & & & 1 & -1 \end{bmatrix} \begin{bmatrix} m_1 \\ m_2 \\ \vdots \\ \vdots \\ m_p \end{bmatrix} = \begin{bmatrix} 0 \\ 0 \\ \vdots \\ \vdots \\ 0 \end{bmatrix} \tag{4-6}$$

式中，$\boldsymbol{D}$ 是平滑度矩阵中已知的差分算子，$\boldsymbol{Dm}$ 是解向量 $\boldsymbol{m}$ 的平滑度，为了估算解的平滑度，可以使用下式给出平方度量 $q_2(\boldsymbol{m})$：

$$q_2(\boldsymbol{m}) = (\boldsymbol{Dm}-\boldsymbol{h})^\mathrm{T}(\boldsymbol{Dm}-\boldsymbol{h}) = \boldsymbol{m}^\mathrm{T}\boldsymbol{D}^\mathrm{T}\boldsymbol{Dm} \tag{4-7}$$

因此，可以将约束问题确定为：以不完整、不充足和不一致的野外数据，在所有具有 $q_1 = |\boldsymbol{d}-\boldsymbol{Gm}|^2$ 的解中，根据 $q_2(\boldsymbol{m})$ 判别条件来找出最平滑的解，在数学上可以表述为在条件 $|\boldsymbol{d}-\boldsymbol{Gm}|^2=q$ 或者更广义的条件 $|\boldsymbol{d}-\boldsymbol{Gm}|^2 \leqslant q_\mathrm{T}$ 约束下求 $q_2 = \boldsymbol{m}^\mathrm{T}\boldsymbol{Hm}$ 的极小值，其中 $\boldsymbol{H} = \boldsymbol{D}^\mathrm{T}\boldsymbol{D}$，$q_\mathrm{T}$ 是最大可允许的剩余值，约束问题则要求出 $|\boldsymbol{d}-\boldsymbol{Gm}|^2$ 与 $q_2(\boldsymbol{m})$ 之和的最小值，即下式最小：

$$\varphi = (\boldsymbol{d}-\boldsymbol{Gm})^\mathrm{T}(\boldsymbol{d}-\boldsymbol{Gm}) + \beta^2(\boldsymbol{m}^\mathrm{T}\boldsymbol{D}^\mathrm{T}\boldsymbol{Dm}) \tag{4-8}$$

类似地，对式(4-8)求导并令导数为 0 可得

$$\frac{\partial(\boldsymbol{d}^\mathrm{T}\boldsymbol{d}-\boldsymbol{m}^\mathrm{T}\boldsymbol{G}^\mathrm{T}\boldsymbol{d}-\boldsymbol{d}^\mathrm{T}\boldsymbol{Gm}+\boldsymbol{m}^\mathrm{T}\boldsymbol{G}^\mathrm{T}\boldsymbol{Gm}+\beta^2\boldsymbol{m}^\mathrm{T}\boldsymbol{Hm})}{\partial \boldsymbol{m}_j} = 0 \tag{4-9}$$

由此可得

$$(\boldsymbol{G}^\mathrm{T}\boldsymbol{G}+\beta^2\boldsymbol{H})\boldsymbol{m} = \boldsymbol{G}^\mathrm{T}\boldsymbol{d} \tag{4-10}$$

从而可得最平滑解：

$$\boldsymbol{m}_\mathrm{s} = (\boldsymbol{G}^\mathrm{T}\boldsymbol{G}+\beta^2\boldsymbol{H})^{-1}\boldsymbol{G}^\mathrm{T}\boldsymbol{d} \tag{4-11}$$

当 $\boldsymbol{D}=\boldsymbol{I}$ 时，式(4-1)可简化为

$$\boldsymbol{m}_\mathrm{s} = (\boldsymbol{G}^\mathrm{T}\boldsymbol{G}+\beta^2\boldsymbol{I})^{-1}\boldsymbol{G}^\mathrm{T}\boldsymbol{d} \tag{4-12}$$

式(4-12)就是著名的阻尼最小平方解，即 Marquards 解法。该式在数学上等效于附加一个正常数偏置于计算矩阵的本征值上，用于改善反演问题的稳定性条件。

四、地震非线性反演

在实际工作中许多问题都是非线性的，但非线性问题求解通常比较复杂，而且很多给定的非线性问题又不服从简单的线性变换，需要专门探讨非线性反演问题。非线性反演（nonlinear inversion/unlinear inversion）是指求解观测数据和模型参数之间呈现非线性关系的地球物理问题的反问题。这类非线性问题的一般形式为

$$d_i = f_i(m_1, m_2, \cdots, m_p) = f_i(\boldsymbol{m}), \quad i=1, 2, \cdots, n \tag{4-13}$$

求解非线性反演问题时，需要在假设的正演数学模型基础上，建立实际观测数据与正演计算数据之间的误差泛函，利用非线性方法迭代求解该误差泛函的极小化问题，从而得到介质参数特征。这类问题可以采用最优化方法进行直接求解，也可以采用线性方法进行近似求解。

根据式(4-13)，对一组给定的模型参数 m，可以计算其理论响应，进一步通过对 f 进行简化，采用数据拟合和线性问题中通常采用的模型估计方法进行处理，找出近似而有意义的解决办法，即利用最小平方解法求取连续近似解，也就是将 $f(m)$ 在模型参数可取值的初始估计值处进行 Taylor 展开，将非线性问题转化为近似线性问题来求解。常用的非线性反演算法有 Gauss-Newton 法、最速下降（梯度）法、共轭梯度法等。下面以 Gauss-Newton 法为例简要介绍无约束非线性反演的基本原理：

设 e 为观测数据与模型参数正演响应结果之间的误差，将目标函数定义为

$$q = e^T e = [d-f(m)]^T [d-f(m)] \quad (4-14)$$

也可将求极小问题改写为

$$q = e^T e = (y-Ax)^T (y-Ax) \quad (4-15)$$

将 q 对每一期望参数 x_j 求导并令导数为 0，得

$$\frac{\partial q}{\partial x_j} = \frac{\partial (y^T y - x^T A^T y - y^T A x + x^T A^T A x)}{\partial x_j} = 0 \quad (4-16)$$

从而可以求得对参数进行摄动的最小平方解：

$$x = (A^T A)^{-1} A^T y \quad (4-17)$$

进一步可以将摄动（$x = \delta m$）应用于初始模型参数 m^0，从而产生对问题解的更好估计：

$$m^1 = m^0 + x \quad (4-18)$$

当更新后的新模型 m^1 仍不能很好地和数据相吻合时，以 m^1 作为新的起始模型并重复上述过程。该方法的逐次循环使用被称为无约束迭代最小平方拟合（或 Gauss-Newton 法），其迭代公式可以表示为

$$m^{k+1} = m^k + (A^T A)^{-1} A^T y \quad (4-19)$$

式中，m^k 为第 k 次迭代后的模型参数。

非线性问题在线性化过程中，由于舍去了高次项，使得反演问题的多解性更加严重。随着计算机技术的发展，非线性反演方法发展非常迅速，除了传统的非启发式的非线性反演方法之外，蒙特卡罗、模拟退火、遗传算法、神经网络等启发式反演方法得到了快速发展，并在实际资料反演中取得了较好的应用效果。

第二节　叠后波阻抗反演

叠后地震反演（post-stack seismic inversion）指利用叠后地震资料反演地层波阻抗的特殊处理解释技术，简称叠后反演，也称为波阻抗反演（acoustic impedance inversion），在地震解释领域中所说的地震反演通常特指叠后地震波阻抗反演。叠后地震反演可以分为基于波动理论的波阻抗反演和基于 Robinson 褶积模型的波阻抗反演两大类，在实际工作中广泛采用后者，即通常所说的叠后波阻抗反演主要采用 Robinson 褶积模型来开展反演。

叠后地震反演的结果是地层的波阻抗（impedance），即速度和密度的乘积，反演结果具有明确的地球物理意义，能够反映岩层型的地层物性特征，比界面型的地震记录更适合于开展地质解释，是储层预测、油藏特征描述中应用最为广泛的确定性方法之一，并且已经在大量的实际应用中取得了显著的地质效果，也被称为合成声波测井、拟（虚、似、伪）速度测井。

基于褶积模型的叠后波阻抗反演包含正演和反演两个环节：正演过程是根据测井资料的速度和密度参数求取波阻抗，并在此基础上求取地震反射系数，通过反射系数与子波褶积得到地震正演记录；反演问题则是首先采用反褶积等方法消除地震记录中的子波效应，并根据反射系数来求取波阻抗参数。正演和反演互为反过程，上述关系如图4-1所示。

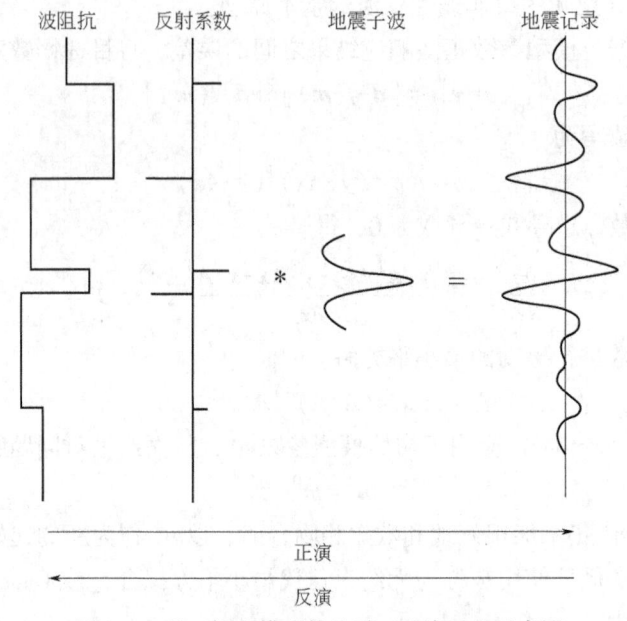

图4-1　基于褶积模型的地震正反演过程示意图

常用的叠后波阻抗反演方法包括道积分、递推反演、稀疏脉冲反演、基于模型的反演和随机反演等，不同的反演方法有其相应的特点和适用性，在使用时应根据资料品质、研究目标的特点及所要解决的地质问题选择最合适的反演方法。

一、道积分

道积分（trace integration）是指利用叠后地震资料来计算地层相对波阻抗（速度）的直接反演方法，道积分是在地层波阻抗随深度连续可微的条件下推导出来的，也称为连续反演。其基本原理如下：

设地层的波阻抗 $Z(t)$ 随深度（时间）连续变化，相邻地层的波阻抗差为 $\Delta Z = Z_{i+1} - Z_i$，当 ΔZ 很小时，反射系数 $r(t)$ 可以近似为波阻抗的微分函数：

$$r(t) = \frac{\Delta Z}{2Z_i + \Delta Z} \approx \frac{\Delta Z}{2Z_i} = \frac{1}{2} \frac{\mathrm{d}\ln Z(t)}{\mathrm{d}t} \tag{4-20}$$

即反射系数可以表示成地层对数波阻抗对时间微分的一半，由此可以进一步推导出地层波阻抗是反射系数对时间积分的指数表达式：

$$Z_t = Z_0 \exp\left[2\int_0^t r(t)\,\mathrm{d}t\right] \tag{4-21}$$

式中，Z_0 表示深度位置为 0（地表）的初始波阻抗；$r(t)$ 表示反射系数序列。通过积分处理能够把反映界面上下波阻抗差异特征的反射系数转换成反映地层本身特征变化的波阻抗参数，从而可以直接以地层为单位开展地质解释。

当地震波入射在具有波阻抗差的界面上时会产生反射、透射现象。取深度轴的正向作为波的传播方向，根据反射系数公式可以得到利用反射系数计算地层波阻抗的递推公式：

$$Z_{i+1} = Z_i \frac{1+r_i}{1-r_i} \tag{4-22}$$

式中，Z_i、Z_{i+1} 分别代表第 i 层和第 $i+1$ 层的波阻抗。显然，在知道反射系数的条件下可以通过上式来逐层递推计算出每一层的波阻抗，从而实现与反射系数有关的界面型反射地震剖面向与波阻抗有关的地层型剖面转换。由此还可以进一步得到从第 1 层地层的波阻抗（初始波阻抗）出发来计算其他地层波阻抗的递推公式：

$$Z_k = Z_0 \prod_{i=0}^{k} \frac{1+r_i}{1-r_i} \tag{4-23}$$

式中，Z_0 为初始波阻抗。

对式(4-23) 两端取对数可得

$$\ln \frac{Z_k}{Z_0} = \sum_{i=0}^{k} \ln \frac{1+r_i}{1-r_i} \tag{4-24}$$

对式(4-24) 右端做泰勒级数展开，略去高次项可得

$$\ln \frac{1+r_i}{1-r_i} \approx 2r_i \tag{4-25}$$

由此可得

$$\ln \frac{Z_k}{Z_0} = 2\sum_{i=0}^{k} r_i \tag{4-26}$$

对于实际地震记录来说，可以进一步表示为

$$W * \ln \frac{Z_k}{Z_0} = 2\sum_{i=0}^{k} S_i \tag{4-27}$$

式中，W 为零相位子波。由此可见，地层波阻抗（对数）的大小与地震记录振幅（S）的积分成正比。根据式(4-27) 可以在不求取反射系数的情况下直接对地震振幅进行积分来求取地层相对波阻抗。根据式(4-27) 建立道积分反演的具体实现步骤：

（1）将实际地震记录的振幅标定到反射系数的数量级上；

（2）计算积分道 $A(k) = 2\sum_{i=0}^{k} S_i$；

（3）将积分结果转换为波阻抗 $z(k) = z_0 \exp[2A(k)]$；

（4）对波阻抗转换结果作带通滤波，得到地层相对波阻抗。

由于道积分方法无须钻井控制，在勘探初期即可推广应用，具有很强的实用性，其主要优点是计算简单，且反演结果能够直接反映地层的横向变化特征，可以以地层为单元开

展地质解释。但道积分也存在明显的局限性：（1）道积分受地震固有频宽的限制，分辨率较低，无法适应薄层解释的需要；（2）道积分要求地震记录进行了子波零相位化处理；（3）道积分无法求得地层的绝对波阻抗或绝对速度，不能用于储层参数的定量计算；（4）道积分无法加入地质或测井资料的约束，导致反演结果不够精细，与测井资料之间的可对比性不高等。

二、递推反演

递推反演（recursive inversion）是基于反射系数递推计算地层波阻抗（速度）的地震反演方法，也称为递归反演。递推反演依据反射系数与波阻抗之间的关系开展计算，其优点是可以在没有钻井资料的约束下进行反演，从而可以完整的保留地震反射特征，不存在多解性。递推反演的核心在于从地震资料中正确估算地层反射系数（或消除地震子波的影响），得到能与已知钻井最佳吻合的波阻抗信息。其中，测井资料主要起到标定和质量控制的作用，并不直接参与反演运算，因此，递推反演也称为直接反演，或测井控制下的地震反演。

递推反演是道积分技术的进一步发展，相对于道积分反演来说，递推反演的特点在于首先需要准确估计反射系数，然后采用上述通过浅层波阻抗来计算深层波阻抗的递推公式进行计算。递推反演比较适合于勘探初期，该方法操作简单、实用性强，其缺点在于要求地震资料具有较宽的频带、较高的信噪比和相对振幅保持特征，由于这种方法受地震资料本身频带宽度的限制，因此分辨率相对较低，难以满足薄储层研究的需要。

基于地震资料直接转换的递推反演方法比较完整地保留了地震反射的基本特征（断层、产状等），反演结果的分辨率、信噪比以及可靠程度完全依赖于地震资料本身的品质。因此，通常要求参与反演的地震资料具备较宽的频带、较低的噪声、较好的相对振幅保持和准确成像，该方法不存在基于模型的反演方法所固有的多解性问题，能够较好地反映岩相、岩性等性质的空间变化特征。

受地震资料频率成分的限制，递推反演得到的是带限的相对波阻抗，通常不包含10Hz以下的低频分量，需要从其他资料中获得低频成分对带限波阻抗予以补偿。低频信息可以从地震资料处理环节的速度分析资料中获取，也可以对声波测井数据进行低通滤波来获取。通常采用精细解释的地震层位作为约束，结合速度分析资料或声波测井资料建立整个地震工区的三维波阻抗模型，并根据地震资料的频带特征从该波阻抗模型中提取合适的低频成分添加到带限的相对波阻抗反演数据体中，从而获得绝对波阻抗数据体。

三、稀疏脉冲反演

稀疏脉冲反演（sparse spike inversion，SSI）是一种基于稀疏脉冲反褶积的递推反演方法，这类方法针对地震记录的欠定问题，假定地层反射系数是由一系列大的反射系数（强反射）叠加在服从高斯分布的小反射系数背景上构成的，在此条件下可以采用不同方法来估算稀疏的"强"反射系数和地震子波。从地质意义上讲，大反射系数代表的是地下不连续界面和岩性分界面，该方法的优点是无须钻井资料的约束，直接由地震记录计算反射系数来实现递推反演，比较适用于井数较少的地区。稀疏脉冲反演方法能够获得宽频带的反射系数，通过稀疏假设的引入较好地解决了地震反演的多解性问题，从而使反演结果更趋于真实，目前已发展成为商业化软件中常用的反演方法。其缺点在于受地震频带宽度的限制，反演分辨率相对较低，反演结果不易直接与测井曲线进行对比，难以满足薄层研究的需要。该方法假设反射系数是服从稀疏分布的，而实际上大多数地震道的反射系数是稠密的，加上该方法同样存在误差积累问题，得到的反演结果也是带限的。

稀疏脉冲反演方法在具体实现时首先根据稀疏假设从地震道中提取反射系数，与子波褶积后生成合成地震记录；利用合成地震记录与原始地震道残差的大小修改反射系数个数及反射系数的大小，再做合成地震记录进行对比；如此迭代，最终得到一个能最佳逼近原始地震道的反射系数序列，并根据最终的反射系数序列采用递推反演方法来生成地层波阻抗信息。

约束稀疏脉冲反演（constrained sparse spike inversion，CSSI）则是在地质分析的基础上，综合地震、测井、地质信息所开展的稀疏脉冲反演，反演结果既保留了地震数据的基本特征，又引入了测井资料的约束来提高反演分辨率，对于无井或少井区的储层预测具有重要的意义。其基本思想是采用一个快速的趋势约束脉冲反演算法，用地震解释层位和井约束来控制波阻抗变化趋势和幅值范围。在反演过程中采用稀疏脉冲算法来产生宽带结果，恢复缺失的低频和高频成分。稀疏反演方法根据井中波阻抗的趋势约束将界面型地震道数据转换成反映地层特征的波阻抗数据，从而将地震资料转换成能与钻井、测井资料直接对比的形式，为储层横向预测提供资料保证。

约束稀疏脉冲反演利用约束条件来减少非唯一性并得到稀疏的反演解，可以采用最大似然反褶积来求得一个具有稀疏特性的反射系数序列，并通过地质和测井资料的约束，采用最大似然反演导出宽带波阻抗。其目标函数表示为

$$J = \sum (r_i)^p + \lambda^q \sum (d_i - S_i)^q + \alpha^2 \sum (t_i - Z_i)^2 \tag{4-28}$$

式中，r_i 为反射系数；Z_i 为波阻抗，介于井约束的最大和最小波阻抗之间；d_i 为实际观测地震道；S_i 为合成地震道；t_i 为先验波阻抗趋势；α 为趋势最小匹配加权因子；p、q 为 L 模因子；i 是地震道样点序号；λ 为数据不匹配加权因子，通常与观测资料的信噪比有关。

四、基于模型的地震反演

基于模型的地震反演（model based seismic inversion）是指从给定的初始地质模型出发，通过正演算法（褶积模型算法或者波动方程理论）制作合成地震记录并与实际地震数据进行比较，根据合成地震记录与实际地震数据之间存在的残差，采用模型优选迭代扰动算法不断修改并更新地质模型，实现正演数据与实际地震数据之间的最佳吻合，当两者之间的误差达到给定误差时所得到的地质模型就是反演结果，该方法也称为测井约束反演或宽带约束反演。基于模型的地震反演旨在通过对当前模型开展正演模拟并与实际资料进行比较，在多次迭代过程中根据残差情况对当前模型进行扰动更新，反演结果严重依赖于初始模型的准确性，在一定程度上也受最小化误差原则的影响。

在薄储层地质条件下，受地震资料频带宽度的限制，完全基于地震资料特征的直接反

演方法无法满足油田勘探开发对精度和分辨率的要求。而基于模型的地震反演以测井资料中丰富的高频信息和完整的低频成分来补充地震资料有限带宽的不足，能够将具有较高垂向分辨率（较宽的频带）的测井资料与具有较好横向连续性的地面地震资料结合起来，得到既有较高垂向分辨率又具有较好横向连续性的反演结果。基于模型的地震反演方法采用已知地质信息和测井资料作为约束条件，获得高分辨率的地层波阻抗信息，将地震资料带限特征扩展为宽带反演结果，相当于进行了高频及低频补偿或恢复，能够为储层精细描述提供分辨率更高的结果。

基于模型的地震波阻抗反演实质上是地震—测井联合反演，通过与测井、地质模型等信息的结合将反演的波阻抗频率范围在地震频带基础上分别向低频端和高频端进行了拓展，其反演结果的高频和低频信息均来源于测井资料，而构造特征和中频段信息则取决于地震数据。其基本思想是用测井与井旁地震道综合得到初始声阻抗模型剖面，在此基础上开展正演模拟，并将该记录与原始地震记录进行比较，根据它们之间的差值修改初始声阻抗模型剖面，通过反复迭代修正，直到误差达到指定要求为止。地震资料在反演过程中的作用主要体现在两个方面，一方面是提供层位和断层信息来指导测井资料的内插外推并建立初始反演模型，另外一方面则是在反演过程中通过有效频带信息的约束来确保初始地质模型向正确的方向迭代更新。

多解性是测井约束地震反演的固有特性，由于地震有效频带之外的信息并不影响合成地震记录结果，在给定的误差范围内将有不止一个模型能够满足观测数据的特征，减小反演多解性的关键在于如何建立正确的初始模型，初始模型与实际地质情况越接近则多解性越小。通常可以采用测井数据进行内插外推建模（通常还需要进行低通滤波）、由地质信息产生的大致趋势模型、利用地震叠加速度体产生广义初始模型等方法来构建反演初始模型。因此，该方法反演结果的精度不仅依赖于研究目标的地质特征、钻井数量、井位分布、层位解释精度、地震资料的分辨率和信噪比，同时还取决于储层特征分析、井震标定、地震子波的精确提取等工作。显然，地震资料分辨率越高，层位解释越细，初始模型就越接近于实际情况，有效控制频带范围越宽，反演结果也就越可靠。

五、地质统计学反演

地质统计学反演是指综合利用地震数据、地质知识和测井资料来生成储层参数模型和与之相关的不确定性，当参数实现数量足够多时，则这些实现的均值接近确定性或最优估计反演结果，该方法与随机反演的算法在本质上没有太大区别。

随机反演（stochastic inversion）是指从随机模拟中产生的一系列储层模型，采用模拟退火等算法优选出与地震数据最佳匹配的储层模型，是通过波阻抗将储层特性和地震记录联系起来并来直接估计油藏特征的一个完整的反演过程，并将随机模拟和随机反演有机地结合起来。

随机模拟（stochastic simulation）是指以已知的信息为基础，以随机函数为理论基础，应用随机模拟方法，产生可选的、等概率的储层模型的方法。随机函数由一个区域化变量的分布函数和协方差函数（或变差函数）来表征。随机模拟的基本思想是从一个随机函数 $Z(u)$ 中抽取多个可能的实现，即人工合成反映 $Z(u)$ 空间分布的可供选择的、等概率的高分辨率实现。若用观测的数据对模拟过程进行条件限制，并确保采样点的模拟值与实测值相同，就称为条件模拟，反之为非条件模拟。

地质统计反演和随机反演的真正优势不仅是能够得到高分辨率的反演结果，还在于能够同时考虑地层分布的规律性和随机性，并能够对这种不确定性给出定量的评估。

第三节 叠前地震反演

叠后反演使用的是全角度叠加地震资料，只能反演出波阻抗信息，目前已经在相对简单的构造和地层岩性油气藏勘探中发挥了有效的作用。但对解决复杂岩性和非常规油气勘探开发问题来说则显得力不从心，由于叠前地震资料中包含了丰富的振幅随偏移距（入射角）变化信息，能够反演出纵横波速度、密度等多种弹性参数信息，在研究储层物性和流体性质等方面具有更加广阔的应用前景。

叠前地震反演（pre-stack seismic inversion）一般指利用叠前 CRP 道集数据（或部分角度叠加数据）、速度数据和井数据（横波速度、纵波速度、密度及其他弹性参数资料），采用不同入射角情况下地震反射系数方程或其近似式来反演并预测与储层岩性、物性、含油气性等特征密切相关的弹性参数的过程，简称叠前反演。叠前地震反演充分利用了叠前地震资料中丰富的振幅变化信息，相比叠后反演来说，除了能够反演纵波信息，还可以估计横波速度、弹性模量、流体敏感参数、物性参数、各向异性参数、地层品质因子和密度参数等多种信息。

叠前地震反演根据正演算子的差异可分为基于波动方程的反演、基于 Zoeppritz 方程的反演和基于反射系数近似公式的反演，包括 AVO/AVA 反演、弹性阻抗反演、全波形反演、声波或弹性波方程反演等方法。

一、AVO/AVA 反演

AVO/AVA 反演（AVO/AVA inversion）是指利用叠前共中心点（CMP）道集、共反射点（CRP）道集、角度部分叠加道集或超道集中振幅随偏移距或入射角变化的特征来开展地层弹性参数估计的叠前地震反演方法，简称 AVO 反演或 AVA 反演。

基于均匀层状各向同性完全弹性介质建立的地震反射系数近似公式及精确方程奠定了叠前地震反演的理论基础。基于平面波假设，纵波或横波在入射到水平界面情况下的纵横波反射透射系数可通过 Zoeppritz 方程来精确表示，但是该方程非线性特征强，具有较强的不稳定性及物理上的不直观性。在实际应用中主要采用各种线性近似公式来描述水平界面情况下平面波的反射透射特征。

通常，地震纵波入射时的反射系数公式可以表征为

$$R_{PP}(\theta) = \sum_{i=1}^{N} a_i(\theta) \frac{\Delta m_i}{m_i} \tag{4-29}$$

其中
$$\Delta m_i / m_i = R_{m_i}$$

式中，N 为模型参数个数；m 为模型参数；R_{m_i} 为模型参数对应的反射系数；$a_i(\theta)$ 为模型参数对应的权重系数，该系数是角度 θ 的函数。考虑到叠前地震反演的普适性，大部分反

射系数近似公式中的模型参数为三个，即三项 AVO 反演，此时，地震纵波反射系数线性近似公式可表示为

$$R_{PP}(\theta) = a_1(\theta)\frac{\Delta m_1}{m_1} + a_2(\theta)\frac{\Delta m_2}{m_2} + a_3(\theta)\frac{\Delta m_3}{m_3} \tag{4-30}$$

该近似公式可以写成矩阵形式为

$$R = Am \tag{4-31}$$

基于褶积理论正演所得到的叠前地震道集可用矩阵表示为

$$S = WR = WAm = Gm \tag{4-32}$$

式中，S 为地震数据矩阵；W 为子波矩阵；R 为反射系数矩阵；G 为子波矩阵和反射系数矩阵的联合矩阵；m 为参数矩阵。从模型参数（纵波速度、横波速度和密度）到叠前地震记录之间的映射关系如图 4-2 所示。

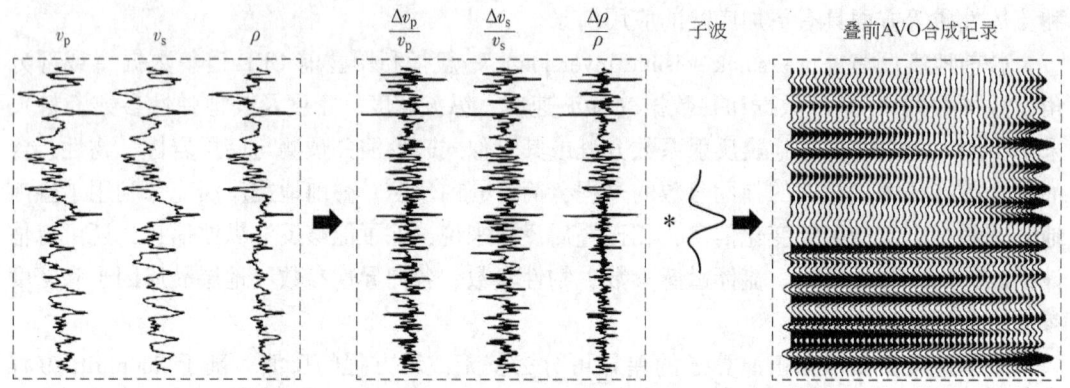

图 4-2 模型参数与叠前 AVO 地震记录之间的关系示意图

通常，待反演的三个模型参数之间往往存在着一定的相关性，比如纵横波速度和密度参数虽然相互独立，但往往存在着较强的统计关系。在实际应用中通常采用协方差矩阵来去除模型参数之间的相关性。设 $\sigma_{m_i}^2$ 和 $\sigma_{m_i m_j}$ 分别为各模型参数所对应的反射系数的方差和协方差，则模型参数的反射系数协方差矩阵可表示为

$$C_r = \begin{bmatrix} \sigma_{m_1}^2 & \sigma_{m_1 m_2} & \sigma_{m_1 m_3} \\ \sigma_{m_2 m_1} & \sigma_{m_2}^2 & \sigma_{m_2 m_3} \\ \sigma_{m_3 m_1} & \sigma_{m_3 m_2} & \sigma_{m_3}^2 \end{bmatrix} \tag{4-33}$$

对该式进行奇异值分解可以得到

$$C_r = u \sum u^T = u \begin{bmatrix} \sigma_1^2 & 0 & 0 \\ 0 & \sigma_2^2 & 0 \\ 0 & 0 & \sigma_3^2 \end{bmatrix} u^T \tag{4-34}$$

式中，u 为特征向量。在 T 个时间采样情况下，将产生 $3T \times 3T$ 的稀疏协方差矩阵，令

$$u^{-1} = \begin{bmatrix} u_{11} & u_{12} & u_{13} \\ u_{21} & u_{22} & u_{23} \\ u_{31} & u_{32} & u_{33} \end{bmatrix} \tag{4-35}$$

则特征向量变为

$$U^{-1} = \begin{bmatrix} u_{11} & 0 & \cdots & u_{12} & 0 & \cdots & u_{13} & 0 & \cdots \\ 0 & u_{11} & 0 & \cdots & u_{12} & 0 & \cdots & u_{13} & 0 \\ & & & & \vdots & & & & \\ u_{21} & 0 & \cdots & u_{22} & 0 & \cdots & u_{23} & 0 & \cdots \\ 0 & u_{21} & 0 & \cdots & u_{22} & 0 & \cdots & u_{23} & 0 \\ & & & & \vdots & & & & \\ u_{31} & 0 & \cdots & u_{32} & 0 & \cdots & u_{33} & 0 & \cdots \\ 0 & u_{31} & 0 & \cdots & u_{32} & 0 & \cdots & u_{33} & 0 \\ & & & & \vdots & & & & \end{bmatrix}_{3T \times 3T} \quad (4-36)$$

对式(4-32)中参数去相关：

$$\begin{cases} G' = GU \\ m' = U^{-1}m \end{cases} \quad (4-37)$$

得

$$S = G'm' \quad (4-38)$$

式中，G' 为去相关后子波系数矩阵；m' 为去相关后待反演参数所对应的反射系数。经变换后参数协方差矩阵 C_r 非对角线元素均为零，即

$$C_r = \begin{bmatrix} \sigma_1^2 & 0 & 0 \\ 0 & \sigma_2^2 & 0 \\ 0 & 0 & \sigma_3^2 \end{bmatrix} \quad (4-39)$$

生成协方差矩阵有多种方法，如多井统计估计方法，即

$$C_r = \frac{X^T X}{K} \quad (4-40)$$

其中

$$X = [R_{m_1}, R_{m_2}, R_{m_3}]$$

式中，K 为样点数。

英国数学家贝叶斯创立的贝叶斯统计理论为统计推断、估计及决策函数做出了重要贡献，其中，贝叶斯公式建立了模型参数后验概率分布与先验分布和似然函数之间的量化关系。当待估计参数为 θ，观测样本为 x，先验分布为 $p(\theta)$，似然函数为 $p(x|\theta)$ 时，后验概率密度函数 $p(\theta|x)$ 可表示为

$$p(\theta|x) = \frac{p(\theta)p(x|\theta)}{\int p(\theta)p(x|\theta)d\theta} \propto p(\theta)p(x|\theta) \quad (4-41)$$

先验分布提供了模型参数反演时的概率分布特征，在实际应用中可以根据需要选择 Huber 分布、柯西（Cauchy）分布、高斯（Gauss）分布等，其中，柯西分布为长尾分布函数，其对应的解具有稀疏特征。也就是说，不同的反演假设在实质上是由待反演参数的先验分布特征来决定的，两者之间具有一一对应关系。在地震反演中，假设待反演的去相关模型参数反射系数为 m'，带噪声的观测数据为 S，则先验柯西分布 $p_{\text{Cauchy}}(m')$ 可表

示为

$$p_{\text{Cauchy}}(\boldsymbol{m'}) = \frac{1}{(\pi\sigma_{m'})^M}\prod_{i=1}^{M}\left[\frac{1}{1+R_i^2/\sigma_{m'}^2}\right] \quad (4\text{-}42)$$

式中，m' 为采样点个数；$\sigma_{m'}^2$ 为模型参数方差。

似然函数描述了正演合成地震记录与实际观测记录之间误差的概率分布函数，构建了正演记录与实际观测记录之间的理论关系，当假设观测记录噪声服从高斯分布时，似然函数可表示为

$$p(\boldsymbol{S}|\boldsymbol{m'}) = \frac{1}{\sqrt{2\pi}\sigma_n}\exp\left[\frac{-(\boldsymbol{S}-\boldsymbol{G'm'})^{\text{T}}(\boldsymbol{S}-\boldsymbol{G'm'})}{2\sigma_n^2}\right] \quad (4\text{-}43)$$

式中，σ_n^2 为噪声方差。

联立先验及似然函数可得后验概率分布函数 $p(\boldsymbol{m'},\sigma_n|\boldsymbol{S})$ 为

$$p(\boldsymbol{m'},\sigma_n|\boldsymbol{S}) \propto \prod_{i=1}^{M}\left[\frac{1}{1+m_i'^2/\sigma_{m'}^2}\right]\cdot\exp\left[-\frac{(\boldsymbol{S}-\boldsymbol{G'm'})^{\text{T}}(\boldsymbol{S}-\boldsymbol{G'm'})}{2\sigma_n^2}\right] \quad (4\text{-}44)$$

将式(4-44)代入贝叶斯公式，取对数即可构建反演目标函数 $F(\boldsymbol{m'})$：

$$F(\boldsymbol{m'}) = (\boldsymbol{S}-\boldsymbol{G'm'})^{\text{T}}(\boldsymbol{S}-\boldsymbol{G'm'}) + 2\sigma_n^2\sum_{i=1}^{M}\ln(1+m_i'^2/\sigma_{m'}^2) \quad (4\text{-}45)$$

为提高反演稳定性，通常对式(4-45)加入先验模型约束，目标函数变为

$$F(\boldsymbol{m'}) = (\boldsymbol{S}-\boldsymbol{G'm'})^{\text{T}}(\boldsymbol{S}-\boldsymbol{G'm'}) + 2\sigma_n^2\sum_{i=1}^{M}\ln(1+m_i'^2/\sigma_{m'}^2) + \Lambda \quad (4\text{-}46)$$

其中

$$\Lambda = \lambda_{m_1}(\boldsymbol{\eta}_{m_1}-\boldsymbol{P}_{m_1}\boldsymbol{R'}_{m_1})^{\text{T}}(\boldsymbol{\eta}_{m_1}-\boldsymbol{P}_{m_1}\boldsymbol{R'}_{m_1}) + \lambda_{m_2}(\boldsymbol{\eta}_{m_2}-\boldsymbol{P}_{m_2}\boldsymbol{R'}_{m_2})^{\text{T}}(\boldsymbol{\eta}_{m_2}-\boldsymbol{P}_{m_2}\boldsymbol{R'}_{m_2}) + \\ \lambda_{m_3}(\boldsymbol{\eta}_{m_3}-\boldsymbol{P}_{m_3}\boldsymbol{R'}_{m_3})^{\text{T}}(\boldsymbol{\eta}_{m_3}-\boldsymbol{P}_{m_3}\boldsymbol{R'}_{m_3}) \quad (4\text{-}47)$$

式中，λ_{m_1}、λ_{m_2} 和 λ_{m_3} 分别为三个待反演参数约束系数，P_{m_i} 为 $\int_{t_0}^{t_i}\mathrm{d}\tau$，且

$$\begin{aligned}\boldsymbol{\eta}_{m_1} &= 1/2 * \ln(m_1/m_{10}) \\ \boldsymbol{\eta}_{m_2} &= 1/2 * \ln(m_2/m_{20}) \\ \boldsymbol{\eta}_{m_3} &= 1/2 * \ln(m_3/m_{30})\end{aligned} \quad (4\text{-}48)$$

其中，$\boldsymbol{m'} = [\boldsymbol{R'}_{m_2}\ \ \boldsymbol{R'}_{m_2}\ \ \boldsymbol{R'}_{m_3}]^{\text{T}}$，为待反演去相关后模型参数反射系数。$m_1$、$m_2$、$m_3$ 为先验初始模型，m_{10}、m_{20}、m_{30} 为初始点模型参数。

对方程(4-48)进行优化，通过对 $\boldsymbol{m'}$ 求导可得

$$\boldsymbol{\Gamma m'} = \boldsymbol{\Theta} \quad (4\text{-}49)$$

其中

$$\boldsymbol{\Gamma} = \boldsymbol{G'}^{\text{T}}\boldsymbol{G'} + \lambda_c\boldsymbol{Q}_c + \lambda_{m_1}\boldsymbol{P}_{m_1}^{\text{T}}\boldsymbol{P}_{m_1} + \lambda_{m_2}\boldsymbol{P}_{m_2}^{\text{T}}\boldsymbol{P}_{m_2} + \lambda_{m_3}\boldsymbol{P}_{m_3}^{\text{T}}\boldsymbol{P}_{m_3} \quad (4\text{-}50)$$
$$\boldsymbol{\Theta} = \boldsymbol{G'}^{\text{T}}\boldsymbol{S} + \lambda_{m_1}\boldsymbol{P}_{m_1}^{\text{T}}\boldsymbol{\eta}_{m_1} + \lambda_{m_2}\boldsymbol{P}_{m_2}^{\text{T}}\boldsymbol{\eta}_{m_2} + \lambda_{m_2}\boldsymbol{P}_{m_2}^{\text{T}}\boldsymbol{\eta}_{m_2}$$

式(4-50)中：

$$\boldsymbol{Q}_c = \text{diag}\left[\frac{1}{(1+m_1^2/\sigma_m^2)^2},\frac{1}{(1+m_2^2/\sigma_m^2)^2},\cdots,\frac{1}{(1+m_M^2/\sigma_m^2)^2}\right] \quad (4\text{-}51)$$

$$\lambda_c = 2\sigma_n^2/\sigma_{m'}^2 \quad (4\text{-}52)$$

由于目标函数(4-46)中包含了模型参数项，使得方程具有非线性特征，在实际应

用中可以采用反复重加权最小二乘法（IRLS）算法进行优化求解。

根据 AVO 反演中所采用的反射系数近似方程类型的不同，AVO 反演可以分为基于纵波反射系数方程的纵波 AVO（PP-AVO）反演、基于转换波反射系数方程的横波 AVO（PS-AVO）反演和基于纵横波反射系数方程的纵横波 AVO 联合（PP-PS-AVO）反演方法等。由于横波地震资料存在采集成本高、信噪比低且与纵波资料匹配较难等问题，在实际生产中尚未得到广泛应用，通常所说的 AVO/AVA 反演主要是指纵波 AVO 反演。根据 AVO 反演中所采用的反射系数方程近似程度和优化方法的不同，可分为线性和非线性 AVO 反演。其中，线性 AVO 反演一般采用纵波反射系数的线性近似方程，虽然受限于 AVO 线性近似方程的近似条件，如假设界面两侧弹性参数变化较小等，但具有计算效率高、稳定性好等优点，已经在实际资料应用中发挥着非常重要的作用。

二、弹性阻抗反演

AVO/AVA 反演方法对叠前地震道集的信噪比要求比较高，为了能更好地应用于实际生产，基于部分角度叠加道集的弹性阻抗反演（elastic impedance inversion）方法应运而生，该方法是一种面向工业应用且比较稳健、切实可行的叠前地震反演方法。1999 年，弹性阻抗（elastic impedance，EI）首次由英国 BP 石油公司提出并用于勘探开发评价，由 Connolly 正式发表，由此掀起了弹性阻抗研究的热潮。弹性阻抗可以理解为任意入射角度下的广义声阻抗，并将非零入射角下的弹性阻抗与零入射角下的声阻抗差异作为评判是否为有利 AVO 响应的重要标准之一。弹性阻抗反演的抗噪性优于 AVO 反演，一方面，从弹性阻抗中提取地层弹性参数可以克服常规 AVO 反演未考虑子波变化而引起的反演误差；另一方面，利用部分角度叠加数据开展弹性阻抗反演借鉴了常规叠后波阻抗反演的特征，便于引入测井信息的约束，反演稳定性得到明显提升。

类似于地震反射系数方程，弹性阻抗方程同样可以采用不同的模型参数化方式，下面以纵横波模量反射系数近似方程为例，简要介绍弹性阻抗方程的推导及反演流程。

用纵横波模量表示的反射系数近似方程可以表示为

$$R_{pp}(\theta) = \frac{1}{4}\sec^2\theta \frac{\Delta M}{M} - 2\left(\frac{v_s}{v_p}\right)^2 \sin^2\theta \frac{\Delta \mu}{\mu} + \left(\frac{1}{2} - \frac{1}{4}\sec^2\theta\right)\frac{\Delta \rho}{\rho} \tag{4-53}$$

根据波阻抗与反射系数之间的关系，可以采用弹性阻抗的对数值来表示反射系数：

$$R_{pp}(\theta) \approx \frac{1}{2}\frac{\Delta EI}{EI} \approx \frac{1}{2}\Delta \ln(EI) \tag{4-54}$$

式中，EI 是类似于波阻抗的弹性阻抗。与式（4-53）联立可得

$$\frac{1}{2}\Delta \ln(EI) = \frac{1}{4}\sec^2\theta \frac{\Delta M}{M} - 2\left(\frac{v_s}{v_p}\right)^2 \sin^2\theta \frac{\Delta \mu}{\mu} + \left(\frac{1}{2} - \frac{1}{4}\sec^2\theta\right)\frac{\Delta \rho}{\rho} \tag{4-55}$$

用 K 表示 $(v_s/v_p)^2$，用 $\Delta\ln(x)$ 替换 $\Delta x/x$ 并重新整理可得

$$\Delta \ln(EI) = \frac{1}{2}\sec^2\theta \Delta \ln M - 4K\sin^2\theta \Delta \ln \mu + \left(1 - \frac{1}{2}\sec^2\theta\right)\Delta \ln \rho \tag{4-56}$$

进一步取积分并指数化可得

$$EI(\theta) = M^{\frac{1}{2}\sec^2\theta} \mu^{-4K\sin^2\theta} \rho^{1-\frac{1}{2}\sec^2\theta} \tag{4-57}$$

式(4-57)可进一步写成下面的形式：

$$EI(\theta) = M^{a(\theta)} \mu^{b(\theta)} \rho^{c(\theta)} \tag{4-58}$$

其中

$$\begin{cases} a(\theta) = \dfrac{1}{2}\sec^2\theta \\ b(\theta) = -4K\sin^2\theta \\ c(\theta) = 1 - \dfrac{1}{2}\sec^2\theta \end{cases} \tag{4-59}$$

由于弹性阻抗 $EI(\theta)$ 随角度在量纲尺度上有较大变化，不利于进行不同角度的 $EI(\theta)$ 值之间及其与 AI 值的对比。为了消除入射角变化对量纲尺度的影响，引入三个参考常数 M_0、μ_0 和 ρ_0，并将其定为 M、μ 和 ρ 的平均值，同时引入因子 $\sqrt{M_0\rho_0}$ 来确保 $EI(\theta)$ 的量纲尺度与波阻抗一致，从而得到基于纵横波模量表征的弹性阻抗公式标准化形式：

$$EI(\theta) = (M_0\rho_0)^{\frac{1}{2}} \left(\dfrac{M}{M_0}\right)^{a(\theta)} \left(\dfrac{\mu}{\mu_0}\right)^{b(\theta)} \left(\dfrac{\rho}{\rho_0}\right)^{c(\theta)} \tag{4-60}$$

由式(4-60)可知，当 $\theta=0$ 时，弹性阻抗为常数，相当于垂直入射时的声阻抗值。当 θ 变化时，即可通过式(4-60)计算得到规则化的弹性阻抗，使得不同入射角条件下的 EI 数值与波阻抗曲线之间具有可比性，克服了不同角度下弹性阻抗量纲不统一的不足。不同角度下的弹性阻抗与角度道集对比如图 4-3 所示。

彩图 4-3

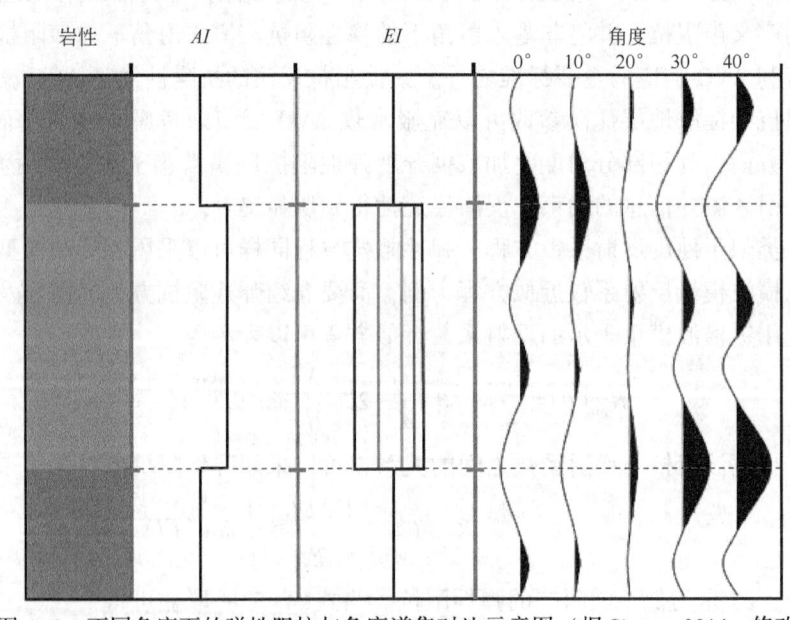

图 4-3 不同角度下的弹性阻抗与角度道集对比示意图（据 Simm，2014，修改）

采用弹性阻抗思路开展纵横波模量等各种参数的反演主要包括地震资料预处理、测井资料预处理、角度子波提取、弹性阻抗反演和纵横波模量直接提取等环节。地震资料预处理主要是将地震数据的偏移距数据体转化为部分角度叠加数据体，部分角度叠加数据体充分考虑了振幅随角度变化的 AVO 特征，比传统的叠加剖面提供了更多的振幅信息，有利于烃类信息的直接检测，该过程需要对资料加强保幅处理且确保叠前道集拉平。测井曲线分析与处理旨在利用弹性阻抗方程和已知井曲线信息来计算井旁道伪弹性阻抗曲线，该曲线除了可以作为反演的约束条件外,还可以弥补地震波传播过程中损失的频率成分。在此基础上通过对每个角度地震数据进行标定即可提取各个角度数据体所对应的地震子波,进一步采用各种阻抗反演方法即可反演得到各个角度的弹性阻抗体。具体反演流程如图4-4所示。

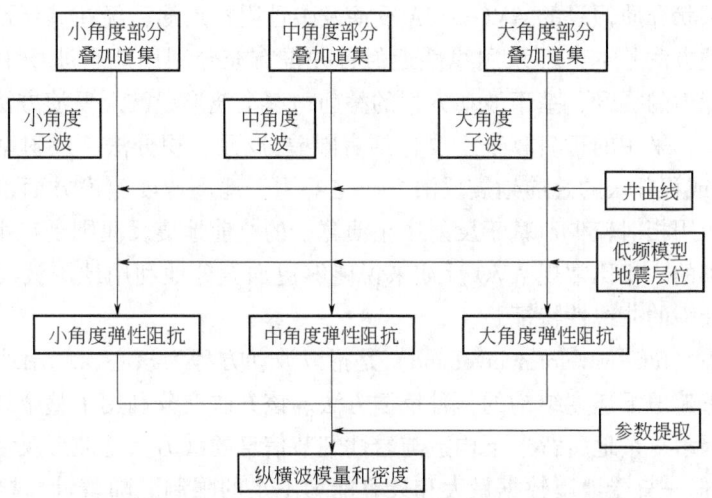

图4-4 基于弹性阻抗的叠前地震道集反演流程图

从$EI(\theta)$中进一步提取纵横波模量和密度等弹性参数是弹性阻抗反演中的重要环节,相比常规纵横波速度、密度间接计算弹性模量来说,采用直接提取弹性模量参数的方法可以减小间接计算带来的累计误差,将方程(4-60)两边取对数,令$A_0=\sqrt{M_0\rho_0}$并考虑在角度相同的情况下,同一岩石弹性参数$\left(\ln\dfrac{M}{M_0}、\ln\dfrac{\mu}{\mu_0}和\ln\dfrac{\rho}{\rho_0}\right)$在各采样点处所对应的系数$a(\theta)$、$b(\theta)$、$c(\theta)$相同,即系数不随时间发生变化,其表达关系如下:

$$\ln\frac{EI(t,\theta_1)}{A_0}=a(\theta_1)\ln\frac{M(t)}{M_0}+b(\theta_1)\ln\frac{\mu(t)}{\mu_0}+c(\theta_1)\ln\frac{\rho(t)}{\rho_0} \tag{4-61}$$

$$\ln\frac{EI(t,\theta_2)}{A_0}=a(\theta_2)\ln\frac{M(t)}{M_0}+b(\theta_2)\ln\frac{\mu(t)}{\mu_0}+c(\theta_2)\ln\frac{\rho(t)}{\rho_0} \tag{4-62}$$

$$\ln\frac{EI(t,\theta_3)}{A_0}=a(\theta_3)\ln\frac{M(t)}{M_0}+b(\theta_3)\ln\frac{\mu(t)}{\mu_0}+c(\theta_3)\ln\frac{\rho(t)}{\rho_0} \tag{4-63}$$

结合井旁道弹性阻抗值和已知井的纵横波模量和密度信息,通过式(4-61)~式(4-63)可以联立计算得到方程中的9个系数$a(\theta_1)$、$b(\theta_1)$、$c(\theta_1)$、$a(\theta_2)$、$b(\theta_2)$、$c(\theta_2)$、$a(\theta_3)$、$b(\theta_3)$、$c(\theta_3)$,将这些系数应用于各个角度反演所得到的弹性阻抗体即可获得各道任意一个采样点处的M、μ、ρ等弹性参数。

弹性阻抗反演本质上是两步法叠前地震反演,即分角度叠加数据体阻抗反演和弹性参数反演两个过程。在实现过程中主要有两种思路,一种是先通过叠后反演获取不同角度弹性阻抗反射系数,然后基于弹性阻抗反射系数方程开展非线性反演来得到各种待反演弹性参数;另外一种是先通过叠后反演得到不同角度弹性阻抗,然后基于对数域弹性阻抗方程反演得到各种待反演弹性参数。目前,叠后地震反演已较为成熟,并形成了大量各具特色的商业软件，为角度部分叠加数据的弹性阻抗反演提供了非常好的条件，而基于弹性阻抗体进一步反演弹性参数则属于超定问题，成为影响弹性阻抗反演效果的主要原因之一。

三、地震（全）波形反演

基于水平层状介质假设的 AVO/AVA 反演及弹性阻抗反演已经在储层预测中得到了广泛的应用，此类方法基本上都采用线性近似且并没有充分利用地震波场中的全部有效信息。随着计算能力的提升，基于波动方程的叠前地震全波形或波形反演方法逐渐发展成为目前的研究热点，采用的正演算子主要包括有限差分/元、积分法、反射率等。其中，基于有限差分/元或积分法的叠前地震反演方法主要用于地震速度建模方面，在储层预测及流体识别中的应用相对较少。基于反射率正演算子的叠前地震反演则是在水平层状介质假设条件发展起来的，相比常规 AVO 反演来说能够更加充分地利用地震波波形信息，但该反演算法具有较强的非线性特征。

全波形反演（full-waveform inversion）是指以波动方程为核心，利用地震波传播中的全波场信息来重建地下速度结构的一种反演方法。该方法充分利用了整个地震波场中的所有信息，具有揭示复杂地质背景下构造与岩性细节信息的潜力。全波形反演的理论框架建立于 1984 年，但一直受地震数据量大和计算能力不足的限制。随着计算机计算能力的不断提高，宽频、大偏移距采集技术的进步以及理论研究的不断深入，全波形反演技术得到快速发展，并从理论研究走向了实际应用，特别是在海上三维地震勘探中取得了非常好的效果。目前，全波形反演逐渐由单参数反演向多参数反演方向发展，由声波反演向弹性波反演方向发展，由各向同性介质反演向各向异性介质反演方向发展，由改善偏移成像向储层预测方向发展。因此，通过提高运算速度、降低反演的不稳定性和多解性，发挥全波形反演特有的优势来提高储层预测精确，能够在地震解释领域发挥更加重要的作用。

第四节　地震反演中的关键问题

一、地震反演的不适定性

医用 CT 能够对目标进行全方位的 360°扫描，能够根据扫描结果准确地恢复目标特征且结果非常可靠。地球物理勘探特别是地震勘探经常被比喻为给地球做 CT，但地震勘探大部分都是在地表激发地震波并在地表接收，即使是井间地震勘探也只能在有限的范围内进行观测，即地震数据的观测范围存在死角或盲区。显然，采用不完整的观测数据难以准确地重建地下地质特征，加上实际地震勘探中采集到的数据都会受到各种噪声的污染，当某些噪声被当成有效信号进行处理时，必然会导致反演结果存在不确定性。

地震反演的不适定性主要包括反演的稳定性和多解性问题，除了反问题固有的性质之外，地震反演还具有一定的特殊性：一是带限地震数据和已知信息的有限性，地震信号分辨率还无法全面满足生产实际的需求，导致常规反演方法的不适定问题严重，反演结果多解性增加，反演分辨率受到限制，如图 4-5 所示；二是地下目标的复杂性，储层横向变化快，先验模型构建困难，反演多解性问题加重；三是非常规油气勘探领域需要反演更多更复杂的储层特征参数,导致反演结果存在严重的多解性;四是目的层深、信噪比低、噪声强等背景下的地震反演稳定性问题;五是受实际观测资料品质的限制和计算能力的限制,在实际应用中往往只能对地震波传播过程采用简化后的介质模型进行反演,从而导致反演结果具有一定的等效性。

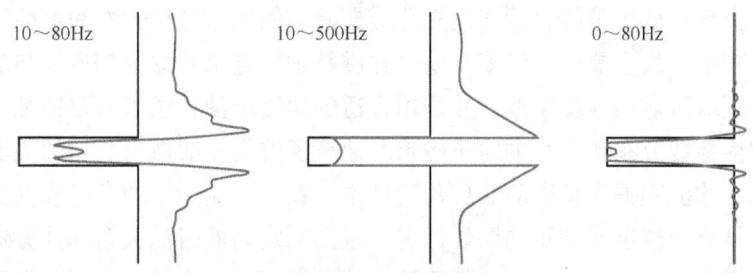

图4-5 地震数据频率成分对反演结果的影响程度对比(据Brown,2011)

地震数据中缺失的低频成分对定量解释来说非常重要,图4-5通过一个简单的阻抗地层模型及其在三个不同频段的响应信息来说明低频的重要性,三个频率范围分别是10~80Hz、10~500Hz、0~80Hz。利用不同频带范围的雷克子波与单层模型进行褶积即可产生合成地震数据,图4-5测试了利用该不同频带的合成地震数据进行反演后的结果对比:当频率在10~80Hz时反演结果能够近似获得地层边界信息,但对应的绝对阻抗值和界面形态并不正确;当高频部分增加到500Hz时,反演结果对薄层的边界特征刻画得比较清晰,但仍然难以正确反映地层的真实形态;而当低频信息得到有效补充后,即使缺乏高频信息,反演结果也能够更加合理地反映薄层的真实形态和绝对阻抗值。由此可见,高频成分有助于更加精确地解释地层边界,而低频成分则能够更加准确地反演得到地层的绝对值,实现地层性质的定量解释。

解决地震反演不适定性问题的主要对策包括:一是在原有方法基础上,增加先验信息的约束来提高反演稳定性,降低多解性,如稀疏性约束等;二是提高初始模型构建精度,或者采用不依赖于初始模型的方法来提高反演稳定性,减少多解性,如全局反演方法等;三是提高反演算法的抗噪性,增强反演方法适应不同类型噪声的能力。

在反演过程中,通常采用各种最优化方法来进行求解,以确保实际观测数据与模型正演数据之间的误差达到最小。在算法设计中,观测数据与正演数据的误差通常采用最小平方误差原则,显然,在相同的误差范围之内,采用不同的误差表达式得到的反演结果是有差异的。在资料信噪比不高时,通常还需要加入大量的地质信息、测井信息或先验信息来作为约束条件,比如假设反射系数服从稀疏分布等,显然,对模型参数给定不同的先验分布状态必然会获得不同的反演结果。而在求解反演问题时,为了确保反演结果的稳定性,通常需要添加正则化约束,显然,不同的约束算法也将导致反演结果之间存在一定的差异。由此可见,地震反演问题具有固有的多解性,如何在实际应用中采用合适的反演方法来解决实际问题不仅需要全面掌握实际资料特征,还需要掌握不同反演方法的原理和假设条件,通过全面测试分析来提高反演方法的针对性。

密度往往随含气饱和度呈现出比较好的线性关系,该参数对岩性解释、储层预测和含油气性识别来说非常重要。由AVO分析可知,密度项对反射系数变化特征的影响相对较小,且只在大角度时影响较大,而大角度地震资料的噪声又很严重,导致振幅解释时的不确定性增大。因此，利用叠前地震资料开展密度参数反演时不仅需要高品质的叠前地震数据，还需要确保入射角尽可能大。

二、实际地震资料反演中的关键问题

利用地震资料开展定量解释旨在建立地震振幅与储层岩性等弹性和物性特征之间的可靠映射关系，其中，最重要的工作就是通过井震精细标定来建立地震振幅与反射系数之间的匹配关系并提取可靠的地震子波，并采用合适的地震反演算法来获取三维工区内目标储层的弹性和物性参数分布特征。如何正确求取地震子波是反演取得成功的关键环节，只有子波提取准确，才能获得高精度的储层预测结果。在实际应用中通常是根据目的层地震资料的主频设计雷克子波进行初步的层位标定，根据标定后的时深关系和井旁地震道联合提取具有合理振幅谱和相位谱特征的地震子波，并根据实际资料特征进行反复标定，该过程旨在建立井旁地震道与井中阻抗信息之间的合理关系。

测井约束地震反演实质上是地震—测井联合反演，旨在引入测井资料中丰富的高频信息和有效的低频成分来补充地震资料有限带宽的不足，从而反演得到分辨率更高的地层波阻抗信息。目前，地震反演已经发展成为储层横向定量预测的核心技术，在油气勘探开发的不同阶段，对于不同的地质目标和资料条件应该采用针对性的方法和策略。反演结果的精度不仅依赖于研究目标的地质特征、钻井数量、井位分布以及地震资料的分辨率和信噪比，还取决于反演方法选择的合理性、处理参数的正确性和综合分析的深入程度。

显然，不同的反演方法有其针对性和适应性，并具有不同的方法技术流程和实现方式，在实际应用中都非常注重地质、测井资料和地震资料的综合研究与分析，但在复杂储层和含油气性特征参数反演方面还有大量亟待探讨的实际问题。地震反演技术的发展日新月异，在应用中发展了各种各样的反演方法，由于不同反演方法采用的数学物理模型不同，适用的地质条件也不尽相同，因此，所采用的基础资料、约束条件和能够达到的反演效果也不尽相同。目前，还没有明确的证据来表明某种反演算法一定比其他反演算法更好，在实际应用阶段往往是反演过程中的质量控制比反演方法本身的选择更为重要。因此，有必要全面掌握各种地震反演技术的优缺点，根据实际资料特征来选择合适的方法才能获得符合实际问题的最佳反演结果，从而取得更好的地质应用效果。

在实际应用中应该充分发挥不同反演方法的优势来实现互补，从而充分发挥地震反演方法在储层预测和含油气性识别中的作用。以目标工区河流相储层预测为例，下面给出了将全波形反演与叠前地震反演相结合来提高储层描述精度的实例，图4-6对比了用于全波形反演的初始模型和全波形反演所得到的速度剖面，反演结果清晰地展示了地层与构造形态，测井解释结果中的亮色代表了油层，全波形反演速度结果中的异常特征与测井解释结果中的油层具有较好的对应关系。

全波形反演充分利用了炮集优势，反演结果的横向变化特征更有优势，将全波形反演的速度作为叠前AVO反演的约束条件有助于提高叠前地震反演的精度和可靠性，图4-7为常规叠前地震反演结果与全波形反演速度约束下的叠前地震反演结果对比，两个反演结果在整体特征上非常相似，而基于FWI约束的叠前地震反演结果对图中13m厚的油层的垂向厚度和横向空间展布特征都描述得更加精确、合理。

彩图 4-6　　　　　　　　彩图 4-7

图 4-6　某实际工区的全波形反演初始速度模型和全波形反演速度结果对比

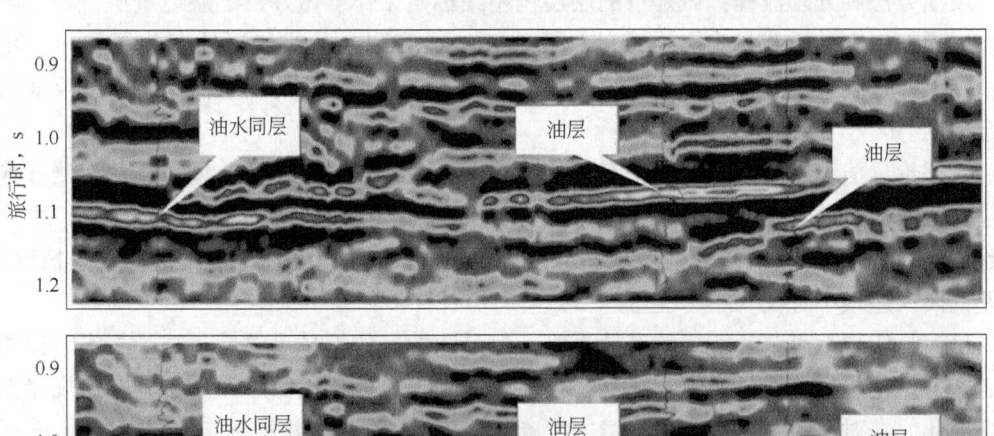

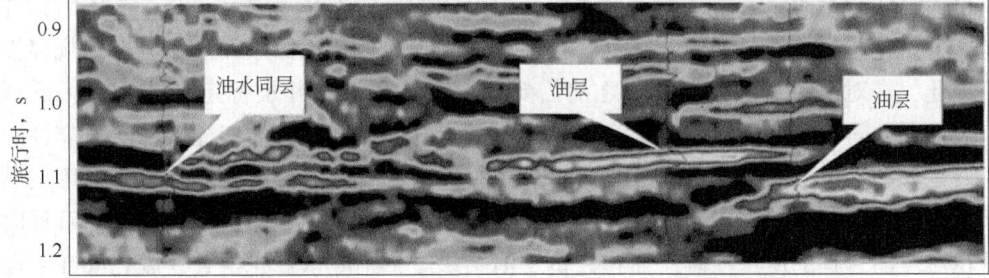

图 4-7　某实际工区叠前地震反演和 FWI 约束下的叠前地震反演结果对比

图 4-8 为上述两个反演结果的沿层切片对比，图中圆圈位置处的测井解释结果为水层，但常规叠前地震反演结果异常明显，被预测为油层，而全波形反演结果约束下的叠前地震反演结果中的异常特征并不明显，将该位置预测为水层，与测井解释结果更加一致，

表明通过联合炮集和 AVO 反演的优势可以得到更加合理的反演结果，有助于降低勘探预测风险。通过该反演结果对该区的砂体分布范围进行了重新勾绘，使储层的横向分布特征更加合理。

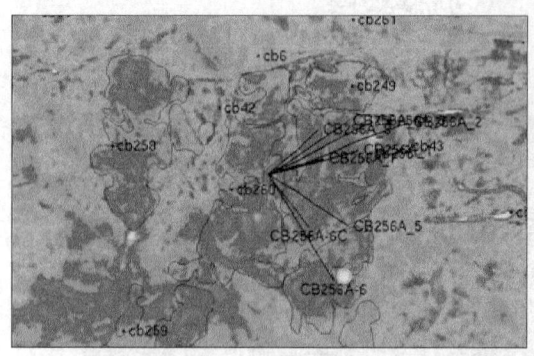 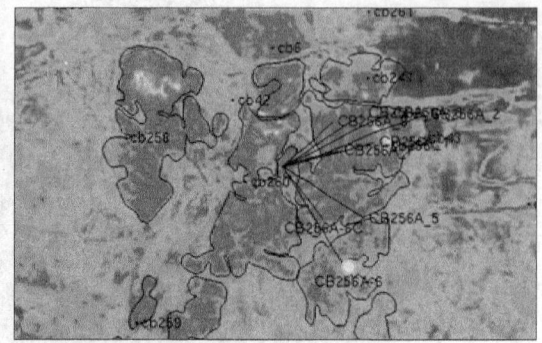

图 4-8　某实际工区叠前地震反演和 FWI 约束下的叠前地震反演结果切片对比

彩图 4-8

　　虽然众多的反演方法之间存在较大的差异，但在应用过程中不同的反演方法之间具有很多共同特点，实践表明，不同反演结果在整体特征上基本保持一致，但不同反演方法之间存在着一定的差异性，因此，如何选择合适的反演方法是在实际应用环节必须重点关注的问题。为了在应用中取得较好的地质效果，往往需要注意以下几个关键问题：尽可能完整地收集并分析地震反演所需要的各种原始资料；针对工区地质情况和目标需求选择合适的反演方法和处理流程；做好目的层层位精细标定工作、做好目的层地震层位精细解释工作；根据工区地质背景建立合理的地质模型、做好测井曲线的预处理分析和归一化工作；在反演过程中选择合适的处理流程和反演参数并采用可靠的质量控制来保证反演结果的合理性。

　　在评价反演结果的质量时通常有两种方法，一是比较井点反演结果与测井实测参数之间是否匹配，且通常是采用未参与初始模型或约束模型构建的"盲井"来验证，即"交叉验证"；二是比较反演结果的合成记录与实际地震数据之间的残差大小，理想情况下，残差剖面误差很小且没有相干能量。

　　反演是实现地震定量解释的有效手段，但反演的目的不是追求反演结果与实际钻井结果之间的量化指标，而是如何利用反演结果来更加深入地认识储层和流体分布的规律性特征。因此，在对反演结果进行解释之前需要充分考虑子波、井震标定、井校正、低频模型、尺度和分辨率等问题，从而提高利用反演结果开展储层和含油气性解释的可靠性。比如子波是如何计算的、其相位特征是否合理、目的层位置处的井震匹配程度如何等问题都必然影响着反演结果的推广与应用，因此，在将反演结果应用于储层预测和目标解释时必须重视对反演过程的质量控制。而在评价反演结果时，则应该首先检查井震之间在剖面和平面上的一致性，明确反演结果与地质认识之间的联系与差异，从而有效提高反演结果的使用水平。

第五章 地震资料构造解释

地震资料解释（seismic data interpretation）就是把地震资料转化成抽象的地质术语的过程，即运用地震波传播理论和地质知识，综合地质、测井和地震资料确定地质体构造形态和空间位置，推测地层的岩性、厚度及层间接触关系，确定地层含油气性，绘制有关成果图件，为钻探提供准确的井位等，旨在把地震资料中的信息翻译（或转化）成地质成果。地震资料解释大致可分为五个阶段，即构造解释、地层解释、岩性解释与储层预测、含油气性解释和开发地震解释。

地震资料解释的主要任务是利用处理后的各种反射地震剖面，结合地质、钻探、测井以及其他物探资料，根据地震波的传播理论和地质规律，把地震剖面转化为地质剖面，进一步研究区域的构造发育史、盆地的发育演化史、沉积史和油气运移聚集史，做出油气资源评价，并在有利区域上提供钻探井位。地震资料解释得正确与否直接关系到油气藏的发现，关系到盆地评价与油气勘探方向的选择等重大战略问题。

构造油气藏（structural oil-gas pool）是指由于地壳运动使地层发生形变（如褶皱）或变位（如断裂）而形成的圈闭中聚集的油气，也称为构造圈闭油气藏。在石油地质勘探中，通常把具有一定规模的褶皱单体、复杂化的褶皱单体以及断层和褶皱复合的单体形态称为构造，如背斜、向斜、鼻状构造等。构造是地震解释和钻探目标建议的基础，构造解释（structural interpretation）主要依据地震波的运动学信息来研究地层的空间特征和几何形态，即利用地震资料提供的反射波旅行时、速度等信息，查明储层的构造形态、埋藏深度和接触关系等地质构造问题。地层、岩性和含油气性解释是构造解释的延伸，其主要工作是依据地震波的动力学信息对地层岩性、物性和孔隙流体等进行预测。开发地震解释则重点解决油田开发阶段中所面临的各类相关地质问题。

地震资料构造解释的主要步骤包括：（1）了解目标工区及附近区域地质背景；（2）熟悉目标工区整体构造形态；（3）采用合成地震记录开展地震地质层位标定；（4）目标工区层位追踪与断层解释；（5）地震剖面的地质解释；（6）成图速度分析；（7）时深转换编制构造图；（8）构造分析。由于地震构造解释的主要目的是运用地球物理等技术手段来解决石油地质勘探中的构造问题，在实际应用环节中要求解释人员能够系统掌握构造地质的基础知识和相关概念。

第一节 地震层位标定

一、井震标定方法与流程

地震层位标定（seismic horizon calibration）旨在把深度域的测井地质信息映射到时间

域的地震剖面中，即为反射波同相轴赋予具体而明确的地质意义，如沉积相、岩性、流体性质等，并把这些已知的地质含义向地震剖面或地震数据体延伸的过程。层位标定是地震构造解释环节中最基本、最重要的工作，是把地震剖面转换为地质剖面的关键，其结果直接影响着地震反射层的地质年代标定、井旁地震相和沉积相的划定。目前，常用的地震层位标定方法有两种：一种是采用声波合成地震记录与井旁地震道进行对比，另一种是利用VSP记录直接进行层位标定。地震层位标定是一项精细而又重要的工作，离不开测井曲线环境校正、地震资料极性和相位判定、子波提取、时深关系校正等多个环节。根据褶积理论，合成地震记录是由地震子波和反射系数序列褶积而来，因此，声波合成地震记录层位标定的主要工作流程可以表述为：

（1）计算井中反射系数曲线。由于波阻抗是速度与密度的乘积，通过声波时差测井曲线的倒数和密度测井曲线相乘即可得到井中波阻抗曲线，并利用速度信息把波阻抗曲线从深度域转换到时间域，采用时间域波阻抗曲线可以计算得到时间域的井中反射系数曲线。

（2）结合井旁地震数据特征提取地震子波。通常在目的层段范围内提取零相位统计性子波，或者采用统计性子波的主频计算理论Ricker子波，或者在Ricker子波合成记录制作的基础上通过反复标定来获得精确可靠的确定性子波。在地震解释工作中需要根据地震资料的品质和解释需求来确定地震子波精度，比如，在构造解释环节采用与井旁道地震资料特征吻合的理论Ricker子波即可满足层位标定要求，而在地震反演环节则需要全面考虑合成地震记录与井旁地震道波形特征的匹配，通过反复标定来取得最佳效果。

（3）制作合成地震记录。合成地震记录（synthetic seismogram/synthetic trace）通常指用声波测井或垂直地震剖面经过人工合成来得到地震记录（地震道）。在声波合成地震记录制作过程中通常采用褶积模型，即利用反射系数和地震子波进行褶积来得到合成地震记录。

（4）拉伸漂移校正确定时深关系。受速度频散等因素影响，声波测井速度一般高于地震速度，导致旅行时累积后产生漂移，所以需要对测井资料制作的合成记录进行合理的校正。通过制作合成地震记录得到时间域的井中地震正演信息，进一步结合校验炮（checkshot）或VSP时深资料，利用合成地震记录与井旁地震道进行波组关系精细对比，确保同相轴甚至能量强弱关系实现一一对应，并根据对比结果对合成地震记录进行拉伸（stretch）、压缩（squeeze）或漂移校正（drift correction），从而得到相对更加准确的时深曲线（time depth curve），实现深度域地质信息向时间域地震剖面的合理过渡。

（5）确定地震地质层位：利用合成地震记录获取时深关系曲线，把井中目的层位的深度信息映射到时间域中，获取该地质层位的时间信息，确定时间域地震反射特征所对应的深度域地质信息。

深时转换是井震标定中的重要环节，时深关系（time depth relation）即指地层埋深与在该地层中传播的地震波双程旅行时之间的一一对应关系。时深关系标定是时间域（地震）与深度域（地质、测井）之间的桥梁和纽带，也是合成记录制作中的核心，在地震资料精细解释和砂体标定中发挥着重要的作用。在实际应用中可以通过地震测井或VSP资料估计出相对准确的平均速度，也可以通过声波测井和地震速度获得时深关系，通常采用多口井的平均速度开展综合分析，如果工区内含多个构造单元，则不同的构造单元应分别计算各自的平均速度。所谓地震测井（well shooting/well-velocity surveys），是指通过井口附近的地表或浅井激发（或接收）、在井下不同深度接收透射波（或激发地震波）来获取地震波平均速度的勘探方法，目前，该技术已经发展成为 VSP 测井，即垂直地震剖面。

图 5-1 展示了地面地震和井间地震两种不同类型地震资料的合成地震记录与井旁道和测井岩性剖面的对比，通过对原始声波时差曲线进行野值处理、环境校正之后计算出反射系数，与理论子波褶积后获得初始合成地震记录，并根据合成地震记录与井旁道之间的差异进行优化调整，对时深关系进行拉伸漂移，使得合成地震记录更接近于井旁地震记录的形态，实现测井中的地质分层与地震剖面中的典型反射特征——对应。从图中可以看出，两种地震资料的反射特征都与岩性界面之间具有非常好的对应关系，这也正是多种类型地震资料综合研究与应用的基础。

彩图 5-1

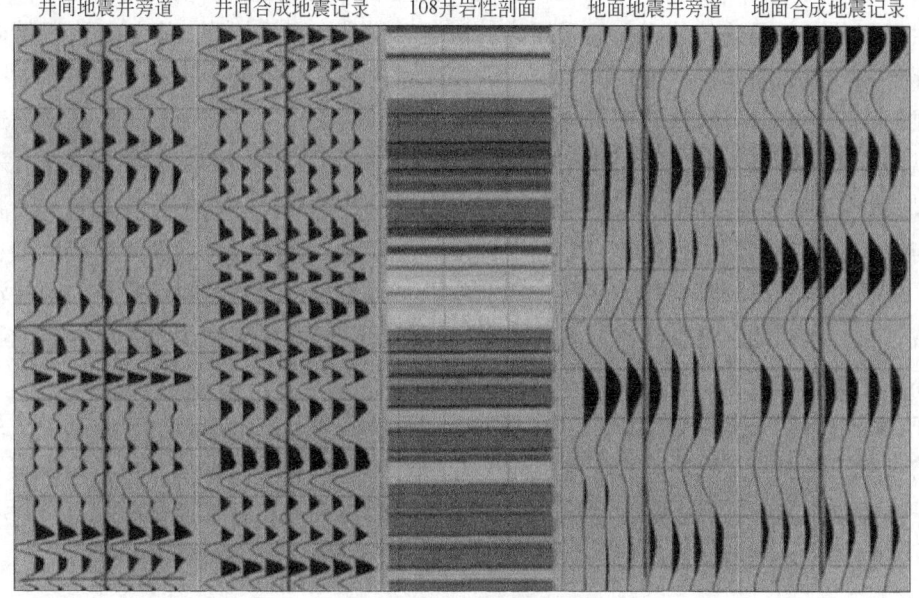

图 5-1 地震合成地震记录与井旁道的标定对比

二、地震层位标定注意事项

合成地震记录层位标定作为连接地震、地质、测井的桥梁，在地质解释和储层精细描述中有着十分重要的作用。当工区内有多口井时首先要做好关键井的合成记录标定，明确不同深度位置处目的层的反射波组特征。合成地震记录层位标定看似简单，但真正做好并非易事，在标定过程中不仅需要注意标定方法的正确性和标定步骤的规范性，还应该了解标定对象的地质特征、岩性组合特征、地震资料品质和地震响应特征，强调井震标定的综合性。最关键的是，合成地震记录标定的每个步骤都是一个循环反复的过程，只有将地震反射特征与地质认识有机结合才能够在实际标定中取得更合理的效果，特别是在标定过程中不能对每个同相轴都进行拉伸或压缩，这样虽然会让标定结果看起来很好，但显然不真实。

制作合成地震记录的目的是建立时间域地震记录与深度域测井曲线之间正确的时深映射关系，以测井分层来指导地震层位的解释。因此，可以将井震标定看作是解释人员认识地质特征并与地震资料反射特征建立映射关系的一种最有效的实验方式，精确的井震标定有助于提高层位解释的准确性，更是开展高质量地震反演的基础。在追求合成地震记录与井旁地震道达到一致的过程中，还应该尊重两种资料之间的差异，并充分考虑以下几方面因素的影响才能有效提高井震标定的合理性：

(1) 地震资料极性的判别；
(2) 地震资料相位的判别；
(3) 测井资料的整理、预处理和环境校正等；
(4) 井震资料跨尺度匹配与速度频散校正；
(5) 精确时深关系校正；
(6) 高精度地震子波提取（子波长度、频率成分和相位等）；
(7) 基于地震旅行时与波形特征高精度匹配的合成地震记录反复标定过程。

由于测井资料是连接地震与地质层位的桥梁和纽带，运用好测井资料是实现精确地震层位标定和开展高精度储层描述的关键。需要注意的是，受储层非均质性、工作频率、观测方式的影响，测井资料与地震资料的分辨尺度差异较大，三维地面地震数据横向连续性好但纵向分辨率较低，分辨能力在 10m 数量级上，而测井资料纵向分辨率较高，采样间隔一般在 0.125m 左右，两种地球物理资料在纵向分辨能力上相差数十倍以上。声波测井资料与地震资料都利用了弹性波在地层中传播时的信息，但两者在纵横向测量尺度、频率范围、吸收衰减、波的类型等方面存在明显差异，且地震资料是时间域资料，测井资料是深度域资料，如何加强地震与声波测井资料之间的尺度匹配和频率匹配对于合成地震记录精确标定来说也是至关重要。

在合成地震记录标定过程中，通常对合成记录与井旁道做互相关，并通过评价互相关函数的形状来评价标定结果。在实际应用中并不是相关系数越大越好，互相关系数受子波长度、噪声等因素的影响，加上合成记录的最佳匹配位置与井点位置存在偏差，所以需要通过反复的试验来寻求井震之间的最佳匹配关系，为后续储层预测奠定基础。

第二节 地震资料构造解释基础

地震资料构造解释开始于对地震剖面的解释，所谓地震时间剖面解释（seismic time section interpretation），是指在地震反射时间剖面上开展各种地震地质解释的过程，包括地震层位的确定、波的对比、层位追踪、断层解释和沉积地层特征分析等，是构造解释、层序地层解释和储层预测的基础。在开展地震剖面解释之前，需要先理解地震剖面与地质剖面之间的关系。

一、地震剖面与地质剖面的关系

地震剖面是地质剖面的地震响应，蕴含着地质信息的地震反射特征，同时也存在着大量与地质现象无关的噪声。代表地震响应特征的地震剖面并不是地质剖面的简单翻版，某些地质现象在地震剖面上的表现形式相当复杂,甚至产生一些假象,必须在解释过程中予以充分注意。

地震反射界面反映的是波阻抗有差异的界面。在实际地质剖面中,地层界面、断层面、侵入接触面、不整合面等地质界面两侧可能存在较大的物性差异并形成反射面。一般来说,地震反射面与地质分界面具有较好的对应关系,这一点是地震勘探的基础,也是地震资料构造解释的主要依据。

但是,地震反射界面与地质界面并不是完全一致的。有些古老的地层经受长期地质运动和地层压力作用后,相邻地层的波阻抗可能十分相近,二者之差不足以构成明显的地震反射面,这类地质上的地层界面在地震剖面上就很难识别。相反,当同一岩性的地层中既无岩性界面又无地层界面时,岩层中所含流体成分的不同也可能会形成具有波阻抗差异的物性界面(例如油水分界面),并作为明显的地震反射界面出现在地震剖面上。因此,地震剖面中的反射界面不一定是地质界面。在有些地区,尽管地层界面的物性差异较大,但由于界面过短或界面过于粗糙,在地震剖面上只能以一些零星、混乱的反射出现,无法形成明显的地震反射。

当地震反射面两侧的地层均较厚时,地层岩性的变化通常也会引起反射波特征的改变,在时间剖面上该地震反射波有助于反映相邻地质单元中的岩性变化。如果一个稳定的地层之上覆盖着岩性多变的沉积岩,或者在一个岩性多变的侵蚀面上覆盖着稳定的沉积岩,则界面上的地震反射通常是不稳定的。因此,时间剖面上地震反射波特征的横向变化必须根据上、下地层物性特征的变化进行具体分析。在薄地层发育区反射波特征的变化情况更为复杂,因为任何一个界面的反射波都有一定的延续时间 Δt,当地层薄到各界面地震反射子波到达地面同一点的时间差 $\Delta \tau$ 小于 Δt 时,导致反射子波互相干涉并叠加形成一个复合波形,使得难以从地震记录中识别出太薄的地质体。

通常,薄互层地震剖面上的地震反射并无明确的地质层位与之对应。尽管使用反褶积等提高分辨率的处理方法可以压缩子波,但其分辨率的提高显然受到地震资料固有频率特征的限制,无法确保每个反射波都能够与地质界面相对应。特别是在我国东部陆相砂泥岩互层发育的广大地区,地层厚度都很薄,地震剖面上的地震波大多属于复合波。尽管如此,地震剖面上的强反射波仍然与主要的地层分界面或特殊岩性分界面存在着密切的关系,且波形也具有稳定性和连续性。

在地震剖面上,反射波旅行时信息的变化非常直观、明显地反映了构造形态的变化,但地震剖面并不是地质剖面,而是地质剖面的地震响应,二者之间是有不少差别的。首先,地震剖面通常是时间剖面,而地质剖面是深度剖面,时间域的地震剖面必须经过时深转换后才能成为深度剖面,时深转换后的地震深度剖面与地质剖面的吻合程度取决于速度场的可靠性。当速度场信息不准确时,时深转换会导致深度地震剖面上的反射特征与地质剖面上的真实地质构造特征不符,甚至会引起构造变形。其次,地震剖面是以地震波的形式显示的,而地震波是有一定延续长度的,因此,地震剖面的分辨率总是受到一定限制,地质剖面上一些微小的变化(如小于几米或零点几米的起伏、断层等)不可能都在地震反射特征中表现出来,即使是高分辨率地震剖面也很难分辨出微小的地质现象和变化。此外,对于水平叠加剖面而言,由于共反射点偏离了真实的空间位置,地震剖面上反映的地层位置一般不太真实,剖面上显示的背斜型构造通常要比实际地质构造要宽一些,翼部稍缓一些,但顶部位置通常是正确的。而在陡倾角地带或构造复杂地区,特别是断层较多、褶皱剧烈的地带，水平叠加时间剖面通常会发生严重畸变，甚至出现各种地质假象。

偏移剖面能在一定程度上解决水平叠加时间剖面上构造畸变的问题，但仍不能完全精确地反映地层的真实深度和产状，一方面因为目前使用的偏移方法还不够彻底，另一方面是速度建模的精度还不够高。实际地下介质都具有三维属性特征，二维偏移显然不可能使侧面波归位，但真正的全三维偏移工作量非常大。因此，在常用的地震时间剖面上还存在不少构造假象，特别是深部地层更为严重。尽管存在着上述问题，与其他物探资料相比，地震勘探获得的地震剖面仍然是最清晰、最直观地反映地下构造形态的资料，与地质剖面也最为接近。只要正确掌握地震剖面与地质剖面之间的异同点，将地质与地球物理紧密结合，认真研究剖面上的细微变化，完全可以做出合理的解释。

二、时间剖面对比与层位解释

地震剖面解释需要在时间或深度剖面上确定断层、构造、不整合面和地质异常体等地质现象。在时间剖面上，利用反射波的各种特征，识别和追踪同一地震反射层的过程叫作时间剖面对比。为了区分地震剖面上的有效反射波和噪声，必须确立一些识别标志，并按一定的原则进行对比。

1. 标准层及其特点

地震剖面上存在许多反射同相轴，实际工作中不可能对每个同相轴都进行追踪，一般只选择地震反射标准层进行对比和追踪。所谓标准层（marker bed/key bed），是指具有较强振幅、同相轴连续性好、可在整个探区内辨识、对比并追踪的典型反射层或层系，标准层往往是主要的地层或岩性分界面，岩性、电性特征明显，且与生油层或储集层有着密切的关系。作为地震反射标准层需要具备的基本条件是：

（1）标准层应该是分布范围广且稳定、标志突出、容易辨认、地质特征明确的地震反射层位。

（2）标准层应该具备明显的地震反射特征。反射波的特征包括波形特征和波组特征，所谓波形特征，是指反射波的相位、视频率、振幅及其相互关系；波组特征则是指标准反射层与相邻反射波之间的关系。

（3）标准层能够代表盆地内构造格架的基本特征。一般把时间地层界面或构造地层界面（如主要沉积间断面、不整合界面或基底面）作为标准层，实现在盆地和工区范围内构造和地层的统一解释。

2. 时间剖面对比概念及基本原则

时间剖面的对比可以理解为在地震反射时间剖面上，根据反射波的运动学和动力学特征来识别和追踪同一界面地震反射波的过程。实际上包括两方面的工作，一是在某条剖面上根据相邻接收点反射波的某些特点来对比同一界面反射波，即波的对比；二是在相邻多条地震剖面上追踪同一界面的反射波，称为时间剖面的对比。虽然在强干扰背景下记录的地震反射波难以辨认，但相邻地震记录道上的同一个波往往具有相同的相位极值，因此，在实际中通常利用剖面上比较明显的波形上的极值点（波峰或波谷）依次对比同相位。鉴于此，波的对比又称为波的相位对比或同相轴对比。同相轴（events）是指地震剖面上同一界面反射波组相同（或相似）相位的连线，该特征通常与振幅增大或相位变化等现象密切相关，也称为地震同相轴（seismic event）。

一般而言，同一界面的埋藏深度、产状、上覆及下伏地层岩性和覆盖层的地质情况沿水平方向是渐变的（发生断层等现象的地方除外），即在一定的范围内变化不会太大，来自同一界面的反射波均受到上述相似地质因素的影响，故在一定范围内具有相对的稳定性。地震剖面的对比解释是一项实践性和综合性很强的工作，在解释过程中要善于利用地质认识来灵活地指导同相轴的辨识和追踪，既要具备全局地质认识，也要能够细致分析局部地质现象。具体的对比原则有：

（1）强振幅。反射波具有一定的能量，通过在处理过程中提高信噪比，反射波的能量一般比干扰背景要强很多；且同一界面反射波的振幅强度（能量）沿测线一般是稳定的或渐变的，利用振幅强度是否发生异常变化来区分反射波和干扰波，即标准层反射波在波形剖面上通常表现为振幅增强。当然，反射波振幅强度的突变也是判断地下地质因素变化（如断层的出现）的重要标志之一。

（2）波形相似性。地面上相邻接收点接收到的同一界面反射波传播路径相近，传播过程中受到地层改造作用的差异相对较小，故相邻道的波形具有相似性。这种波形相似的特征在波形时间剖面上反映为振幅大小、视周期、相位个数以及各相位之间的强弱关系（各极值间振幅比）接近。

（3）同相性。同一界面的反射波到达相邻检波点的路径是相近的，故相邻道上相同相位的旅行时间也十分接近，即相邻道的同相性。因为相邻道上同一界面的反射波具有同相性，故在时间剖面上这些波可以有规律地互相套叠或排列起来，因此，连接相同相位的同相轴也应该是一条圆滑的曲线或直线且具有一定的长度，同一界面反射波不同相位的同相轴也应彼此平行。

在实际应用中，通常依据上述三条基本原则在时间剖面上对比、追踪各界面的反射波（图5-2）。值得注意的是，由于实际地质情况的千变万化，上述原则仅反映了同一界面反射波的典型特征，这些特征往往会随着地层岩性的变化、激发接收条件的变化而改变，且有些变化是地质因素引起的，有些变化则是人为因素造成的。因此，在实际资料对比中要综合考虑，尽量排除各种人为因素的影响，充分利用已知的地下地质情况等先验认识，确保对比结果合理可靠。

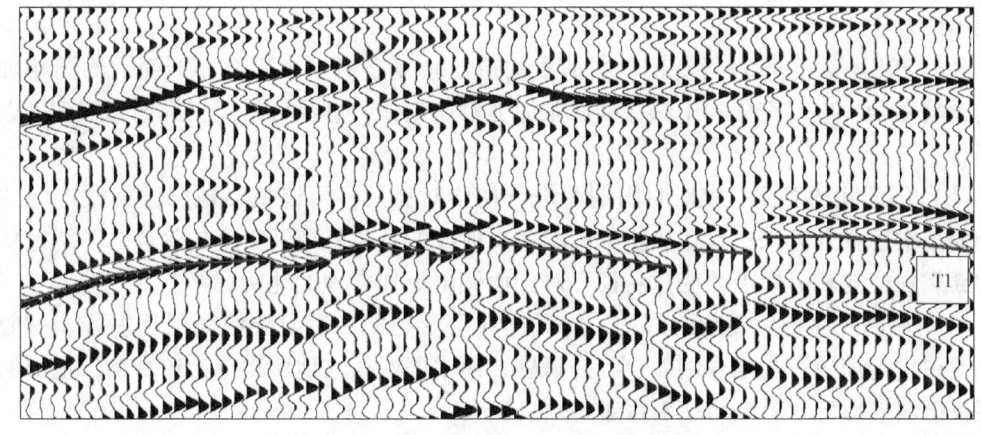

图 5-2 地震剖面中典型的反射波识别标志

3. 时间剖面对比方法

实际工作中，通常需要根据上述三原则开展工作，并采用一些行之有效的对比方法：

（1）统观全局，心中有数。对比工作开始之前，首先要收集并分析工区地质、测井及其他物探资料，如区域构造类型、断层类型等，了解地震资料采集和处理的全过程及相关影响因素，做到心中有数。

（2）从主测线开始对比。在一个工区有多条地震剖面，应先从主测线开始对比，然后从主测线的反射层解释向联络线和任意线延伸。由于主测线横穿主要构造且通常垂直于构造走向，信噪比高、反射同相轴连续性好，且主测线通常都具有一定的长度，结合已有井位的标定能够较好的开展对比工作。

（3）重点对比标准层。对某条测线而言，可能有几个反射层，应重点对比标准层。对选出的对比层位，通常由浅至深依次进行编号，层位代号通常表示为"T_x"形式，字母"T"代表反射波，下标"x"代表具体层位编号，可由数字或字母表示，如T_1、T_2、T_3等。

（4）相位对比。一个反射界面在地震剖面上往往包含有几个强度不等的同相轴，选其中振幅最强、连续性最好的同相轴进行追踪，即强相位对比。在目的反射层无明显强相位特征时，可以综合对比反射波的全部或多个相位，即多相位对比。

（5）波组和波系对比。波组通常由三四个数目不等的同相轴组合在一起形成，或指比较靠近的若干个界面所产生的反射波组合。由两个或两个以上波组所组成的反射波系列称为波系，相邻地层界面的厚度间隔、几何形态具有一定的联系，沿横向变化是渐变的，反映在时间剖面上就是反射波或反射波组具有规律性。因此，利用这些组合关系进行波的对比，可以更加全面地考虑反射层之间的关系。

（6）测线间的闭合对比（剖面的闭合）。剖面闭合是保证对比工作正确的可靠方法。在水平叠加剖面上，测线交点处同一界面反射波的旅行时相等，当闭合圈中有断层时，应把断距考虑在内，一般闭合差不能超过半个相位。超过这个规定就意味着对比追踪的不是反射波的同一相位，出现所谓"串层"现象。造成不闭合的原因可能包括：一是对比工作本身有错误，导致断层两侧或一条测线内不同位置的反射层不统一；二是原始资料有问题，如测线桩号有误；三是各测线施工时间不同，采集和处理因素不一致导致新老资料反射层不闭合。

（7）利用偏移剖面进行对比。当地质构造比较复杂时，水平叠加剖面上的同相轴形态会比较复杂，应该充分利用偏移剖面来加强对比工作，且最好采用三维偏移剖面，以确保闭合。

（8）剖面间的对比。在对时间剖面进行初步对比后，可以把沿地层倾向或走向的各个剖面按次序排列起来，对比分析剖面间各反射波的整体特征及其变化趋势，了解地质构造和断裂在横向和纵向上的变化特征，对剖面做出更加合理的地质解释。

（9）遵循先简单后复杂的原则。先对比浅层反射波，后对比中深层反射波。一般来说，浅层构造简单，在地震剖面上容易识别，而中深层往往地质构造比较复杂，在剖面上开展反射波的对比也就变得相对困难。

（10）充分利用自由线进行层位解释。三维地震解释的优势之一就是可以充分抽取任意方向的自由曲线剖面。在开展三维地震层位解释时，可充分利用自由线绕过断面连接断层上下盘的层位，确保层位的连续稳定和解释结果的闭合，并通过任意线来连接已知的井位信息，增强对比效果。

4. 层位解释

层位（horizon）在地震勘探中指不同岩层的分界面，当该界面为反射面且可以在大范围内以反射波形式追踪时，可以通过层位解释作出层位构造图。在地震解释中，层位数据（horizon data）是指与某一反射面有关的数据，包括反射时间、振幅、速度等，根据这些数据可以为地质解释提供平面图等基础图件。

在地震解释中需要首先确定标准解释层位，采用井震精细标定准确落实反射波组特征，通过连井剖面和环形剖面开展反射波组识别及对比追踪，建立全区的连井骨干剖面框架。在此基础上，构建合理的解释网格，采用由粗到细、由易到难、由简单到复杂的循序渐进、逐步深入原则，在整个三维地震数据体内开展层位对比解释。比如先按照线、道间距为20×20的网格开展对比解释，在掌握整个工区的基本构造形态和大断裂发育特征之后，再进一步将网格密度缩小到10×10，并根据实际需要进行加密解释。具体解释密度由工区大小和实际工作需要来确定，对于大连片地震资料解释来说，层位解释的初始网格间距通常会很大。

三、断层解释

断层（fault）是指地层（岩石、岩层）沿着破裂面发生相对位移的现象。断层是一种普遍存在且比较复杂的地质现象，属于构造活动的伴生产物，与油气的运移、聚集以及油气藏的形成有着紧密的联系，正确识别和解释断层是地震资料构造解释的重要内容。断层的解释包括两个方面的工作，一是确定剖面上的断层性质，即断点解释（或称断点的剖面解释和断层识别）；二是对断点进行平面组合，即断层的平面解释。

1. 断层在时间剖面的识别标志

要对断层进行合理的地质解释，首要需要在地震剖面上准确识别出来。如图5-3所示，断层在时间地震剖面上通常具有以下典型的响应特征：

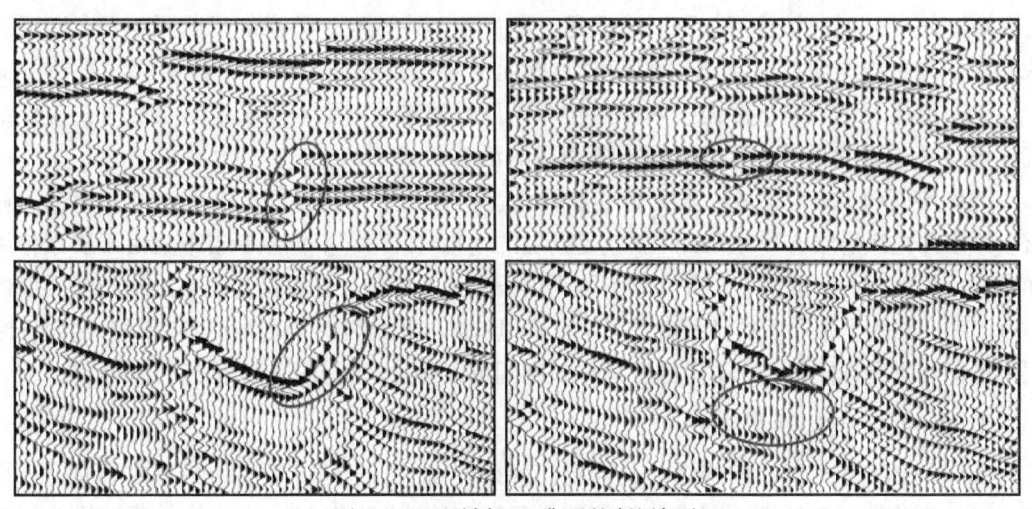

图5-3 地震剖面上典型的断层标志

(1) 反射波同相轴错断。由于断层的规模、级别大小不同，可表现为反射标准层、波组或整个波系的错断。若断层两侧波组相对稳定、特征清楚，且断距不大、延伸较短、破碎带较窄，一般来说是中、小型断层。

(2) 标准层反射波同相轴发生局部变化。标准层反射波同相轴的局部变化包括同相轴的分叉、合并、扭曲、强相位转换等，这些特征一般来说是小断层。

(3) 反射波同相轴突然增减或消失，波组间隔突然变化。对于拉张式构造模式，断层上升盘由于沉积地层少，甚至未接受沉积，在地震剖面上出现反射波同相轴减少、埋深变浅甚至缺失等现象。相反，随着盆地的下降，下降盘往往形成沉降中心，容易沉积比较完整的较厚地层，导致在地震剖面上的反射波同相轴数目明显增加，且反射层次齐全。

(4) 反射波同相轴产状突变，反射零乱或出现空白带。断层错动引起两侧地层产状突变，或由于断层面的屏蔽作用和对射线的畸变等原因引起。

(5) 出现特殊波。在水平叠加剖面上出现的特殊波是识别断层的重要标志，特别是在反射层错断处往往伴随着断面波和绕射波等现象。特殊波的出现一方面使剖面复杂化，另一方面也成为确定断层的重要依据。

2. 断层要素的确定

断层解释需要确定断层性质，并落实断层走向、断面倾向、倾角及垂直断距、水平断距等断层的基本要素。断层要素（fault element）指构成断层各组成部分的几何要素，主要用来表征断层的几何形态以及不同部分的相互关系。其中，断层面（也称断面，fault surface/fault plane）是指岩块或岩层断开成两部分后，断开岩块或岩层顺着其滑动的破裂面。在确定断层面位置时，可以将对比解释中确定的浅、中、深层的断点连接起来进行落实。由于断层面存在屏蔽作用，在断层下盘常出现产状畸变、反射杂乱及三角形空白带等，因此，断层下盘的反射层中断点或产状突变点位置并不能准确反映断层面位置。此时不宜用下盘的反射层中断点或产状突变点来确定断层特征，而应依据上盘地层反射中断点来确定断点位置，并进一步根据波组特征和断面倾斜度推测下盘地层的断点位置。同时，还可以利用与断层有关的特殊波来确定断层面，即当叠加剖面上存在明显的绕射波时，可将上下盘地层断点处绕射波极小点连接起来确定断面位置。

在确定断层时应该注意如下几个问题，断层面不应该穿过可靠的反射同相轴；断层造成的牵引现象要与绕射"尾巴"的弯曲及扰曲地层的反射加以区别；在相邻的平行剖面上，同一断层面的形态、倾角、断开层位和断层性质基本一致；在确定断层面时，应仔细确定断层所断到的最浅位置，以便推测断层的活动期。

当断层面确定之后，可以根据标准层在两盘的关系来确定断层上、下盘及其落差。通常，断层两边反射层上下对应的时差就是断层的垂直时间落差。如果断层下盘由于屏蔽作用而引起反射剖面的某段发生畸变，则不能利用畸变处的产状来计算落差。当测线与断层面走向垂直时，剖面上断层面的倾角就是断层面的真倾角；而当测线与断层面斜交时，剖面上断层面的倾角则是视倾角。断层走向、延伸长度则可以通过对断点进行平面组合来确定。

3. 断点组合与断裂系统

在时间剖面上解释出断层之后，需要把各条剖面上属于同一断层的断点在平面上进行组合并绘制出断裂系统图。断点的平面组合是绘制构造图的关键，它直接关系到构造图的精度和解释成果的正确性和合理性，且断裂的组合常常影响着圈闭的闭合。显然，对同一张图采用不同的断点组合方案，所得到的断裂体系可能截然不同。实际上，随着勘探程度的深入，人们对断裂系统的认识必然不断发展和完善，循序渐进地确定各分支和小断层特征，因此，勘探后期的断裂系统解释和组合与早期勘探往往会存在很大的差异。

断点的组合应符合相应的地质规律，一般来说，在区域拉张应力条件下不可能出现逆断层；在挤压应力条件下则以逆冲或逆断层为主，但也可能发育正断层；在剪切力应力作用下，既可能出现逆断层，也可能出现正断层和平移断层。断层的规律性发育特征不仅需要结合工区实际地质背景开展综合研究，还需要注意以下问题：

（1）先主后次。断点组合应先组合断裂特征明显、断层规模较大的区域控盆和控制次级构造单元的大断层，区域大断层一般平行区域构造走向延伸，对盆地和凹陷具有明显的控制作用。

（2）先简单后复杂。断点组合应从上而下进行，理由是上部地震剖面特征明显，断点较落实，受构造运动影响较小，关系相对简单。

（3）同一断层在平行的时间剖面上应该性质相同，断层面、断盘产状相似，断开的地层层位一致，且存在着有规律的变化。

（4）同一断块内，地层产状的变化应具有一定的规律性。

（5）断层两侧波组具有明显特征，且在平行测线方向的一定范围内特点相似。

（6）断点组合要遵循断裂力学机制的规律，要充分理解岩石力学性质、受力方式所产生的断裂系统特征。例如，在水平挤压应力条件下的纵弯褶皱可能在背斜顶部出现平行构造轴向的纵张断裂和次一级的横张断裂，在翼部出现与地层产状斜交的张性断层和次级平移性质的调节断层。

（7）要尽可能弄清楚控制断层的构造性质和成因机制。不同成因类型的构造，其产生的断裂系统变化是很大的，断块构造一般以短的张性断层为主，挤压褶皱一般以延伸较长的平行断裂为主，剪性构造或扭性构造一般形成雁形排列的断裂系统，底辟构造上多发育放射性断裂等。

（8）断点的组合是一个认识—修改—再认识的过程。断层的形成是一个复杂的过程，是多种因素综合作用的产物，任何人都不可能在勘探初期就把复杂的问题一次性弄清楚，而是随着勘探程度的深入、各种资料的积累与认识的更新，逐步对整个断裂系统特征进行不断地修改、完善。

在平面断点的组合过程中，需要参考剖面特征、平面断裂体系、断裂展布规律、断裂性质等因素进行综合考虑，从而获得更加合理的断裂组合。

第三节　三维地震资料构造解释

三维地震数据体能够更加准确地反映地质体的三维立体构造形态和空间变化特征，已成为油气勘探和开发不可或缺的基础资料。根据三维地震数据体排列的三个基本方向可以确定穿过数据体的三组正交切片或剖面，三维地震资料解释主要采用纵向时间地震剖面和水平切片相结合的联合解释方式，特别是水平切片的解释在三维构造解释环节具有相当重要的地位。

一、水平切片解释

水平切片（horizontal section/horizontal slice），即三维地震数据体的等时面，是以某个固定的时间（深度）值切割三维数据体所得到的平面图形，也叫等时切片。这种等时切片与等时线或等高线存在着简单的对应关系，都是地层的平面图像，且包含了丰富的相位、频率和振幅特征，不同之处在于等时线图上绘制的是同一地震反射界面对应于不同时间的等值线，而等时切片是不同地震反射界面在同一时刻的横截面，切片上的不同能量带表明了在同一时刻出现的各同相轴的水平范围。所谓地震时间切片解释（seismic time slice interpretation），是指直接在地震时间切片上进行地震层位、断层及地层解释的过程。目前，利用三维地震数据体中的时间切片开展解释已经发展成为三维地震资料解释的重要组成部分，已广泛应用于地震资料构造精细解释和储层预测，特别是在地震资料品质好、反射特征明显和构造比较简单的区域还可以直接采用水平切片来编制构造图。

垂直剖面（vertical section）包含各反射界面的反射时间（深度）、地层厚度、铅垂面内断层的垂直落差、铅垂内反射层的视倾角等地质信息；而水平切片中则包含了反射层的走向（水平切片上同相轴的延伸方向）、反射界面的厚度、反射界面的倾角、断层和其他地质界线的交线等丰富的地质信息。在时间—振幅水平切片上，振幅的大小反映了反射波的强弱。而同相轴的宽窄不仅与反射波的频率有关（当地层倾角不变时，水平切片上同相轴宽度随反射波频率变低而变宽），还与界面倾角密切相关（当反射波频率一定时，水平切片上同相轴宽度随地层倾角变小而变宽），显然，当地层倾角增大或资料频率增高时，水平切片上的同相轴将变窄。图5-4展示了随着倾角增大或频率增高时水平切片上同相轴宽度变化情况的示意图及其与实际地震资料的对比。

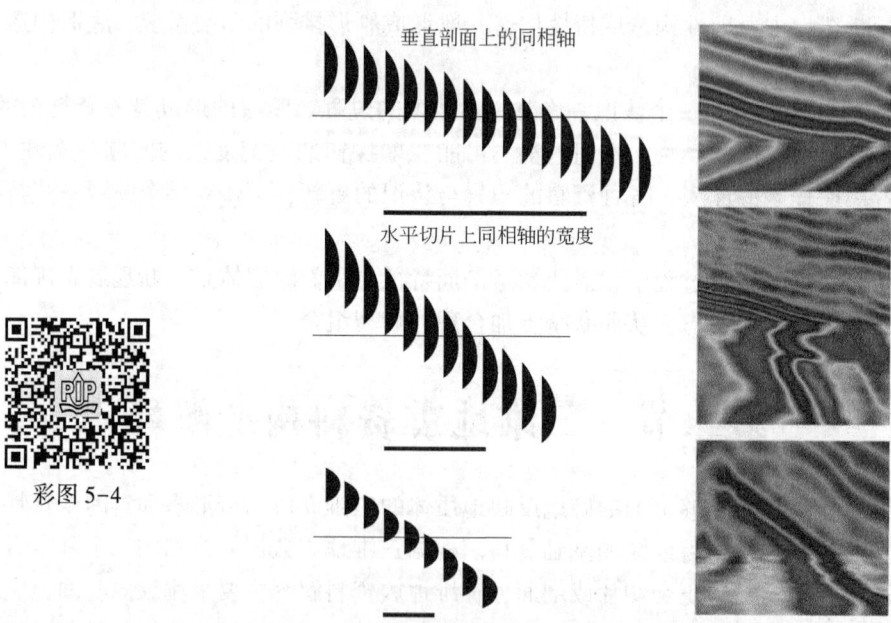

彩图 5-4

图 5-4 同相轴宽窄随倾角和频率的变化关系

水平切片是在三维地震数据解释过程中展示地质特征的一种有效显示方式，对直观快速了解地下构造形态和查明某些特殊地质现象具有独特优点。地震构造图采用等t_0线来表示某一地震反射界面的起伏情况，而等时的水平切片也称地震露头图，反映了不同地层界面在同一时间的地震反射情况。地震构造图与等时切片的关系是：等时切片上某个地层的同相轴对应于该地层在t_0时刻的等时线，但切片上同时反映了多个不同时代的地层在同一时刻的等时线，而地震构造图上则只显示某一个地层的全部等t_0线。图5-5展示了根据水平切片直接开展构造解释（等t_0构造图）的过程，即根据水平时间切片直接画出等值线。根据不同时间的水平切片可以逐渐确定范围扩张的红色同相轴（波谷）界线，不同时刻画出的界线对应于构造图上的该时刻等时线。当反射层是一个背斜时，在水平切片上的同相轴表现为一个圆，而在连续几张t_0逐渐增大的水平切片上，背斜对应的圆形同相轴将会逐渐扩大（图5-5）。当反射层是一个单斜地层时，在连续的几张水平切片上，反射层的同相轴将会有规律地向一个方向移动。图中画出的等值线是该层位的原始等值线图，显然，还需要解释人员根据区域地质概念的等值线图进行修饰性处理。

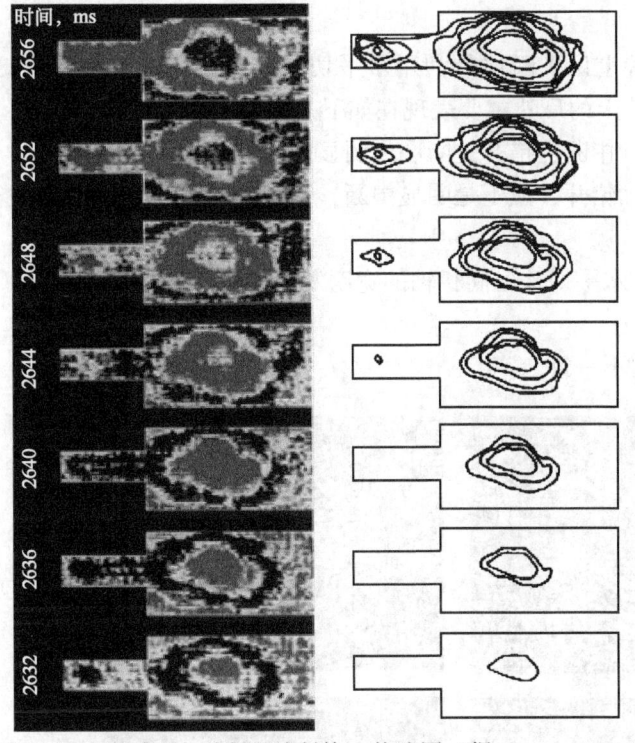

彩图5-5

图5-5　根据水平切片解释绘制等t_0构造图（据Brown，2011）

在水平切片上开展断层解释与垂直剖面的解释类似，即根据水平切片的特征开展波的对比和断层解释。波的对比不仅包括在一张等时切片上识别和追踪反射层的同相轴（也称能量带），还包括在一系列等时切片上追踪同一反射层的同相轴。为了在水平切片上识别某个层位的同相轴，通常把垂直剖面与水平切片结合起来，因为在垂直剖面与水平切片的交点处，同一反射层的同相轴在时间上应当是闭合的，通过结合还能够有效提高层位和断层识别的可靠性,如图 5-6 所示。

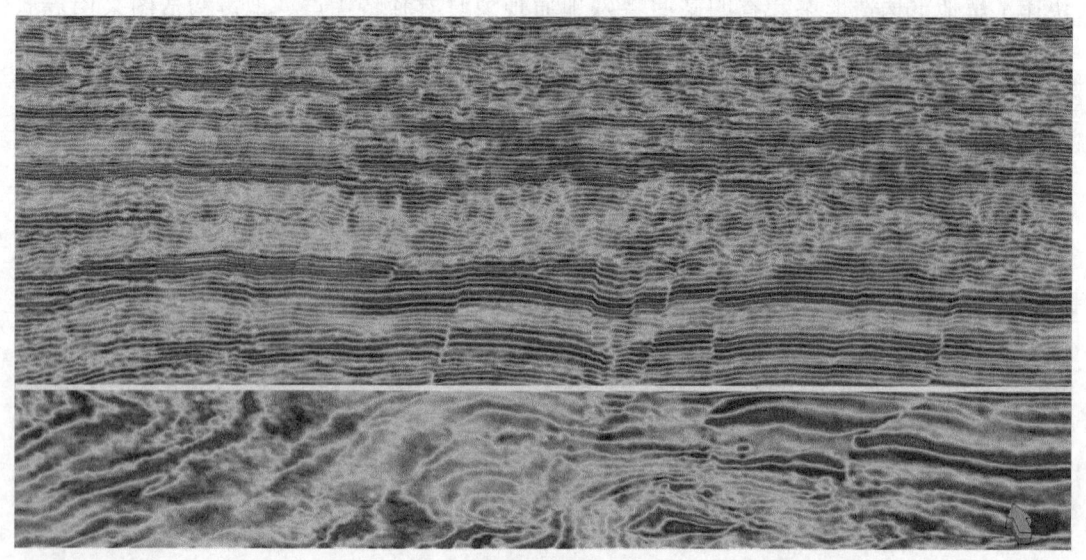

图 5-6 水平切片与垂直剖面上断层反射特征之间的对应关系

彩图 5-6

在水平切片上识别断层是利用水平切片绘制构造图的一项重要工作。断层在水平切片上的反映主要表现在如下几方面(图 5-7):

(1) 同相轴中断、错开是断层最明显的标志;

(2) 同相轴错开,但不是明显中断,这种断层在垂直剖面上往往不易发现;

(3) 振幅发生突变,即在水平切片上同相轴的宽度发生突变;

(4) 同相轴突然拐弯;

(5) 相邻两组同相轴走向不一致。

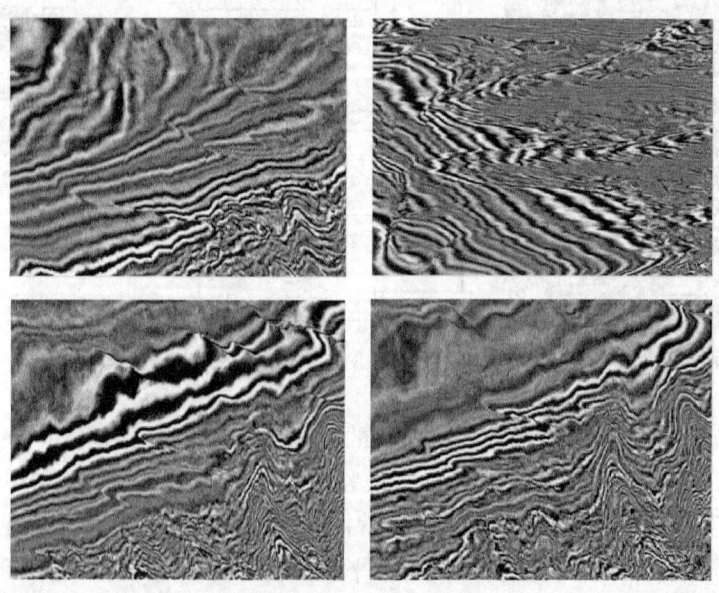

图 5-7 水平切片中的同相轴中断、错开、突然拐弯和振幅突变等现象

在断层的识别和对比中，不能只利用一张等时切片进行解释，而应当在一系列的等时切片上精细对比分析断层位置的变化特点，以便证实断层的存在并进一步合理确定断层位置。如果是直立断层，则在一系列等时切片上同一条断层的位置应当重合；如果是倾斜断层，则断层线应该是有规律地向一个方向移动。在实际应用中，断层的识别、断层线的追踪需要充分结合断层在垂直剖面和水平切片上的特征开展联合对比和验证，以减少差错。

在地震时间切片解释的基础上还进一步发展了地震层切片解释（seismic horizon slice interpretation）技术并在实际中得到了广泛的应用，即利用沿层切片来对地层的沉积发育、沉积厚度、平面分布范围等特征进行解释。由于沿层切片消除了构造因素的影响，有助于更加合理地反映地层沉积特征的横向变化，对地震相和沉积相划分来说具有重要的参考意义，因此，在地层和岩性解释中发挥着重要的作用。

二、相干数据体解释

三维地震数据体包含丰富的地层、岩性等信息，然而使用常规三维地震资料逐线进行解释（三维地震数据体的二维解释）的工作量很大，而且难以准确获得隐藏在三维地震数据体中的断层和特殊岩性体等信息。相干体通过在比较模式下计算窗口中心和若干相邻地震道之间的相干系数，有助于突出地震资料相位发生错断的位置。相干体技术充分利用了地震信号相干值的变化来描述地层、岩性等特征的横向非均匀性，能够有效刻画断层、微断裂甚至裂缝的空间分布，落实地质构造异常等，而且已经发展成为工业界开展断层识别的主要技术。

三维数据体与三维相干体在展示断层方面具有明显不同的视觉效果，相干数据体的水平切片比地震数据体的水平切片具备了更丰富的信息，在展示断层特征方面比常规的时间-振幅切片要清晰很多，对于刻画断层分布特征具有明显的优势。图 5-8 展示了相干体水平切片与地震剖面上断层解释结果之间的对应关系。

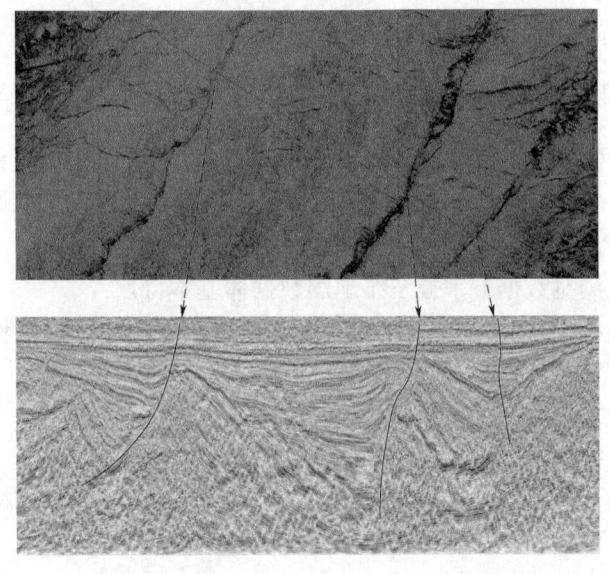

彩图 5-8

图 5-8　地震剖面中的断层与水平切片上的相干体特征对应关系

断层和裂缝发育与尺度和方向密切相关，导致地震波反射特征在不同方位和不同尺度上具有不同的特征，充分利用地震资料的尺度和方位特征能够从数据体中挖掘出更多有效信息。目前，相干体技术在断层和裂缝发育带识别中已经发挥了重要的作用，同时还催生了相关技术的快速发展，衍生了蚂蚁追踪、人工智能断层识别等大量的先进技术，图 5-9 展示了小尺度曲率属性与 C3 相干体结果之间的对比，通过多尺度体曲率技术发现了一些相干体数据上难以识别的隐性断层，确保断层解释结果更加合理。

彩图 5-9

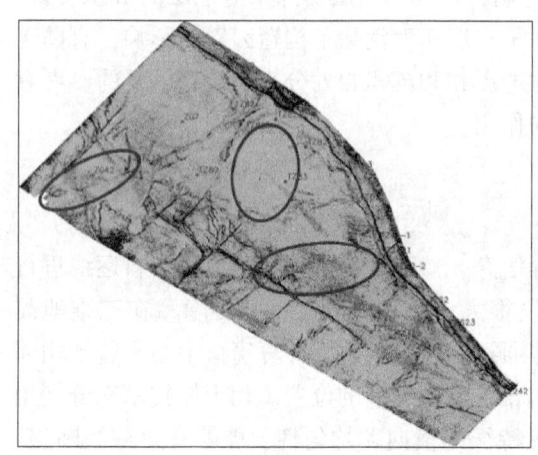 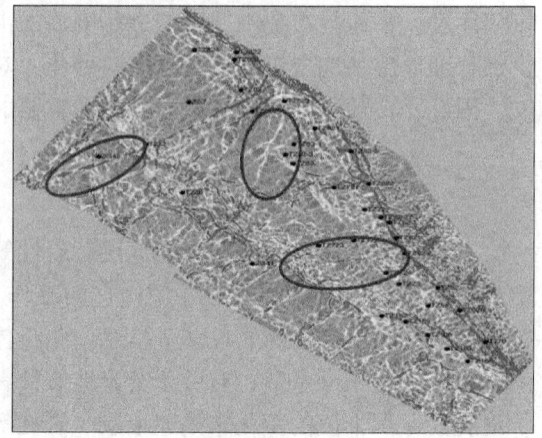

图 5-9　相干体与曲率属性在断层识别中的应用对比（资料来源：中石油东方地球物理公司）

由于礁体与围岩之间存在明显的波阻抗差异，也可以利用相干体技术来分析和研究礁体的空间形态及其结构特征，解决特殊岩性体的构造解释问题。当然，识别礁体等特殊地质体主要是利用了地震道之间的相似性和横向变化关系。因此，相干体技术在河道识别、浊积水道刻画等方面均发挥着重要的作用，在地震资料处理参数、速度场建模精度评价等方面也得到了较好的应用。

三、全三维地震资料构造解释流程

全三维地震资料构造解释流程来源于常规构造解释思路，但由于全三维地震资料的解释流程与常规构造解释流程有着一定的区别，下面简要给出 Brown 推荐的全三维地震资料构造解释流程：

（1）用复合显示和影片形式浏览数据，掌握三维地震数据体基本特点；

（2）在井位处通过精细标定确定解释层位，并准确估计地震数据的相位和极性特征（一般采用多口井连井剖面）；

（3）针对区域断裂特征设计基干测线，在垂向剖面中识别并解释出主要断层；

（4）结合水平切片和相干体进行断层组合，确定区域主控断裂分布特征；

（5）使用垂直剖面和水平切片相结合，有效控制基本层位（水平切片提供层位的有效覆盖区）；

（6）完成目的层位各点的自动空间追踪；

(7) 检查中间成果中解释出的新构造，确保层位追踪的可靠性；
(8) 对层位和断层进行修正，并重新实施自动追踪；
(9) 通过网格化得到平滑的时间构造图；
(10) 制作时间厚度图、等厚度图和深度图；
(11) 详细分析地层和储层特征。

Brown 推荐的全三维构造解释流程与实际生产中常用的地震解释流程并不完全一致，此处不详细展开讨论。这种差别需要在实践中去摸索、调整并领会，这样才能形成满足探区需求和实际资料特点的高效可靠、具有特色和针对性的全三维地震资料解释流程。

第四节　构造图绘制

一、地震构造图及其种类

地震构造图（seismic structural map）是以地震资料为依据做出的平面图件，通过等值线（等深线、等时线）以及一些符号（如断层、超覆、尖灭等）直观地表示地层的地质构造形态和展布特征，是地震勘探的最终成果之一，也是确定油气钻探井位的主要参考资料。其中，时间构造图（time structure map）是指以双程地震旅行时表示的构造图。构造图的绘制不仅是地震资料解释工作中十分重要的内容，也是关系到地震勘探质量、成果和效益的重要资料。

如图 5-10(a) 所示，假设地下有一个穹窿构造，通过将构造的顶面等深线投影到地面就可以得到图中所示的平面等值线图，即该穹窿构造顶面的等深度图或构造图。一条深度剖面只能表示沿该剖面方向的地下构造形态，要想落实地质构造的空间形态，必须把测网中的各条测线的深度剖面都利用起来，如图 5-10(b) 所示，通过把 4 条剖面上的同一反射层的深度按相应间距投影到测线平面图上，即可根据所标注的深度值绘出等深线，并进一步画出相应的深度构造图。

根据等值线参数不同，地震构造图分为等 t_0 构造图和等深度构造图。等 t_0 构造图是由时间剖面上的旅行时数据直接绘制而成，在构造比较简单的情况下可以反映出构造的基本形态，但与构造真实的深度位置存在一定的偏差。由于地震勘探中界面的深度有法线深度、视深度和真深度三种，因此，深度构造图也相应地有三种，在实际应用中通常采用真深度构造图。目前，地震勘探中普遍采用的构造图编制方法，是以地震时间剖面为原始资料，做出等 t_0 构造图，通过速度场转换到深度域后再进行空间校正，得到真深度构造图。深度构造图通常利用解释好的同一层位的 t_0 时间，采用探区内的平均速度场实现时深转换，再由人工或计算机绘制而成。

地震资料解释成果的成图是一项实践性很强的工作。有关作图的一些具体方法、技巧需要通过教学实习等实践性环节来掌握。对于构造图的规格和要求，需要严格执行 SY/T 5331—2016《石油地震勘探解释图件要素规范》等相关技术规程。

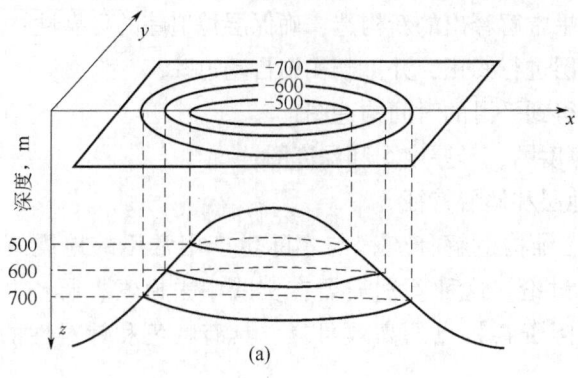

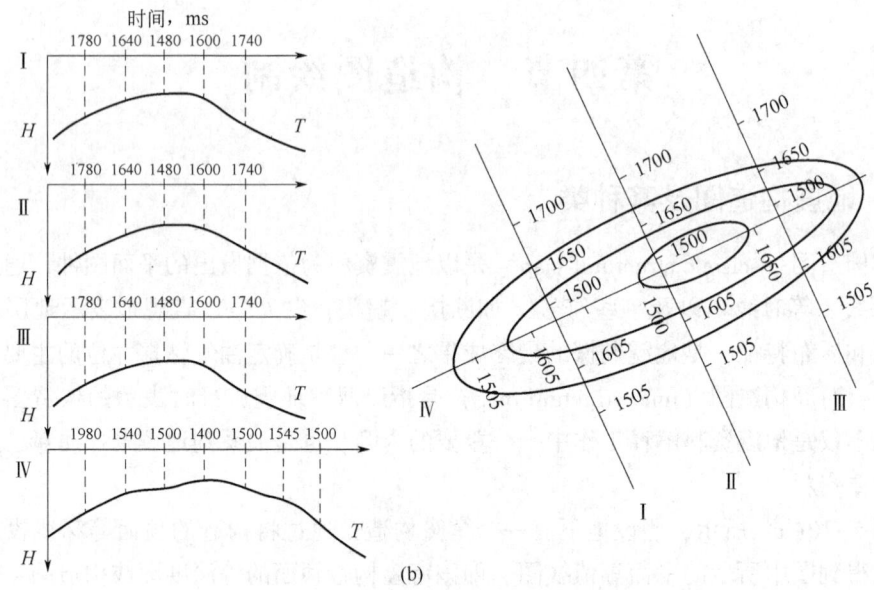

图 5-10 等深度构造及构造成图过程

二、地震构造图绘制方法与步骤

1. 绘制方法

为了确保对最终构造图开展分析、对比和解释的可靠性，提交的构造图必须具有统一的规格和要求。具体包括以下内容：

（1）图名、比例尺、图例及说明、制图单位、制图时间等要标注齐全；

（2）构造图四边的经纬度、图中钻井井位、重要地物等要标注齐全；

（3）对于二维探区要标明测线号、测线端点、交点、转折点的桩号，且新老测线要用不同的颜色或符号区分开；

（4）标明断裂系统的各个断层名称、断层的升降盘方向、断点的落差、尖灭、超覆点的位置等；

（5）为使构造图醒目明了、读图方便，要求等值线每隔若干条加粗一条。

构造图绘制过程中常用的符号如图 5-11 所示，典型的构造图比例尺和等值线距见表 5-1。

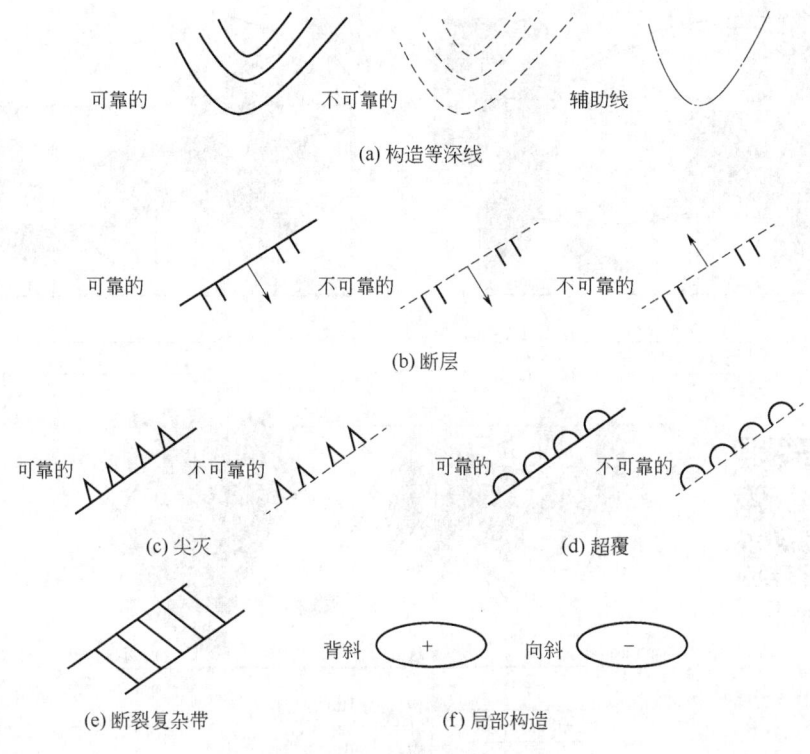

图 5-11 构造图绘制中常用的符号

表 5-1 典型的构造图比例尺与等值线距

勘探阶段	比例尺	等值线距, m
区域普查	1：200000 或更小	100 或 200
面积详查	1：100000 或 1：50000	50 或 100
构造细则	1：50000 或 1：25000	25 或 50

构造图精度反映在作图比例尺和等值线距的大小上，比例尺越大，反映的构造图越精细。等值线距是指构造图中相邻等值线之间的数值差。对等深线来说，就是每隔多少米画一条深度等值线；对 t_0 时间线来说，就是每隔多少毫秒画一条时间等值线。显然等值线距越小，反映的地质构造越精细。等值线距的选择原则是：最大限度地反映构造的详细程度，并考虑图面的清晰准确，同时还要考虑资料的品质和地层倾角的陡缓。通常，当资料品质良好时，线距可选小些；当资料品质较差时，线距可选大些；当地层倾角比较平缓时，线距可选小些。线距过大会掩盖构造细节，对构造顶部位置反映不准确，甚至会遗漏一些局部构造特征，而线距过小又会使图面复杂化，并增加不必要的工作量。

目前，构造图的绘制都采用人机交互解释系统来完成，将工作站解释好的层位数据（大量等间距的解释层位的 t_0 时间或深度数据、断点数据等）直接传输到计算机绘图系统，利用专用绘图软件来实现构造图的绘制与输出。同时，构造解释也是一个逐步完善的过程，随着地质认识的增加和地震数据品质的提升，构造图也变得越来越精细，图 5-12 展示了同一目的层在钻了 6 口开发井、11 口开发井和 60 口开发井后所确定的构造图。

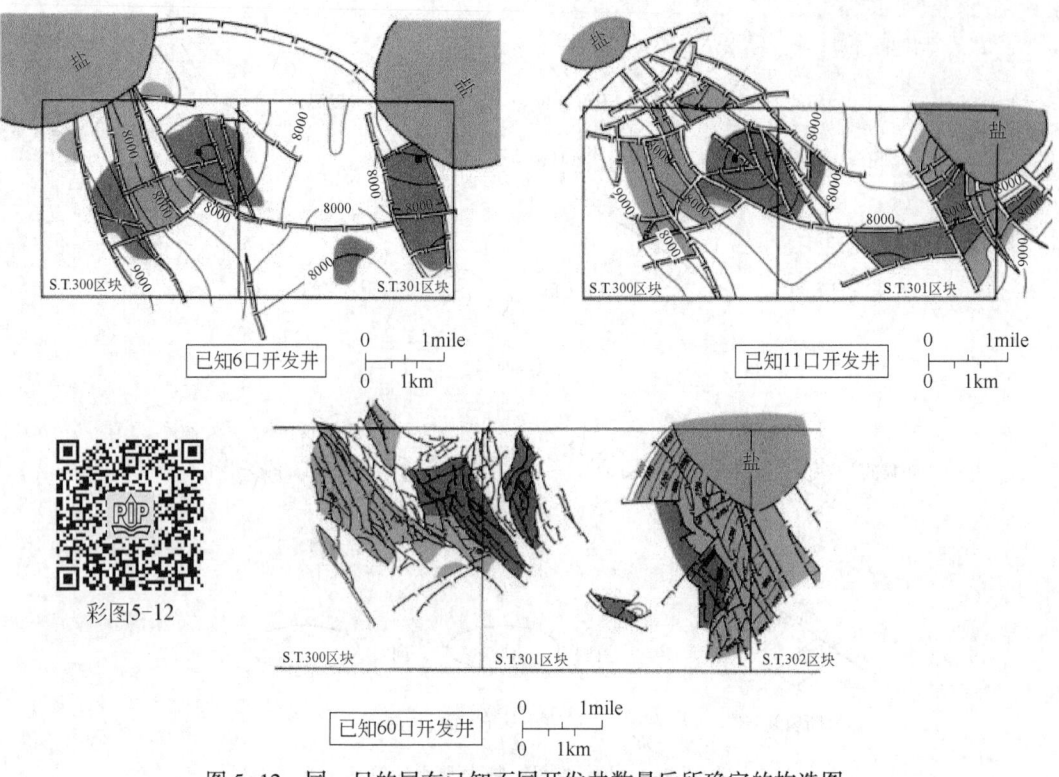

图 5-12 同一目的层在已知不同开发井数量后所确定的构造图
（据 Brown，2011）

2. 绘制步骤

无论是深度构造图还是 t_0 构造图，绘制的基本步骤都类似，主要包括如下基本步骤。

1）绘制测网平面位置图

根据探区内测量数据（二维指各条测线位置，三维指工区范围）的范围按比例尺投影在底图上，要求详细标明测线的起止桩号、测线号、测线拐点桩号、测线交点桩号和重要的地名、地物、已钻井位及经纬度等信息。

2）反复检查地震剖面解释的可靠性

检查内容包括：所追踪的标准层的层位、数目是否符合地质任务要求；追踪对比解释的各层位是否合理可靠、是否闭合（通常要求闭合误差应小于等值线间距的一半）；断层是否准确，断点和断层面的确定是否有充分的依据，断层标志是否清楚；反射层、超覆、尖灭点的确定是否合理可靠，深浅层之间及相邻测线之间的解释结果有无矛盾。

3）取数据

按构造图的比例尺确定取数据点的间距，读取或从工作站输出相应的解释数据，包括层位数据、断点数据、尖灭或超覆点数据等，并标注在测网底图的相应位置上。

4）断裂系统图的勾绘

为绘制构造图的等值线开展"搭框架"工作，断点平面组合不准确将会影响构造形态的正确性。为了确保断点平面组合准确合理，在勾绘断裂系统图时遵循的原则是：同一断层在相同方向的测线上，断点性质、落差及断层面产状应该基本一致；当断层面倾角较陡时，在相同方向的测线上断层面的视倾角应该基本一致，不同方向测线上相邻断点、断层面产状有较大差别；同一断层的断层面可用断面闭合的方法来检查断面或断层线是否属于同一断层；同一断层断开的层位应该相同，或有规律地沿某一方向变化；同一断块内，地层产状具有一定的规律性。

按照断点平面组合的一般原则完成断点组合后应该认真检查，如连接后的断裂系统是否具有一定的规律性、相同断裂在不同测线上能否闭合，并分析平面图上出现的孤立断点及其落差大小。当孤立断点较多且断点的落差差别较大时，则应重新考虑断点的平面组合方案是否合理。

5) 等值线的勾绘

在断裂系统组合好后，需要在标注齐全的平面图上开展等值线的勾绘工作。勾绘等值线所遵循的一般原则是：从易到难，从简单到复杂，由低到高或由高到低，先勾出大概轮廓，再考虑构造的细节，逐渐使之丰富完整。在断裂复杂地区，应以断块为单元进行勾绘，通过把剖面上的高点或低点标注到平面图上，再将相同的高（低）点连接起来，组成背斜或向斜的轴线，利用轴线位置再进一步勾绘等值线，从而确保等值线的合理性。勾绘等值线时既要从数据出发，又不能拘泥于个别数据，考虑一般地质规律，将数据与构造特征密切结合，反复认识，合理勾绘。

勾绘等值线时应该注意的具体问题有：平面上所示的构造特征应与剖面上一致，如构造的形态、范围、高点位置之间的相互关系等都应该吻合；构造图应与地质上的构造规律相符合，如构造或地层的缓陡，反映在构造图上的等值线表现为疏密；单斜不允许出现多线或少线现象，地质上的单斜的深度向一个方向逐渐增大或减小，构造图上的等值线应该接近平行排列；两个正向构造（如背斜）之间的鞍部或两个负向构造（如向斜）之间的背部不能勾绘单线，而应有两条数值相等的等值线并列出现在轴线两侧；在没有断层的情况下中，正负构造应该是相间出现，正负向过渡地带的等值线的走向应是渐变的，走向截然变化的勾法是不合理的；地层两侧等值线的勾绘应该具有一定的联系，断层异常发育地区特别是断层有平推作用时，往往使断块产生畸变，严重破坏断层两侧的相互关系，导致断层两侧的等值线没有任何关系，此时必须要有严密的数据控制以确保合理性；断层两侧的等值线数值必须满足断层上升盘等值线数值加上该点的落差后等于断层下降盘的等值线数值，即断层两侧对应点等值线的数值不应相同；每条等值线都应有"来龙去脉"，在没有断层的情况下能自成回路或延伸到工区以外，在有断层的情况下则与断层相遇形成回路；做多层构造图时还要处理好多层构造图之间的相互关系，将各层构造图按深浅顺序叠合检查，同一断层在上下层构造图上的位置不相交，当断层面直立时深浅层构造图上的断层位置应重合。

6) 构造图检查工作

检查内容除上述应注意的事项外，还应该检查数据及符号有无标错、高点有无遗漏、等值线勾绘是否平滑等。

等厚图是指两个地震层位之间的沉积厚度图，是根据地层沉积的厚度变化来研究工区构造发育演化史的重要资料。绘制等厚图时可以把画在透明纸上的目的层顶底两个层位的真深度构造图叠合在一起，在一系列等值线交点上计算出两个层位之间的深度差，然后把该差值写在另一张平面图的相应位置上，再绘制等值线即可得到目的层等厚图。对于较厚的储集层或某些特殊的地质体（如砂岩体、碳酸岩、火山岩储层等），也可以分别解释顶底目标层位,然后输出解释好的顶底目标层的 t_0 时间,利用工区内的速度关系进行时深转换,计算其厚度值,再绘制该目标层的等厚图及其空间分布。

利用等厚图和其他已知资料,可进行有理有据的地质解释。例如,在等厚图上当某个方向或区域存在厚度明显增大的趋势时,可以推断该方向或区域是沉积物的来源方向或沉积中心;如果发生褶曲的地层厚度一致,则说明该褶曲发生于沉积之后;如果离开背斜顶部地层厚度增大,则可推断该沉积可能与构造发育同时发生,即在沉积期间同时伴有构造活动,从而对石油聚集的条件作出更加合理的推断。

彩图 5-13

图 5-13 所示为冀东油田某地区沙河街组某底界构造与能量属性的叠合图,图中红黄色区域表示砂岩含量高且岩性较粗,绿色区域表示砂岩含量低且岩性较细,红黄色范围大表明物源供给较丰富、砂体分布面积大;根据该地震属性与构造图的叠合关系明确了三个较大的物源方向,西北方向的西南庄物源,东北方向的柏各庄物源和马头营物源。

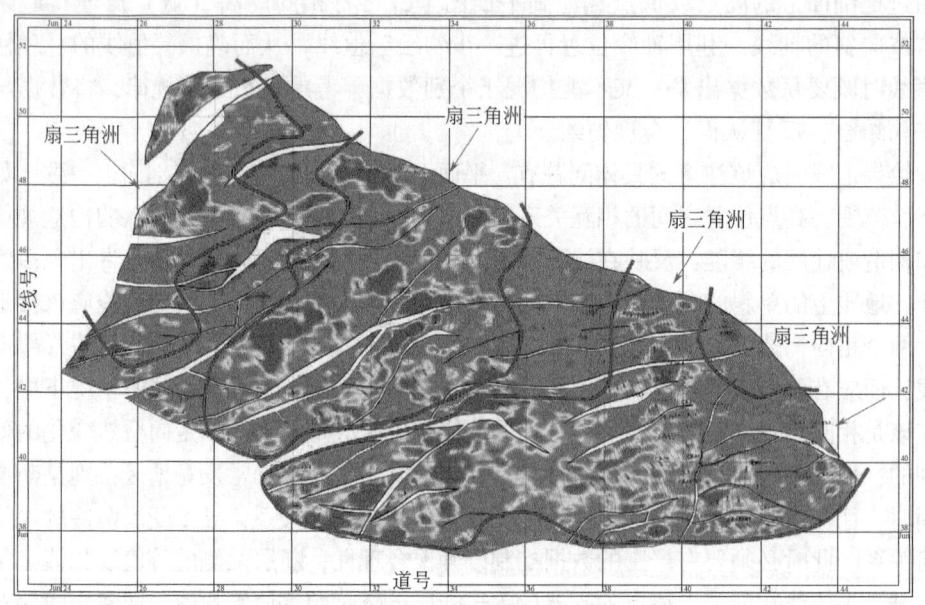

图 5-13 某地区底界构造与能量属性的叠合图(资料来源:冀东油田)

三、时深转换构造成图

在解释完断层和层位之后可以得到地震层位等 t_0 图,也称地震 t_0 等值线图,简称 t_0 图,在横向速度变化不大时,等 t_0 构造图能够代表地下构造形态,而当速度横向变化较大时则需要建立精细的速度场进行时深转换。所谓地震层位时深转换(time to depth conversion for seismic horizon data),指应用速度场或时深关系曲线将时间域地震层位构造图转换成深度域构造图的过程。通常,如果在构造图时深转换过程中不考虑速度的空间横向变化则称为常速构造成图,可以选取地震叠加速度、合成地震记录速度或区域综合速度来建立平均速度场,实现构造图从时间域向深度域的转换。

在构造复杂或速度空间变化剧烈的地区,如我国西部地区压扭性盆地中,地下介质具有很强的非均质性且构造形态复杂多变，速度在纵、横方向上变化剧烈，常速构造成图方法显然不能满足精细构造解释的要求。速度场的横向变化可导致构造圈闭的面积变化、高点移位、淹没高点或者出现假高点，为了提高复杂地区构造成图的精度，通常需要采用变速构造成图方法。

四、地震构造图解释

构造图上等深线的延伸方向代表界面的走向，垂直走向由浅到深的方向代表界面的倾向。等深线之间的相对疏密程度代表着界面倾角的大小，相邻等深线距较密，则反映界面真倾角较大；而相邻等深线距较稀则说明界面真倾角较小。图 5-14 所示为一背斜构造图，其中，东北翼构造等深线较密而西翼稀疏，反映东北翼倾角陡而西翼平缓。

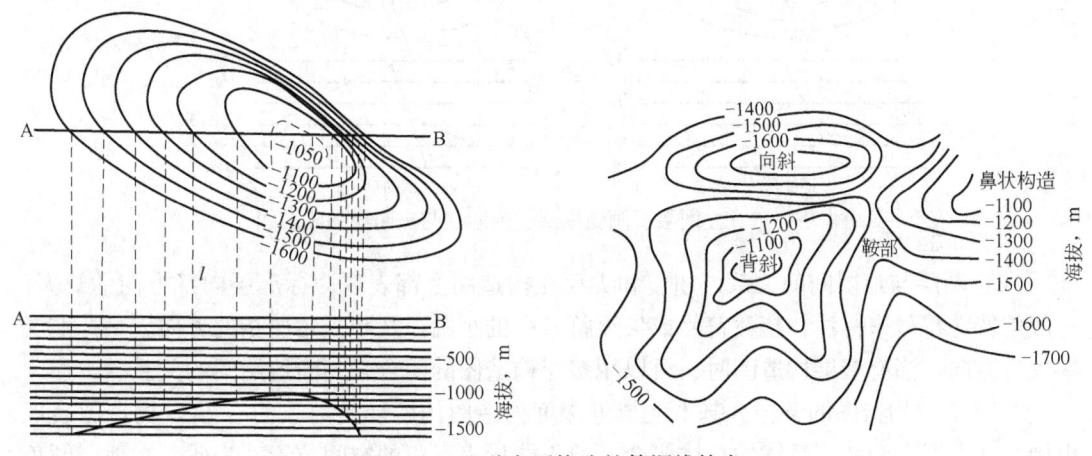

图 5-14　几种主要构造的等深线特点

在构造图上，倾没的背斜或向斜表现为环状圈闭的等深线。若深度小的等深线位于环状圈闭的中心，则为背斜构造；若深度大的等深线位于环状圈闭的中心，则为向斜构造，最外一根等深线圈出构造的闭合面积。三面下倾一面敞开的等深线代表鼻状构造特征（图 5-14）；单斜则表现为一系列近于平行的直线，等深线由高到低的方向代表单斜的倾向。

构造等深线不连续的部位是断层的反映，可以从构造等深线间的关系和断层两盘投影之间的关系来分析断层的性质。根据图 5-15，可以得到如下认识：

（1）断面倾角 θ。断面倾角由落差 Δh 和断层两盘投影距离 Δr 来计算，即 $\tan\theta = \Delta h / \Delta r$。当落差 Δh 一定时，Δr 越大则倾角越小，断层越缓；Δr 越小则倾角越大，断层越陡。直立断层在构造图上表现为一条断层线，而倾斜断层在构造图上表现为两条互相平行的断层线。

（2）断层性质。上下两盘断层线间出现空白的为正断层；上下两盘断层线间等深线发生重叠的为逆断层。

（3）断层间的相互关系。构造图上如果出现两组以上不同方向的断层，则可根据断层的切割关系来判断断层形成的先后次序。其中，被切割的断层为早期形成的断层，被限制的断层往往为晚期的新断层，若两条断层同时形成，则被限制的一般是小断层。

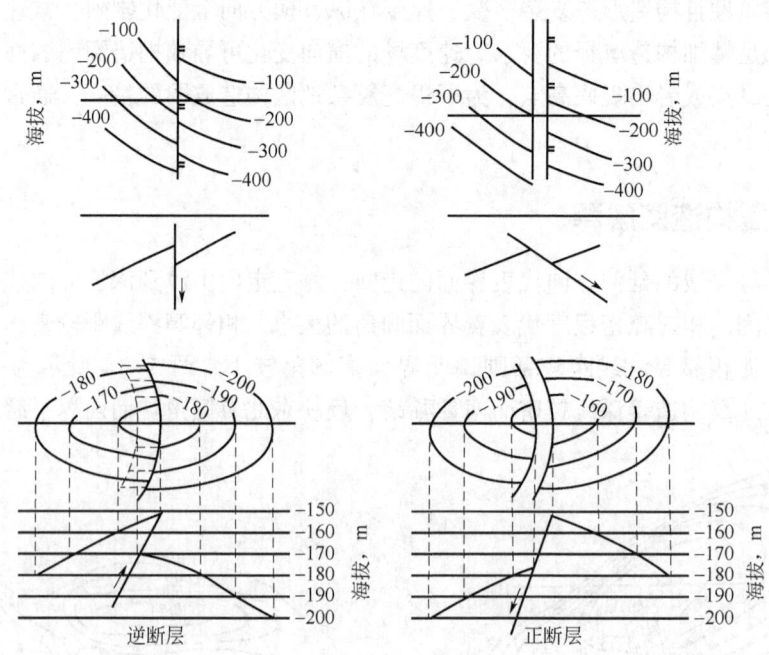

图 5-15 直立断层、倾斜断层、逆断层与正断层的断层线

(4) 断层与地层间的关系。超覆和尖灭在构造图上都表现为标准层向某方向的缺失，一般用特殊符号来标注，超覆符号或尖灭符号中的小圆弧及小三角所指的方向就是标准层缺失的方向。当有多层构造图时，可以用多层构造图的闭合来判断地层间的关系。

关于等 t_0 构造图的解释，基本上与等深度构造图的解释是一致的。等 t_0 构造图表现出构造基本形态和断裂系统的总体概念，但不能代表真正的空间位置。为此，在地层倾角比较陡或构造相对复杂地区，必须对等 t_0 构造图进行空间校正。

第六章　地震资料地层解释

20世纪70年代以前,地震勘探主要是利用反射波旅行时和速度信息,查明地下地层的构造形态和埋藏深度,为各种构造圈闭的油气藏勘探做出了巨大的贡献。随着人类对能源需要的不断增长和构造油气藏的大量发现与开发,比较容易找到的构造油气藏已越来越少,人们不得不更多地寻找和开发各种非构造油气藏。因此,对地震勘探技术,特别是对地震解释工作提出了更新更高的要求,即除了开展地下地质构造形态的解释外,还需要充分发挥三维地震资料的优势开展地层、岩相和沉积体系等方面的解释并对整个盆地的沉积特征、古地理及地质发展史作出解释,为寻找地层圈闭油气藏服务。地层油气藏(stratigraphic oil-gas pool)是指油气在地层圈闭中聚集所形成的油气藏,也称为地层圈闭油气藏。

20世纪70年代末期,地震地层学的研究开始兴起。1975年美国石油地质学家协会(AAPG)第一次举行了"地震地层学"讨论会,并于1977年出版了第一本地震地层学论文集。推动了地震资料地层、岩性解释工作的蓬勃发展,促成了地震资料解释工作的一次重大变革和进步。继地震地层学之后,随着油气勘探活动向深度和广度发展,以及先进的地震资料采集和处理技术应用,地震勘探的精度不断提高,在地震地层学的基础上出现了地震岩性学和层序地层学。目前,利用地震资料研究沉积学已成为一门完整的综合性应用学科,且融合了地质学与地球物理学、地震地层学、层序地层学及其他相关学科,扩大了地震资料解释的范畴,极大地推动了利用地震资料解决地质问题、获取地质信息的思想方法和技术手段的进步。

第一节　地震地层学

一、层序与层序地层学

地层(stratum)是指具有某些共同特征和属性,与相邻岩层存在明显差异,具有一定地质年代的岩层或岩石组合。地层除具有一定的形体和岩石内容外,还具有时间顺序的含义。

层序(sequence)是一套相对整一、连续、成因上有联系、以不整合或与之可对比的整合面为界的地层单元。地震层序是沉积层序在地震剖面图上的反映,通过在地震剖面图上识别出两个相邻的地层不整合接触界面,则两个界面之间的地层称为一个地震层序。

层序地层学(sequence stratigraphy)是研究旋回式、成因上有联系的、以侵蚀面或者与其可以对比的整合面为界的年代地层格架，以及沉积层序内部地层、岩相分布模式的地层学分支学科，本质上说是一种划分、对比和分析地层层序的方法。层序地层学将地震资料、钻井和露头资料有机地结合起来，通过直接或间接的方法建立时间—岩石界面与地震反射同相轴之间的关系，为盆地演化、区域地层对比、构造活动历史提供十分重要的基础资料，并使得在同时代地层内确定沉积体系与岩相类型，预测生油层、储集层和盖层的分布，开展沉积环境和岩相古地理研究成为可能。

依据不同的层序分类标准，层序级别有不同的划分方法。我国通常按照层序的规模大小分为三种不同的级别，即超层序、层序和亚层序或亚层序组。超层序通常包括几个层序，往往是区域性的，横向可追踪数百千米，大致相当于 Vail 等人按层序年代跨度所划分的五级层序中的 1 级层序。层序是超层序的次一级单元，可以是区域的也可以是局部的，通常可追踪数十至数百千米；亚层序是层序中最基本地层单元，常常是局部的，如三角洲体系中的一个朵状体。

二、层序的年代地层学意义

一个沉积层序是层序顶底界均为整合面的一定地质时期内的沉积体，这个一定的地质时期称为层序年龄。对于盆地内任何层序都具有年代地层意义，且主要表现在：

（1）沉积盆地中的各沉积层序在时间上按先后依次排列。层序之间可能有沉积间断或侵蚀作用，但层序之间在时间上不会发生重叠，且每个层序都有一定的年代范围，层序的年龄应通过上下边界的整合面来确定，在边界为不整合时层序的年龄随着间断或侵蚀作用的长短而变化。

（2）层序在沉积盆地中的分布不均衡。向陆一侧或沉积基准面之上由于侵蚀而缺失沉积物，在盆地内中心凹陷区，通常会由于沉积物的供应不足形成"饥饿性"沉积间断。

（3）沉积层序主要由侧向加积作用形成（化学沉积除外）。沉积层序的发育主要受构造沉降、海平面升降、沉积物供给和气候等 4 大要素的控制，其中，构造沉降控制沉积物的可容空间，海平面升降控制地层和岩相型式，沉积物供给速率大小控制沉积物充填和古水深，气候则控制沉积物类型。

实质上，构造沉降、海平面升降和沉积物供给之间具有互为因果的关系，这种互为因果的关系是层序地层学的基础。如当构造沉降大于沉积物供给时，沉积层序向陆地方向超覆沉积；当构造沉降小于沉积物供给时，沉积层序向盆地方向推进和前积；当海平面上升时导致海水越过陆架，形成海进体系域沉积，表现为沉积层序向陆地方向超覆；当海平面下降时导致海水逐渐从陆架退出，形成海退体系域沉积或陆架边缘体系域沉积，表现为沉积层序向盆地方向推进和前积。

三、地震地层学

地震地层学（seismic stratigraphy）是以反射地震资料为基础，进行地层划分对比、判断沉积环境、预测岩相岩性的地层学分支学科。它把地层学和沉积学特别是岩性、岩相的研究成果运用到地震解释工作中，充分利用地震资料中蕴藏的地层和沉积特征，做出系统解释的方法。地震地层学以沉积学理论和地震勘探原理为基础，是介于勘探地震学和沉积地层学的边缘学科，目前已经发展成为一门利用地震资料来研究地层和沉积相的学科，属于地球物理学与地层学概念、地震技术与沉积理论结合的范畴。所谓地震地层学解释（seismic stratigraphy interpretation），就是利用地震资料开展地层对比划分、判断沉积环境、预测岩相岩性的过程。

地震地层学根据地震剖面中的地震特征来划分沉积层序，分析沉积相和沉积环境，并进一步预测沉积盆地中的有利油气聚集带。地震地层学旨在建立地震反射特征与地层、沉积相、沉积体系之间的联系，利用地震资料（地震剖面及切片）研究沉积相和沉积环境。其主要任务包括划分地震层序并建立区域地层轮廓、地震层序的地震相分析、地震相的沉积相解释和沉积盆地的含油气性分析。

地震地层学最基本的原理是：地震反射同相轴基本上是沉积等时面，而非宏观岩性界面的反映。因此，各反射同相轴的系统中断面表示它们反映的沉积过程的间断，这种间断面也具有相对等时性，即此面之上的所有沉积均比此面以下的任何沉积更新，而在上下两间断面之间不被间断面隔开的地层，可视为大体上连续沉积的一个地层单元，称为地震层序，层序的上下边界均被间断面或与其相当的整合面完全封闭。层序内不同地点的沉积虽属同时生成，但其生成环境与岩相成分可能有差异。这种差异反映在剖面上就是反射同相轴的平行性、连续性、强度（振幅）、波形及显示频率等特性的变化上，由此可以依据这些显示特征（称为地震相）来有效预测沉积环境和岩相成分。

地震地层学主要通过研究地震波波速变化、反射波变化和反射结构等特征，对地下地层特征进行广泛的研究，大到地层划分、海平面升降史、沉积体系、地层圈闭以及沉积盆地的油气远景评价，小到岩性判断、孔隙度及压力估计、碳氢检测以及油田开发过程中高产区的预测和水淹率的检测。目前已经形成了区域地震地层学和储层地震地层学两个分支学科。区域地震地层学（regional seismic stratigraphy）主要利用地震波的双程旅行时间和相应的地震波传播速度，结合地震波反射组合特征对地震剖面进行地质解释，在盆地范围内首先进行地震层序划分，通过分析地震波反射参数，如反射结构、几何外形、振幅、频率、连续性等特征的差异性与相似性来划分地震相，进而研究层序内沉积环境与沉积相、盆地沉积史与构造史，确定烃源岩、储层、圈闭位置，预测盆地内相带展布特征和有利油气聚集带。储层地震地层学（reservoir seismic stratigraphy）则是在有利的储集层范围内进一步研究单一地震反射波或小反射波组合的波形、振幅和频谱特征，确定储集体的空间展布和厚度变化，结合速度信息估算储集层的孔隙度、渗透率、预测孔隙流体成分和孔隙流体压力的分布，为详探井、评价井乃至开发井位置的部署提供确定的参数。

第二节　地震层序分析

地震层序分析（seismic sequence analysis）是指在地震剖面上划分地震层序、确定层序形成地质年代及进行相应作图的过程。通过地震层序分析可以得到沉积层序的分布规律，成为地震地层学解释和地震层序地层学解释工作的重要组成部分。

一、地震反射的地层学意义

1. 地震反射界面与层面、不整合面和岩性界面的关系

地震反射界面实质上是地层的波阻抗界面，而地层界面与岩性界面有时相符有时不相符。当同一地层内的岩性横向变化形成岩性界面时，需要确认连续地震反射是沿地层层面还是沿着岩性界面。实践表明，连续地震反射同相轴通常沿着地层层面和不整合面，地层内部的岩性界面一般不产生连续反射，但通常会改变层面和不整合面反射的地震波波形。来自层面和不整合面的连续地震反射使得地震反射具有地层学的含义，为利用地震剖面开展层序分析提供了必要的条件。

2. 地震界面的时间分析

所谓时间界线就是把较老的地层与较新的地层分开。不整合面就是一条时间界线，多个年代的地层界面可以汇合成一个界面，表明在时间上有很大的间断。因此，不整合面形成时间可以通过在连续沉积或沉积缺失较少的地点测得，这些时间界线之间的层序就成了年代地层的时间区段。地层层面通常也是一条时间界线，一般称为亚层序界线，但地层层面所代表的沉积间断时间通常较短，因此，在地层发育的过程中大部分沉积间断面是极不明显的。

3. 地层剖面与地震剖面的关系

研究地层剖面时既要观察已记录下来的沉积物，还需要注意不同级别的沉积间断及其延续时间。根据地质剖面与地震剖面之间的关系可得出以下四点认识：

（1）沉积间断面是引起地震反射的基本波阻抗界面，沉积间断面可大可小，只有当小层之间的沉积间断面具有下列条件时才有可能形成地震反射：①受地震分辨率的限制，上下两套岩性地层之间应具有一定的厚度；②上下两个相似岩性段之间由于形成时间的差异产生了足够大的密度和速度差；③区域性构造运动引起的时间跨度可大可小的不整合面；④若干薄互层之间反射系数较大的沉积间断面。

（2）明显穿时的岩性界面形成地震反射界面的可能性很小，但生物礁、侵入岩体和塑性体除外。

（3）深水、半深水相砂泥岩剖面中，能形成地震反射同相轴的薄层砂岩体顶界面相当于等时面，分布范围较广泛，可能表现为单轴反射。

（4）盆地沉积愈复杂、地震分辨率愈高、研究精度越高则越不能把实际地震剖面段设为连续、均匀或层状介质模型来开展资料处理和解释，特别是对于陆相内陆盆地更是如此。

二、地震层序划分的典型标志

地震层序（seismic sequence）是以地震剖面为基础，以层序边界不整合面和与之对应的整合面为界的、可以对比的相对整一的地震反射单元。地震层序是一个时间地层单元，是沉积层序在地震剖面上的反映，划分地震层序首先就是要识别限定地震层序的界面。按照层序定义，层序之间的接触关系有三大类：①整合或整一；②侵蚀不整合或构造不整

合；③沉积间断与不协调。划分地震层序的关键就是确定代表层序边界的不整合面和与之对应的整合面，在地震剖面上则主要依据反射终端特征来确定不整合面的位置，并进一步追踪与之对应的整合面。其中，不整合（unconformity）是地层序列中两套地层之间的一种不协调的接触关系，通常指地层形成过程中的突发性地壳上升和已沉积的地层遭受褶皱、或剥蚀事件，导致地层剖面中出现层位缺失和陆上剥蚀面（不整合面）等。整合（conformity）则是指不同地层单位之间在沉积盆地轮廓、沉积环境变化和生物群演替方面没有发生重大变革，也不存在较长时间的、明显的地层缺失和不整合面，表明该地区地壳运动相对比较稳定，一直处于持续下降或持续上升状态，导致沉积物能够连续沉积而形成整合接触。Vail 根据层序边界（sequence boundary）在地震剖面上的反射终止现象建立了地层层序的基本识别标志，划分了上超、下超、顶超和削蚀 4 种接触关系，其中上超和下超又统称为底超（baselap）。它们的特点及地质意义是：

（1）上超（onlap）是一套水平（或微倾斜）地层逆着原始倾斜界面或不整合面向上超覆尖灭，上超通常是水域不断扩大时的逐步超覆沉积现象。

（2）下超（downlap）则是一套水平地层（或微倾斜）沿原始沉积界面或沉积间断面向下超覆，又称远端下超。下超通常表示顺着水流方向的前积现象，意味着较年轻地层依次超覆在较老的沉积界面上，该现象常出现在三角洲前缘沉积中。

（3）顶超（toplap）是一个沉积层序中上界面处的超覆尖灭现象，它与削蚀可共存，有时两者无截然界限，地震剖面上往往不易区分。它是局部基准面太低情况下沉积物过路作用的结果，表明无沉积作用或水流冲刷作用的沉积间断。

（4）削蚀（truncation，或削截）指沉积层序界面上出现的反射同相轴终止现象，是侵蚀作用造成的地层侧向中断，是构造运动（区域抬升或褶皱作用）造成的剥蚀间断。

地层超覆（stratigraphic overlap）是指随着海侵范围不断向陆地扩展，由老到新的地层不同层位依次向陆地方向逐步扩大范围，并直接覆盖在下伏界面（包括基岩面和沉积层序面）之上，形成的地层分布空间格局关系，通常与海平面上升或陆地相对下降而导致的海侵或海进等事件密切相关，因此，该接触面必然是一个不整合面。地震层序界面的地质属性，通常要通过钻（测）井资料来确定，采用合成地震记录及垂直地震剖面等资料对地震反射层所对应的地质层位进行标定，建立起地震反射与地质分层之间的对应关系，并结合古生物、古地磁及放射性年龄测定等资料来确定其年代地层格架。

三、地震层序的划分

由于沉积层序的厚度一般为几十到几百米不等，由地震反射层与地层界面和岩性界面的关系可知地震反射资料总是受到分辨率的限制，普通的地震剖面一般只能划分几十米以上的地震层序，而高分辨率地震剖面视其分辨能力的大小可以把层序划分得相对细一些。在实际划分层序过程中，一般在地震剖面上通过不整合面来确定较高级次的层序边界，然后结合钻井和测井资料划分出较小的沉积层序。在划分地震层序时应注意以下几个方面的问题：

（1）确定层序的地质属性。充分利用合成地震记录和经过时深转换的、以双程旅行时为坐标的自然电位曲线、视电阻率曲线和声波曲线，建立起地震剖面和钻井剖面之间的联系，可靠分析各地震层序的地质属性。

(2) 地层对比。在对地震反射层特征进行准确标定后，利用地震反射剖面的横向连续性开展组或段的地层对比。

(3) 构造研究。确定主要层序界面的构造属性，一般来说，较高级别的层序代表盆地发育过程中的特定阶段，主要的层序界面往往是盆地演化过程区域性构造运动的具体反映。

(4) 沉积体系分析。确定地震相是在地震层序基础上进行的，通过分析各地震层序中地震相类型、展布及垂向变化有助于分析层序的变化。

为了正确划分地震层序，建立有代表性的层序地层格架，在选择地震剖面时一般应遵循以下原则：

(1) 选择地层发育齐全、厚度大且能够延续到盆地斜坡上的区域大剖面作为划分层序的基础，从而有利于识别反射终止特征和追踪不整合。同时，为了实现与钻井资料之间的更好对比，应尽量选择过井剖面。

(2) 选择构造现象简单的剖面，避开构造复杂区。为了能够更好地识别层序和体系域，应尽量选择与主水流方向平行、前积结构清楚的剖面，这些部位往往是盆地中沉积作用最活跃的地区。

(3) 以垂直沉积走向剖面为主，辅以平行沉积走向的剖面，提高地震层序纵向上划分和横向上对比的可靠性，以便在三维空间内落实各层序的分布。

(4) 利用特征突出、可大范围追踪对比的地震波组作为控制界面，在地震剖面上尽可能详细地识别各种不整合关系及其限定的层序，并组合成较高级次的层序组。

(5) 以质量较好、地层发育齐全的骨干地震剖面为基准，确定层序划分方案，然后推广对比到地震资料品质较差的区域。

(6) 充分利用地震资料时频分析技术，并参考钻井资料有效划分沉积旋回。

所谓地震时频分析（seismic time-frequency analysis），是指采用时间域与频率域的联合分布信息来描述地震信号的频率特征随时间变化的规律，充分发挥时间和频率两个维度的优势来充分挖掘信号中蕴藏的地质体特征。时频分析也称为时频联合域分析（joint time-frequency analysis），是分析时变非平稳信号的有力工具，通常采用短时傅里叶变换、小波变换、S变换、匹配追踪等方法来获得地震信号的时频谱。地震时频分析是地震层序解释的重要工具，建立起了频率随时间的变化特征与沉积旋回和沉积粒度粗细之间的关系，能够阐明各级地震层序体内部结构，获得有关层序体沉积旋回性、沉积相带、储层和盖层分布以及沉积间断面等地质信息。每个层序都代表一定的沉积体系组合，因此，绘制地震层序顶底界面反射终止平面图有助于分析沉积相和沉积环境。图6-1展示了利用时频分析对井旁地震道开展旋回分析后与测井资料旋回分析之间的对比，该对比结果表明地震资料中包含了丰富的地震层序和沉积旋回信息。

层序划分旨在建立正确的地震层序并确立有代表性的地层沉积格架，进而恢复区域构造运动史以及盆地的沉积发育史。因此，在地震层序划分的过程中通常选择品质较好的地震剖面，并以垂直沉积走向的剖面为主，辅以平行沉积走向的剖面，同时选择通过具有特殊地震反射结构的主要沉积体的地震剖面开展分析工作。如图6-2所示，根据井旁地震道的时频分析结果和测井资料中的认识，能够对不同层级的地震层序进行合理地划分。

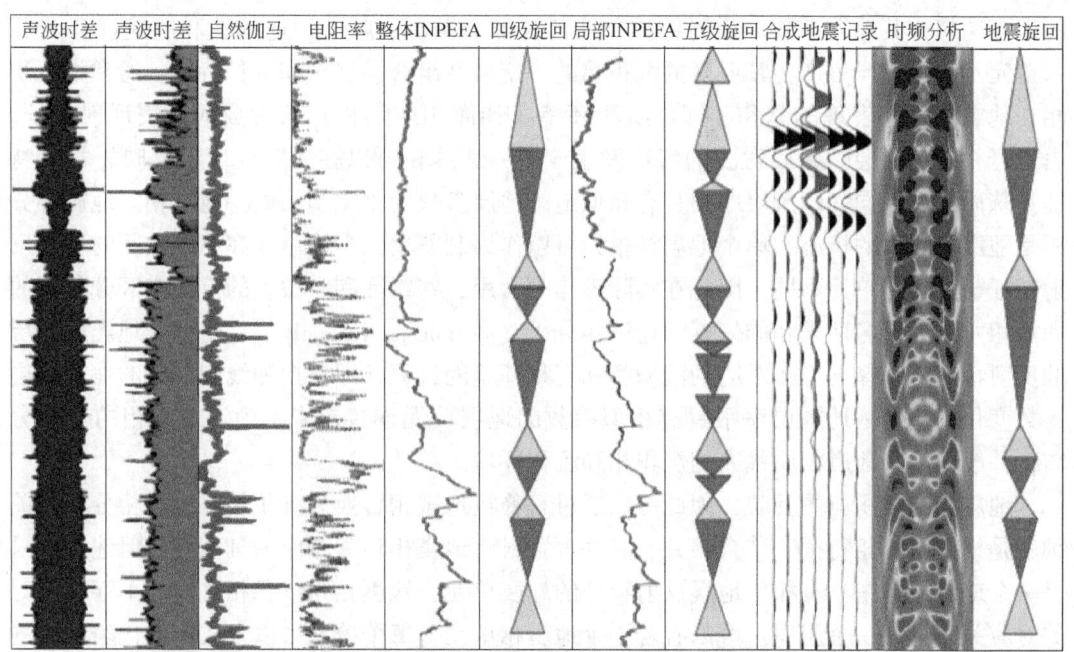

图 6-1 测井旋回和地震旋回的对比分析（资料来源：中石化石油物探技术研究院）

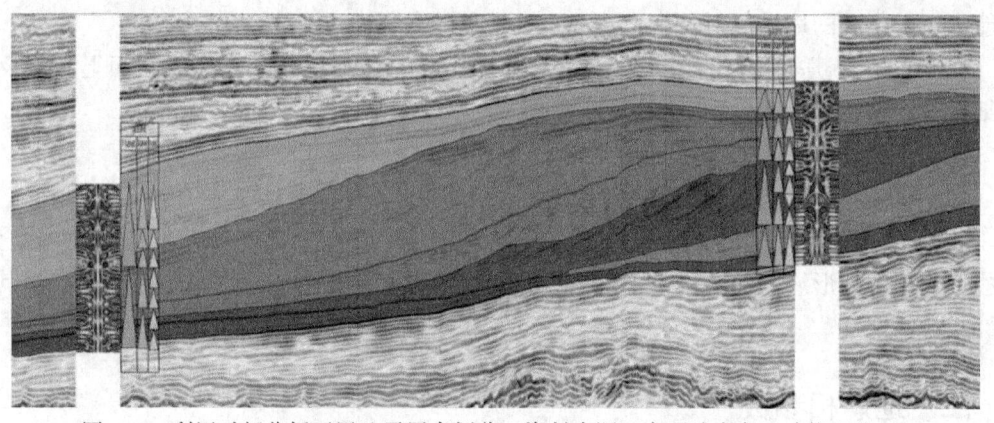

图 6-2 利用时频分析开展地震层序划分（资料来源：中石油东方地球物理公司）

彩图 6-1

彩图 6-2

第三节 地震相分析

一、地震相分析基础

相是一定岩层生成时的古地理环境及其物质表现的总和。地震相（seismic facies）是指由特定的地震反射参数所限定的三维空间的地震反射单元，它是特定的沉积相或地质体的地震响应，其地震参数（反射结构、几何外形、振幅、频率、连续性和层速度）与相邻单元不同，它代表产生其反射的沉积物的一定岩性组合、层理和沉积特征，通常指沉积相在地震剖面上表现的总和，即由沉积环境（如海相或陆相）所形成的地震反射特征。由于岩相的变化会引起反射波的特征发生改变，地震相可以在一定程度上反映岩相的特征，从而可以把同一地震层序中具有相似地震地层参数的单元划为同一地震相。地震相分析是地震地层学的核心，单个地震相单元可以作为制图单元，该单元在三维空间的地震反射特征与其相邻单元不同，因此在实际工作中常用这些特征和参数上的差异来区分不同的地震相并作为命名地震相的依据。地震相分析（seismic facies analysis）是根据地震反射层的反射特征来解释与之相对应的沉积相和沉积环境的过程，即根据测线到平面的地震地层参数变化，把同一地震层序中具有相似参数的地层单元连接起来，确定地震相的平面分布，并解释这些地震相所代表的沉积相和沉积环境。

地震相是沉积相的反映，因此可以通过解释将地震相转换为沉积相。地震相分析的关键就是根据地震相特征，结合钻井、测井等资料将地震相转为相应的沉积相。但地震相只是一个地震层序中具有相似地震反射特征的地震单元，地震相与沉积相之间并不存在绝对的对应关系，即一个层序内可以有若干个地震相单元，每个单元可以自成体系代表不同的沉积相，有时一个地震相单元中可能包括两种或两种以上沉积相；反过来，一个沉积相也可能表现出不同的地震反射特征。造成这种现象的主要原因是：

（1）地震分辨率远远低于地质剖面上岩相观察的精细程度，在地震剖面上不能反映较细微的岩性、岩相变化；

（2）地震资料中存在着非地质因素的干扰；

（3）同一沉积相内部岩性和沉积特征是不均匀的，存在差异；

（4）同一种沉积相在不同地区或盆地内，由于区域地质背景和沉积条件存在差异，造成沉积相的外形或内部结构也不同。因此，在地震相分析中应加强具体分析，找出其一般性和特殊性。

二、地震相参数

所谓地震相参数（seismic facies parameters）是指地震相内部那些对地震剖面的面貌有重要影响并且具有沉积相意义的地震反射参数。地震相参数是识别地震相的标志，在地震相分析中最常用的识别标志包括地震反射基本属性（同相轴连续性、地震振幅、频率和相位等）和内部反射结构、外部几何形态、边界关系（包括反射终止型和横向变化型）、层速度等。这些地震相参数具有典型的特征和地质意义，在分析这些地震相参数时常用的地震属性及相应的一般性地质解释见表6-1。

表6-1 常用地震相参数与地质解释

地震相参数	地震属性	地质解释
内部反射结构	瞬时频率 倾角	物源方向、沉积过程、沉积模式、沉积过程侵蚀和古地形、流体界面
外部几何形态和平面分布关系	倾角 倾角带宽	总的沉积环境、物源方向、沉积背景

续表

地震相参数	地震属性	地质解释
反射连续性	瞬时频率和相位的变化 倾角带宽	地层连续性、沉积过程的稳定性
反射振幅	振幅	速度—密度差、地层岩性、地层厚度、地层结构、流体成分
反射频率	瞬时频率 瞬时带宽	地层厚度、流体成分、岩性结构
层速度	—	岩性、孔隙度、流体成分

1. 内部反射结构

内部反射结构是指地震剖面上层序内部反射同相轴的延伸情况及其相互关系。它是鉴别沉积环境的主要地震标志，也是揭示总体地震相模式或沉积体系最可靠的地震相参数。Mitchum 等（1997）将内部反射结构的形态划分为平行与亚平行反射结构、发散反射结构、前积反射结构、波状反射结构、乱岗状反射结构、杂乱反射结构和无反射结构等几类（图 6-3）。常见的内部反射结构有平行、亚平行、不平行三种。其中不平行主要有前积结构和杂乱反射两种情况。

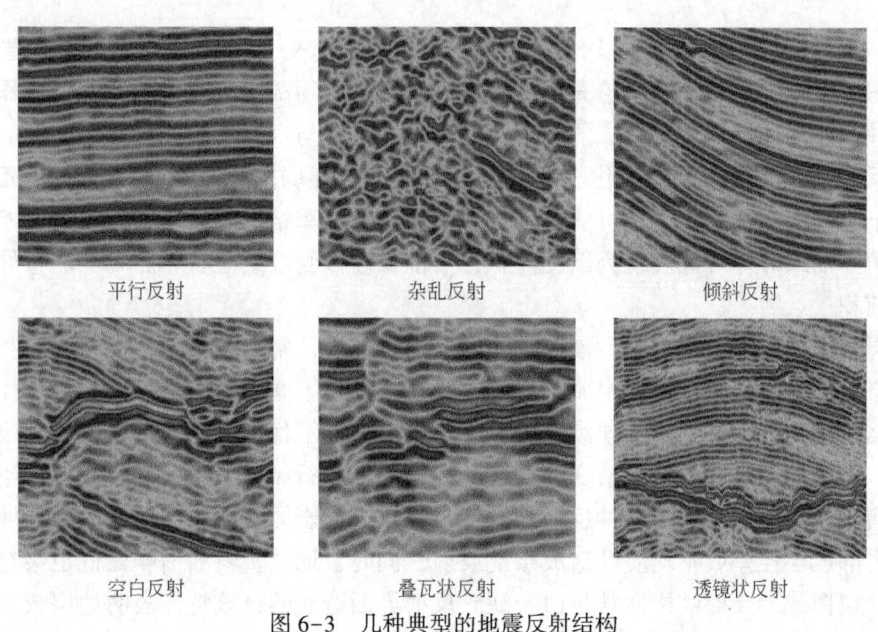

图 6-3 几种典型的地震反射结构

平行结构是指同相轴平直、光滑且互相平行，该结构意味着均一、低能的沉积环境，通常出现在深湖、半深湖相中。亚平行结构是指同相轴局部有些弯曲，不太光滑但总体上是大致平行的，这种结构反映了横向上沉积能量有变化，可出现在滨浅湖、浅滩、冲积平原、三角洲平原及三角洲支流间湾等多种沉积环境中。而发散结构往往出现在楔形单元中，反射层在楔形体收敛方向上常出现非系统性终止现象（内部收敛），向发散方向反射层增多并加厚，反映了一种沉积速度的变化造成不均衡沉积或盆地范围扩大引起沉积界面逐渐倾斜形成的沉积作用。

前积结构反映某种携带沉积物的水流向前推进过程中由前积作用产生的反射结构，表现为一套倾斜的反射层依次向盆地方向前积，是直接指示古水流方向和物源方向的重要标志，通常每个前积反射层代表某一时期的等时界面，并指示前积单元的古地形和古水流方向。在前积反射的上部和下部常有水平或微倾斜的顶积层和底积层，常见近端顶超和远端下超，该结构一般与三角洲、扇三角洲、冲积扇、水下扇、浊积扇等相伴生。根据前积结构的内部形态差别，可进一步分为以下几种类型：

(1) S形前积结构，总体为中间厚两头薄的梭状，前积反射层呈S形，近端顶超，远端下超，一般具有完整的顶积层、前积层和底积层；反映一种较低水流能量沉积，沉积物供给相对较少，水体较宽广，代表较低能的富泥河控三角洲或三角洲朵状体间沉积。

(2) 斜交形前积，包括切线斜交和平行斜交两种。切线斜交无顶积层，只保留底积层，具低角度切线状下超；平行斜交既无顶积层，也没有底积层，具高角度下超。两种斜交前积反射的视倾角为5°~20°；反映一种较高水流能量沉积，沉积物供给速度快和水流作用强，水体相对较窄。由于沉积物供给快，造成盆地沉降相对缓慢，沉积物接近或超过基准面，在水流过路冲刷作用下，使顶积层得不到保存。斜交前积往往代表强水流河控三角洲；平行斜交比切线斜交堆积速度更快，代表的水流能量更强。

(3) S形斜交复合前积，以S形与斜交形前积反射交互出现为特征，顶积层常不发育，底积层发育。反映物源供给充足的高能沉积作用与物源供给减少的低能沉积作用或水流过路冲刷作用周期性交替造成的；顶积层不发育可能与水流过路冲刷作用有关。该种前积结构反映盆地范围和水体变化较大，造成水流能量强弱交替。在同一三角洲沉积体系中，处于不同三角洲沉积部位可能表现为不同类型的前积结构。如受主分支河道控制的建设性三角洲前缘砂体可能表现为斜交前积，而前缘砂体侧缘或朵状体之间低能量处可能呈现S形前积。

乱岗状结构是指由不规则、连续性差的反射段组成，常有非系统性反射终止和同相轴分叉现象，通常反映分散性弱水流沉积，常见于三角洲、扇三角洲或三角洲间湾沉积中。杂乱状结构是一种不规则、不连续反射，它可以由高能不稳定环境的沉积作用造成，如浊流沉积；也可由同生变形或构造变形造成，如滑塌、泥石流、河道及峡谷充填；当然，大断裂和褶皱作用等也可造成这种反射结构；另外，火成岩体、盐丘、泥丘、礁等地质体也可由于内部成层性差或不均质性造成杂乱反射；同时，地震资料的信噪比低也会造成类似的现象。空白或无反射结构通常是由于缺乏反射界面造成的，该特征表明地层或地质体是均质体，如快速堆积的厚层砂岩或泥岩、厚层碳酸盐岩、盐丘、泥丘、礁、火成岩体等均可造成无反射，且这些岩层或岩体的顶底界常常伴有强反射。

2. 外部几何形态

外部几何形态指地震剖面上由某种地震反射结构组成的在三维空间内的分布状况。外形提供了有关沉积体的几何形态、水动力、物源及古地理背景等方面的信息，可以分为席状、楔形、帚状、透镜状、丘状、充填状等（图6-4），并且与内部反射结构往往具有一定的关联性。

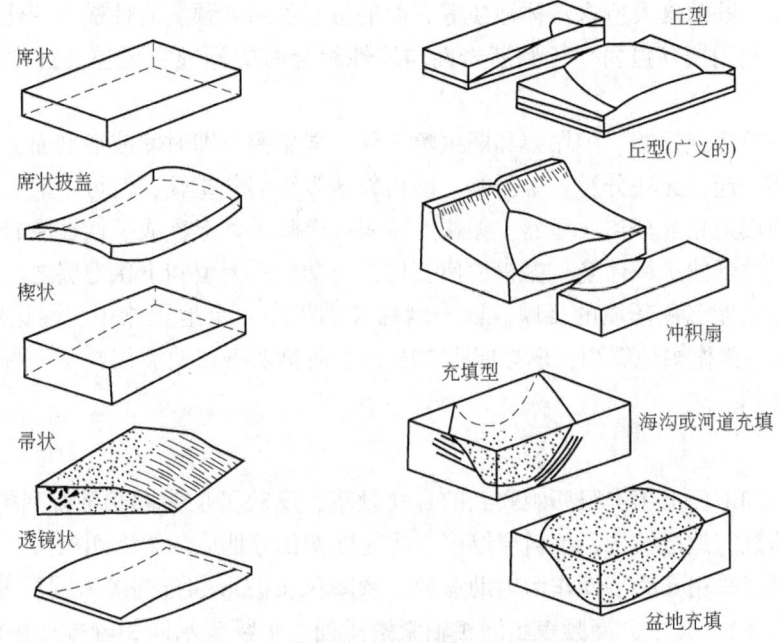

图 6-4 几种典型的地震相外形示意图

席状是最常见的外形之一，常具平行结构，也可是发散结构，席状的特点是反射单元的上下界面平行或近平行，厚度相对稳定，一般出现在较稳定的深水沉积区，如深湖、陆棚、陆坡及深海盆地。楔形常具发散结构，其主要特点是在倾向上厚度向一个方向逐渐增厚，向相反方向减薄，在走向上则是席状的，该现象往往出现在滨浅湖、陆坡等环境中，一般指示冲积扇或扇三角洲沉积相类型。帚状常具波状结构，其主要特点是顺盆地边界断层呈帚状延伸，往往是楔形冲积扇或扇三角洲的地震响应，其形成环境与指示相类型同楔形。透镜状也称为"眼球状"或"梭状"，其主要特点是呈中部厚两侧薄的双凸形，常具有S形前积或乱岗结构，河道充填、沿岸砂坝、小型礁体等可形成透镜状反射。丘形与透镜状的区别是上突下平，周围反射向上超覆，该反射常出现在海（湖）底扇、扇三角洲、礁、火山锥、盐丘、泥丘等沉积相或岩体中。充填形通常指低凹处充填沉积物形成的各种反射，按沉积环境可分为河道或峡谷充填、盆地充填、斜坡充填，按充填形式可分为杂乱充填、上超充填、发散充填、前积充填、丘形上超充填和复合充填等。

3. 连续性

连续性是指地震同相轴连续的范围大小，同相轴连续性与地层本身的连续性有关，主要反映不同沉积条件下地层的连续程度及沉积环境的变化情况。通常，反射连续性好代表地层连续性好，反映了沉积条件稳定的较低能环境；反之，连续性差代表地层横向变化快，反映了较高能的不稳定沉积环境。衡量连续性的标准包括长度标准和丰度标准。可大致分为：连续性好，即同相轴连续性长度大于600m，且在地震相单元中占70%以上；连续中等，即同相轴连续性长度介于200~600m之间；连续性差，即同相轴长度小于200m，连续性差的同相轴在地震相单元中占70%以上。

4. 振幅

振幅与反射界面的反射系数大小直接相关，同时地震振幅中包含反射界面上下地层岩性、岩层厚度、孔隙度及所含流体性质等方面信息，可用来预测岩性横向变化并直接开展烃类检测。在利用振幅强弱变化判断岩性与岩性组合时的标准主要包括强度标准与丰度标准。

强度标准分为强振幅、中振幅和弱振幅三种。强振幅，即时间波形剖面上相邻地震道振幅值重叠在一起，无法分辨；中振幅，即相邻地震道部分重叠，但可用肉眼分辨；弱振幅，即相邻地震道相互分离。显然，振幅大面积稳定暗示着上覆或下伏地层岩性稳定，连续性良好，反映低能沉积环境；振幅快速变化，通常表示上覆和下伏地层之一或是两者岩性变化快，是高能沉积环境的反映。而丰度标准则指在一个地震相中，强振幅同相轴占70%以的上称为强振幅地震相；弱振幅占70%以上时称弱振幅地震相；介于两者之间则称为中振幅地震相。

5. 频率

在地震时间剖面上用肉眼所观察到的是视频率，反映了反射同相轴排列的稀疏程度。地震波频率信息与地层结构、反射层厚度、层速度变化等地质因素密切相关。因此，在地震相分析中可以采用频率特性作为辅助参数。频率可按波形和排列疏密程度分为高、中、低三级（图6-5），其中，高频表示同相轴紧密排列，中频表示同相轴排列稍微稀疏，低频表示同相轴排列稀疏，一般来说高频反射代表沉积岩层厚度较薄，反映低能沉积。频率横向变化快反映岩性变化大；频率特征稳定则反映地层横向变化相对比较稳定，通常属于低能稳定沉积环境。

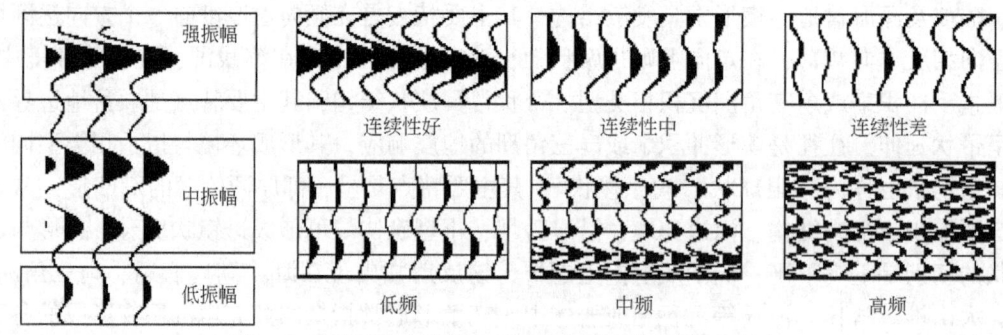

图6-5 反射波连续性、振幅和频率等级划分示意图

在上述地震相参数中，反射结构和外形最为可靠，其次为连续性和振幅，而频率可靠性相对较差。因此，在地震相命名时通常以反射结构和外形为主，辅以连续性、振幅、频率等特征。在实际应用中为了能够有效突出主要特征，并能直接反映地震相的地质含义，在地震相命名时，通常采用：

（1）具特殊反射结构或外形的地震相，单独用结构或外形命名，如充填相、丘状相、前积相等，且通常将振幅、连续性等作为修饰词放在前面，如强振幅中等连续前积相。

（2）分布面积较广，外形为席状，反射结构为平行或亚平行时，可主要用连续性和振幅命名，如强振幅连续平行反射地震相。

三、典型地震相模式

大陆边缘盆地单元可以划分为陆棚、陆棚边缘与前积斜坡、盆地斜坡与盆地底部三个部分，将沉积体系概念全面引入地震相解释中，强调古地理背景对沉积体系类型及相应地震反射特征的控制作用。通常，河流将泥砂携带到河口形成三角洲，三角洲中砂质被波浪和沿岸流进一步搬运到两侧浅水或陆棚区形成沿岸砂坝；三角洲沉积物的不断堆积和推进，可引起滑塌并形成浊流，沿大陆斜坡或海底峡谷向下倾方向搬运到深海区形成海底扇。其中，典型的地震相包括以下几种。

1. 前积相

前积相包括斜交前积相、S形前积相、叠瓦状前积相、帚状前积相，在大陆边缘盆地通常发育大型的斜交前积相和S形前积相。其中，斜交前积相由一组相对陡倾的反射同相轴组成，在其上倾方向表现为顶超，在其下倾部分出现下超。斜交前积结构意味着相对高的沉积物供应速率，缓慢变动或者静止不动的相对海平面条件；从而造成盆地被迅速地充填，后来的沉积水流经过或冲刷上部的沉积表面，无顶积层存在。斜交前积相代表一种高能三角洲环境，在前积段内发育大量前积砂体，在底积段有时也发育浊积砂体。大型的斜交前积相通常发育在大陆斜坡部位，S形前积相一般发育在大陆架之上近岸三角洲前缘。

2. 充填相

充填相是大陆边缘盆地内一种重要而典型的地震相，可分为水道充填相和斜坡低位充填相。水道充填相一般指示下切水道或水道峡谷，其中，低水位域下切水道充填物往往是有利油气聚集的储集体。下切水道从陆棚上向陆坡延伸，是向陆坡和海盆内供给沉积物的通道。

斜坡低位充填相又称为斜坡前缘充填相，连续性、振幅和频率都有变化，具明显的向上倾方向上超和向下倾方向下超的反射结构，平面上呈扇形。它可能是深海扇的反射特征，一般由深海黏土和粉砂组成。在斜坡低凹处有时发育杂乱充填相。杂乱充填相以丘状外形、扭曲且不整一到波状亚平行反射结构为特征。这种地震相可能是沉积物整体蠕动和滑塌，以及高能浊流作用造成的。由于滑塌沉积物缺乏分选作用，不易形成纯净砂岩。

3. 丘形相

丘形相具丘状外形，一般为复合型海底扇沉积的反射特征，内部结构为平行反射、发散反射和杂乱反射。大型丘形相内部可以包括小的杂乱充填相和上超充填相。丘形相平面形态为扇形，常与海底峡谷充填相伴生，主要是由于沉积物在重力流作用下通过海底峡谷搬运到盆地斜坡或盆地底部形成海底扇。

图6-6为新西兰某塔拉纳基盆地Kora三维地震勘探中采集的地震测线，地震剖面中呈现出非常典型的海相页岩、水道、前积、基底和火山通道等地震相特征，并且在地震反射振幅、频率等特征上得到体现，需要注意的是，地震相特征的识别依赖于解释人员的经验和对区域地质的认识。

4. 断陷湖盆相

我国对断陷湖盆地震相模式研究比较深入，与广阔的海相盆地有所不同，断陷湖盆明

图 6-6　地震剖面中的典型地震相特征（据 Marfurt，2018）

显受构造作用和盆地边界条件的控制，发育的沉积体在地震剖面上有其特殊性，典型的类型主要包括以下几种。

1）近岸水下扇地震相

近岸水下扇又称为扇三角洲，是我国东部第三纪断陷湖盆中发育的一种特殊的沉积相类型。它有别于海相盆地扇三角洲，主要是由密度流沉积物组成，主河道由水上延伸到水下，当山洪暴发时，洪水携带大量混杂碎屑物质经短距离搬运直接进入湖水中，扇中水道中以块状或递变层理砂砾岩为主，向前缘粒度变细；水道间为粉砂岩和泥岩沉积；扇端则以低密度浊流或悬浮沉积为主。在地震剖面上靠盆地边界陡断裂一侧的下降盘一侧，呈楔形、帚状前积或透镜状，振幅强至次强或变振幅，连续性差。如果为陆上环境，这种地震相可能是冲积扇的反映。

2）近源三角洲地震相

近源三角洲又称为湖滨扇，是最重要的油气聚集单元之一。与海相三角洲不同，近源三角洲粒度相对较粗，水道中以块状或递变层理砂砾岩为主，一般位于湖盆缓坡部位。在地震剖面靠盆地边界断层表现为变振幅帚状前积反射，一般不发育大型三角洲前缘所具有的中振幅、波状或平行反射地震相。

3）深水浊积扇地震相

湖泊的中深水浊积扇位于三角洲斜坡底部或下倾方向深水区，其形成往往与上倾方向三角洲沉积物滑塌的浊流作用有关。深水浊积扇可细分为扇根、扇中和扇端。扇根以水道充填多层叠置的块状砂砾组成，以透镜状、充填状反射为特征；扇中以放射状分流水道为特征，为块状砂岩泥岩互层，可形成丘形或丘形充填反射；小的扇可能表现为同相轴增多或振幅异常；扇端由较薄粉、细砂岩与深水泥岩组成，砂岩常呈席状或透镜状夹在大套泥岩中，剖面上呈平行强反射。

4）河道充填地震相

河流包括辫状河和曲流河，在地震剖面上，主要依据河道充填反射特征来判断古河道沉积。河道砂体泛指充填在古河道中的所有砂体，如河道充填砂体、点砂坝和心滩等。规模较大的河道砂体在地震剖面上形成不同于相邻反射的充填形地震相，顶平底凹或顶凸底凹的透镜状。内部杂乱或无反射，或为上超充填反射，有时见下伏层"上拉"现象。规模较小的河道砂体，往往表现为振幅异常，剖面上难识别，有时在高分辨率剖面上可识别。

四、基于地震数据的地震相划分与地质解释

传统地震相划分方法通过肉眼观测来描述，即观察和描述地震剖面上的反射特征，类似于岩心和露头的沉积相分析，俗称"相面法"。目前，模式识别、神经网络等人工智能技术在地震相分析中得到广泛应用。因此，通常在地震相参数特征分析的基础上采用多种地震属性或者地震道波形特征开展聚类分析，通过实际地震道特征与已知地震相的地震资料反射特征进行对比分析，结合地震相干体等来确定地震资料中的连续性及边界特征。如图 6-7 所示为利用地震资料划分的地震相，实现了对火山岩相带的明确划分。

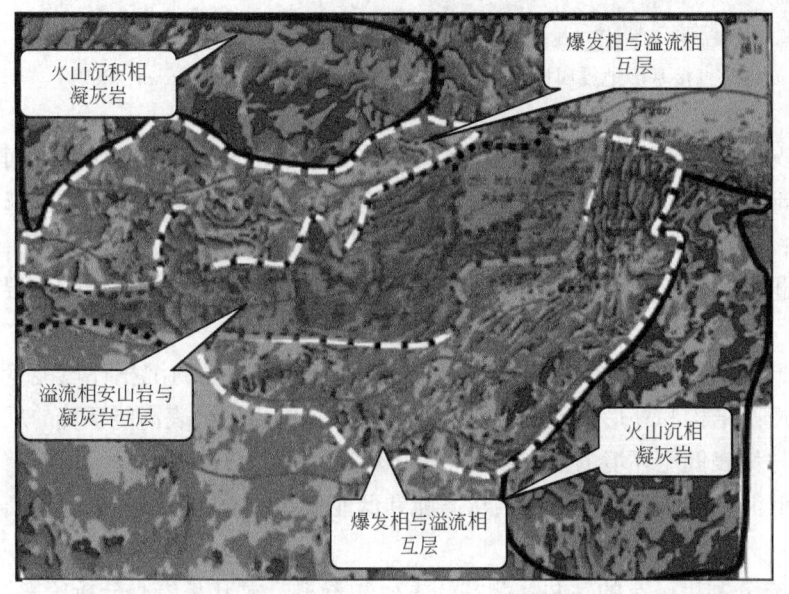

彩图 6-7

图 6-7　基于地震资料的火山岩相带划分（资料来源：中石油新疆油田）

在明确地震相的基础上可以开展地震相图编制，即弄清各地震层序中地震相和沉积相的展布规律。地震相编图单位通常采用层序或亚层序，对厚度较大的层序，应尽量分为几个亚层序，从而提高沉积相解释的精度。编制地震相图的方法有多种，常用的地震相编图方法是选择最能代表地震相特征和最能反映沉积特征的主参数进行编图，进一步将地震相图转为沉积相图，即可解释地震相所反映的沉积环境，实现地震相的地质解释。在地震相转换为沉积相的过程中，由于组成地震相的地震参数比较多，而沉积相的控制因素也很多，因此，地震相的解释结果存在多解性，解释人员需要进一步结合测井相等其他信息才能够得出可靠的解释结论。在资料条件较好的情况下，也可以直接利用某种典型的地震属性来开展沉积相的刻画与解释，图 6-8 展示了在墨西哥湾地区根据弧长（arc length）属性编制的沉积相图，取得了较好的实际应用效果。

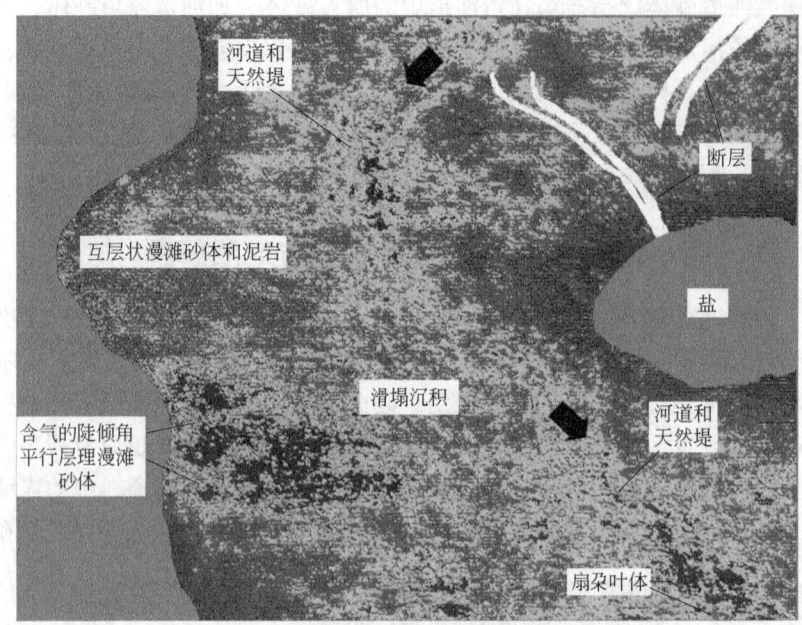

彩图 6-8

图 6-8 直接基于地震属性解释的墨西哥湾沉积相特征（据 Brown，2011）

在有钻井资料的情况下，需要采用过井地震剖面与测井资料进行反复标定，结合不同沉积体的外部形态及内部结构特征，合理确定研究区不同地震相所代表的沉积相特征。在没有钻井资料的情况下，通常是与标准的地震相模式以及邻近已勘探同类盆地进行对比，从而将地震相转换为沉积相。由于地震相解释的复杂性，在将地震相转换为沉积相时应遵循以下原则：

（1）能量匹配准则。地震相参数中的反射结构和几何外形具有明显的沉积环境能量标志，而同一沉积体的反射结构和外形，也应该在同一能量级范围内。代表高能环境的反射结构和外形特征不能与代表低能环境的反射结构和外形特征相匹配，反之亦然。例如，平行反射结构一般代表低能环境，发散结构代表从高能到低能变化，而前积结构则表示高能环境。

（2）岩心相准则。充分利用已有的钻井、测井、古生物资料，尤其是岩心分析资料，同地质相分析和测井相分析相互配合和印证。在没有钻井的探区内，只能通过地震相与沉积相的一般对应关系，与同类盆地的标准地震相模式进行对比，从而将地震相转换成沉积相。但是若在有井的探区，地震相解释时应尽可能地结合钻井资料，用钻井的岩心相标定相应的地震相。如某一斜交前积相既可能代表三角洲扇体，也可能代表冲积扇体，若岩心相为三角洲特征时则应以岩心相为准。

（3）沉积体系匹配准则。沉积体系指成因上有联系的沉积相的共生组合，平面上一组地震相分布受沉积体系的控制，这种控制因素包括沉积相类型的排列方式、相邻相序关系和展布方向性。受沉积盆地边界条件和构造背景的制约，从不同的边界向盆地内部延伸时，有些沉积相可以重复出现，有些则不能再出现。如在盆地发育期，在陡坡区向盆地方向，陡岸处的近岸水下扇体一般不会在深湖区和缓坡区出现。这种关于沉积体系的方向性认识与结论有助于正确开展地震相解释。

(4) 沉积演化匹配准则。沉积相的类型具有明显的地质时代特征，盆地不同发育期所产生的相模式和沉积体系可能有巨大的差别。根据沉积相律原则，只有在平面上能够彼此相邻的相，才有可能在垂向上（地质年代中）依次叠置。很显然，地震相从一个层序（或亚层序）到另一个层序（或亚层序）的分布特征也应遵循沉积相律原则。

在地震相成图过程中一般采用以下步骤：首先解释具特殊反射结构和外形的地震相，它们往往代表盆地中的骨架沉积相，如楔形地震相、前积地震相、充填状地震相等；然后对已钻井区或过井地震剖面进行分析，确定地震相所代表的沉积相；进一步以盆地类型、边界条件、古地理位置与环境，以及相应的沉积相模式和沉积体系展布规律为指导，结合地震相的组合关系恢复盆地内的沉积体系类型及展布特点。因此，在地震相转换为沉积相的过程中，熟悉各种沉积相类型、沉积体系分布特征以及它们形成的沉积环境，对于提高地震相解释水平极为重要。

第四节 基于地震资料的沉积特征解释

一、沉积相及地震沉积学基础

在地层解释方面，不同学科的研究思路与方法均有所差异，在实际应用时应根据研究对象和资料完整程度区别对待。一般而言，在勘探初期的盆地评价阶段，钻井资料较少，应用地震地层学预测盆地内大的沉积体系效果相对较好；随着钻井、测井资料的增多，应用层序地层学确定不同层系沉积体系与岩相类型是一种重要的方法；而在勘探程度高的地区，为了预测单个含油储层的空间横向展布，往往采用储层地震地层学的方法。

地震地层解释旨在通过地震资料来解释地层沉积特征，主要包括层序分析、沉积体系分析和岩性分析三部分内容。其中，层序分析指通过划分地震层序，标定地震反射层与地质层位的关系进而划分和对比沉积层序，在弄清地层横向分布规律的基础上，建立盆地内层序地层格架。沉积体系分析则主要利用地震剖面反射结构、外形等信息，确定地震相类型与分布特征，结合已有的钻井和测井资料，将地震相转换为相应的沉积相和沉积体系。岩性分析则主要是通过研究振幅、频率、速度和波形等地震信息与岩性和储层的关系，来预测储层的厚度和横向变化等。

沉积相（sedimentary facies）指反映特定古沉积环境所形成的原生沉积岩或沉积物所有特征的综合。其中，地震资料沉积解释是一个很年轻的正在发展的地学分支，所包含的内容在不断充实，同时也出现了许多新的专业术语和分支学科。地震沉积学（seismic sedimentology）是用地震资料研究沉积岩和沉积作用的一门学科，包含了可直接或间接用于沉积岩、沉积相和沉积环境解释的地震解释内容。地震沉积学可细分为地震岩性学和地震地貌学。其中，地震岩性学（seismic lithology）主要是建立岩性与地震速度之间的关系，将三维地震数据体转换为测井岩性数据体，建立岩性测井与井旁地震道之间的关系，以确保储层段井数据与地震数据的最佳匹配；而地震地貌学（seismic geomorphology）则是依据不同沉积体系的几何形态和地貌特征，将经地震特殊处理的平面或立体地震数据体进一步转换成沉积类型，指出砂体成因和分布特征，分析沉积体系和砂体形态演化历史。其研究内容、方法和技术与地震地层学、层序地层学和沉积学等其他学科有所不同，地震沉积学强调以地质研究为基础，在沉积学规律的指导下进行。

地震沉积学研究中最关键的三项技术是90°相位转换、地层切片和分频解释。其中，90°相位转换使地震同相轴具有了地层意义，可以用于高频层序地层的地震解释；地层切片是沿两个等时界面间等比例内插出一系列层面并提取属性切片来研究沉积体系和沉积相平面展布的技术；基于不同频率地震资料反映地质信息的不同，采用分频解释的方法，使得地震解释结果的地质意义更加明确。切片在地震解释中发挥着非常重要的作用，但在不同的应用场合存在一定的联系和区别，图6-9展示了几种地震数据体切片方法及其适用条件。其中，地层切片（stratal slice）是以追踪的两个等时沉积界面为顶底，在顶底间等比例内插出一系列的层位，沿这些内插出的层位逐一开展属性提取和分析。显然，当地层是席状且平行时，时间切片即可较好的解释地层特征；当地层是席状但不平行时，则需要使用沿层切片；而当地层既不平行也有厚度变化时，则应该选择地层切片。

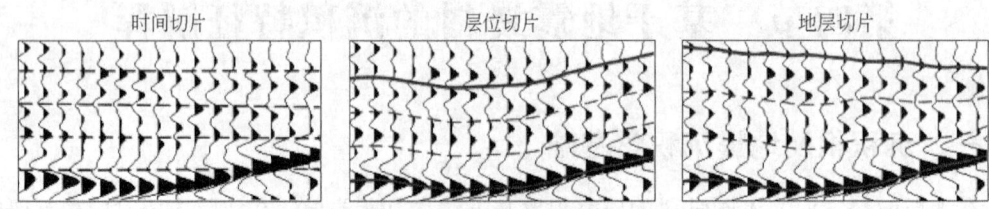

图6-9 不同类型的地震数据切片示意图

为了更好地发挥地震沉积学的优势，还需要系统地开展沉积地质研究和精细的单井/剖面沉积相解释，充分发挥测井曲线（尤其是声波与自然伽马曲线）的桥梁作用，其关键在于井—震联合（well-seismic combination）的层位划分与解释互动，以井为骨架，通过地震数据外推并获得细分层序的平面沉积相图。由于对地震资料的解释具有多解性，同一地震工区的地震沉积学成果，应该随着勘探进程的向前推进而不断的进行修正和完善。

测井相（logging facies，也称为电相，electrofacies）是指能反映某一沉积物特征，并能使这个沉积物与其他沉积物区别开来的一组测井响应（参数），即将测井曲线划分若干个不同特点的小单元，经与岩心资料详细对比，有效区分各单元所反映的岩相。因此，测井相也可以表示为多种测井曲线的函数，即f（密度、声波、中子、自然伽马、自然电位、电阻率、自然伽马能谱等）。在一个地区建立起测井相后，可以利用测井曲线解释出井的柱状岩性剖面图。通过分析取心井典型沉积微相类型所对应的测井曲线响应，建立岩性和电性之间的对应关系，从而根据测井曲线判别岩性和沉积相。

测井沉积相研究就是应用各种测井信息来研究沉积环境和沉积物的岩石特征，测井相分析（logging facies analysis）即利用测井曲线形态进行沉积相分析，旨在利用测井资料（即数据集）来评价或解释沉积相，因此，测井相也被认为是"表征地层特征，并且可以使该地层与其他地层区别开来的一组测井响应特征集"。

测井相与沉积相密切相关，不同的沉积相因其成分、结构、构造等不同而造成测井响应不同，一组反映岩石的测井曲线就构成了该沉积相的映像。但两者并不完全一一对应，可能有两个或多个测井相对应一个沉积相，也可能有一个测井相对应于几个不同的沉积相。在利用已知沉积相对电相进行标定时，通常在取心井中用一系列测井曲线或参数划分若干种测井相，将这些测井相与岩心分析所得到的岩相进行相关对比，利用测井信息可以归纳为不同类型及相互关系的曲线组合类型，建立测井曲线相模式，从而在没有取心的井中用测井资料进行沉积相分析，有助于更加合理地开展地质解释并恢复沉积环境，确定相标志，推断水体深度、搬运介质能量、沉积物粗细、物源供应、气候条件等标志。

测井相分析的相标志主要反映在曲线的幅度、形态、顶底接触关系、光滑程度、齿中线、多层组合包络线和形态组合方式等七要素方面。这些要素可以定性的反映岩层的岩性、粒度和泥质含量的变化及垂向演化序列。开展测井相分析时常用的曲线有自然电位、自然伽马、电阻率等。

利用地球物理资料开展地层沉积特征的研究离不开高精度的地震层序分析、沉积相分析和单井测井相分析，在实际应用中，需要在地质规律的指导下将地震相与测井相有机结合，实现地下沉积特征的可靠恢复，从而有效提高利用多种资料开展地层特征研究的能力。

二、地震沉积解释实例

下面以渤海湾盆地中南部黄骅坳陷中部地区孔店凸起构造带一个被断层切割的背斜构造为例开展沉积解释。目的层埋深约1206~1434m，发育河流相沉积，横向砂体分布比较稳定，纵向上自下而上呈现"粗—细—粗"的旋回性特点，单砂层厚5~30m。

目的层馆陶组是一个完整的三级层序，其底界为渐新世晚期盆地反转抬升时边缘大部分区域遭受剥蚀形成的区域性不整合，该界面亦是古近系和新近系的界线，呈现出明显的地震反射界面（T4），振幅较强且连续性较好，与下伏地层削截关系明显，层序界面容易对比和追踪，测井曲线和岩性均表现为突变接触关系；层序顶界位于馆一段顶部，中强振幅（T1），整体呈连续反射，是厚层砂岩与上部泥岩的突变面，为馆陶组的重要标志层之一（图6-10）。

彩图6-10

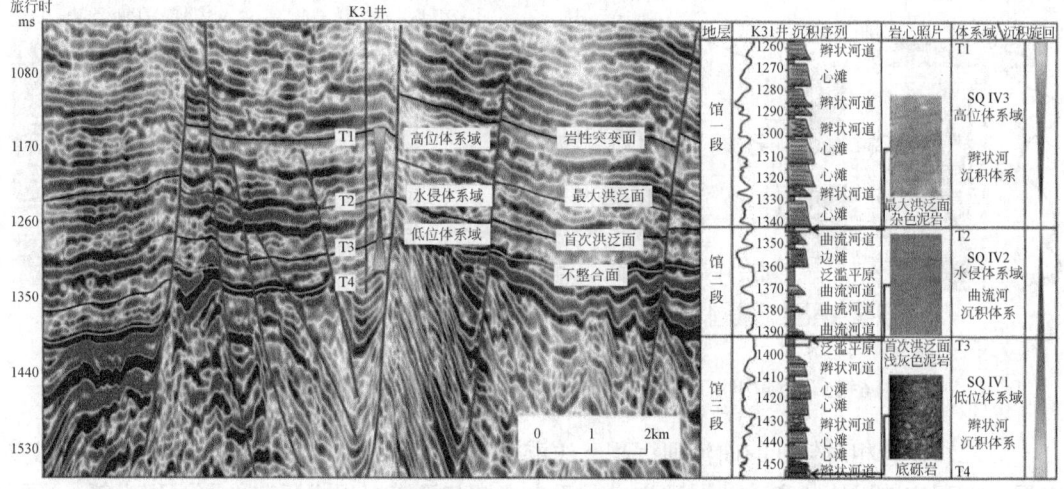

图6-10 馆陶组层序划分及特征（据林承焰，2017）

河流相层序内部的演化主要受基准面（构造升降、气候变化等因素影响的抽象界面）变化的影响。基于河道砂体和河漫沉积的相对比例，将河流沉积层序划分为的三个体系域，包括低位体系域（LST）、海侵/水侵体系域（TST）和高位体系域（HST）。低位体系域具有较低的沉积基准面，以充填拼合河道砂体沉积为主；海侵体系域基准面的上升速率由慢到快，发育厚层泛滥平原沉积夹孤立弯曲河道砂体；高位体系域基准面上升速率开始下降，沉积横向连通性较好、密度也较大的砂体沉积夹少量泛滥平原沉积。初始洪泛面（FFS）是低位和水侵体系域的分界面，跨越这个界面地层剖面中含砂率及河道接触样式发生明显的变化，研究区初始洪泛面位于馆三段顶部，是一套全区稳定发育的浅灰色泥岩，厚度6~14m，弱振幅（T3），连续性较差，界面下部为低位体系域（SQ Ⅳ1），其底部发育一套夹浅灰色泥岩的浅灰色砂砾岩（10~30m），向上岩性转变为以含砾中砂为主的厚层砂岩，整体厚度60~80m，为多期河道砂体叠置，泥质含量较低，SP曲线呈明显负异常，形态以箱状为主，主要为坳陷早期的粗碎屑沉积；初始洪泛面上部为水侵体系域（SQ Ⅳ2），岩性主要为厚层浅灰色或杂色泥岩夹薄层细砂岩，河道砂体被泥岩包裹呈孤立状，SP曲线多呈钟形，整体厚度约50m，单层砂岩厚度5~10m；最大洪泛面（MFS）是层序内的重要分界面，反映了快速上升的基准面的结束，该界面下是水侵体系域沉积，界面上是高位体系域沉积，研究区的最大洪泛面位于馆二段顶部，岩性为一套杂色泥岩，稳定性相对较差，大多数井都有钻遇，部分井保存较差甚至未保存下来，振幅较弱（T2），连续性较差，界面之上发育高位体系域（SQ Ⅳ3），为厚层块状中砂岩偶夹灰绿色泥岩，整体厚度约80~100m，河道砂体较为发育，与SQ Ⅳ1相比河道间泥岩比例略有增加（图6-10）。

馆陶组整体厚度200~230m，为坳陷期早期沉积，整体属于粗碎屑河流相沉积，发育7种岩石相类型，包括1种粗粒度砾岩相、3种砂岩相、2种粉砂岩相和1种泥岩相。馆一段及馆三段发育厚层的粗粒度辫状河沉积，心滩为辫状河中最重要的沉积微相类型，测井曲线包络线形态常是箱形或略微向上收敛的钟形，多期河道砂体常频繁叠置，叠加厚度可达70m，地层剖面含砂率大于70%（图6-11）。

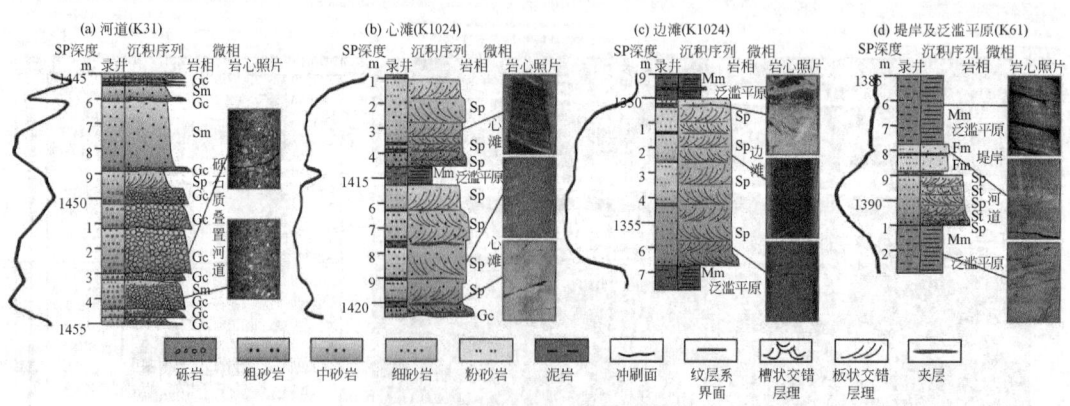

图6-11 馆陶组沉积微相典型岩心照片及沉积序列（据林承焰，2017）

馆二段发育相对较细的曲流河沉积，边滩沉积较为发育，岩性上可以观察到多期泥质夹层，沉积构造以块状和砂纹层理为主，垂向上常与河道沉积或泛滥平原沉积毗邻，平面上则位于河道两侧。泛滥平原也是馆二段较为发育沉积微相类型，岩性主要是厚层块状泥岩，颜色主要为浅灰色或杂色，内部呈若分层状或不发育层理，厚度在几米到几十米之间，内部可发育粉砂质薄层。

目的层三维地震资料有效频宽为 5～80Hz，主频 30Hz，层速度为 2200～2400m/s，可以估算出研究区的地震资料垂向分辨率约为 20m，而研究区 SQ Ⅳ2 砂体厚度多小于 10m，难以利用传统的地震地层学方法对研究区储集层进行精细研究。在对地震数据进行 90°相位转换的基础上，利用研究区等时沉积界面制作地层切片。由于断陷晚期的构造反转和地层剥蚀及馆陶组沉积早期低位域河道下切的影响，SQ Ⅳ1 基底地貌表现为不同程度的起伏，随着基准面的上升及沉积物的逐渐堆积，古地貌低洼处首先被充填，河流向平原河流转变，地层整体呈水平状叠加，在馆陶组内部 SQ Ⅳ1 和 SQ Ⅳ2 顶部都发育一套广泛分布的洪泛细粒沉积（初始洪泛面和最大洪泛面），在地震剖面上有明显响应，可以作为制作地层切片的地震反射标准层。对于 SQ Ⅳ1，可以将 T1 标准层拉平后平行于顶制作地层切片，对于 SQ Ⅳ2 则是在 T2 和 T3 之间通过线性内插来获得地层切片，SQ Ⅳ3 则可以在拉平 T2 标准层后平行于 T2 制作地层切片（相对关系如图 6-12 所示），根据所获得的地层切片可以研究地震地貌特征，分析馆陶组河流沉积的平面展布特征及沉积体系的演化规律。

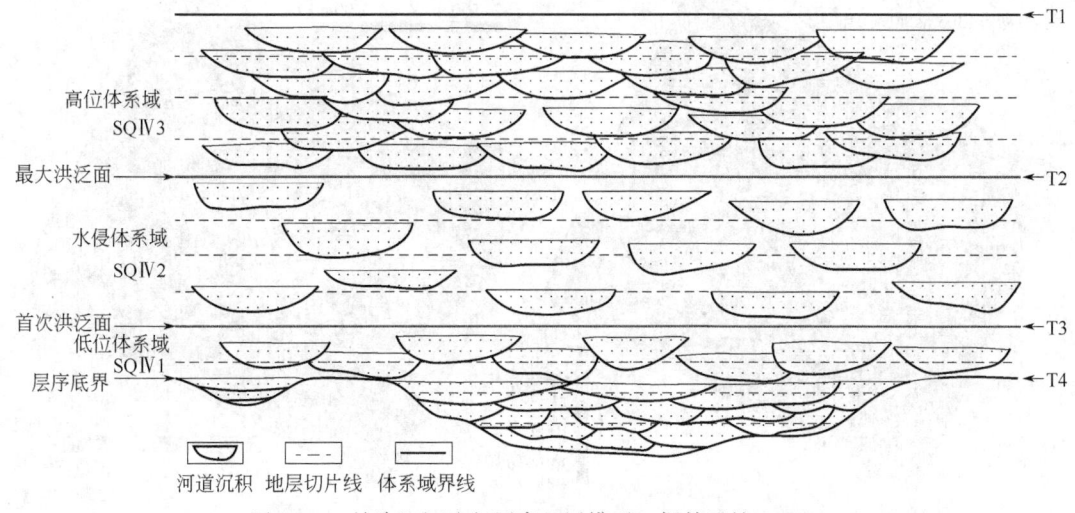

图 6-12　馆陶组河流相层序地层模型（据林承焰，2017）

在井震标定的基础上，通过对地层切片上的振幅采样值与孔隙度统计分析可知，砂岩集中于地层切片上的振幅高值区，泥岩大多集中在采样低值区（图 6-13），因此地层切片中高采样值区域对应厚层砂岩，属于河道内部沉积，低采样值区域与泥岩对应，属于越岸细粒沉积。

由 SQ Ⅳ1 地层切片可以看出（图 6-14），馆三段沉积早期，砂岩分布广泛，以河道沉积为主，河道规模较大，横向连续性较好，表明馆陶组沉积早期物源供给充足，局部可观察到不规则高采样值异常区，平面上呈散落状分布，为辫状河体系内部的心滩沉积，自然电位曲线多为厚层箱状；另外有不规则条带状或土豆状低采样值区域，为河道间或泛滥平原细粒沉积，发育规模较小。

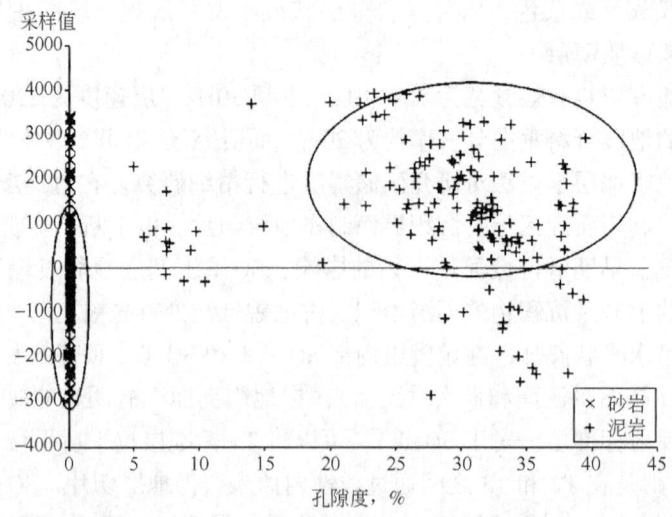

图 6-13　地震采样值—孔隙度交会图（据林承焰，2017）

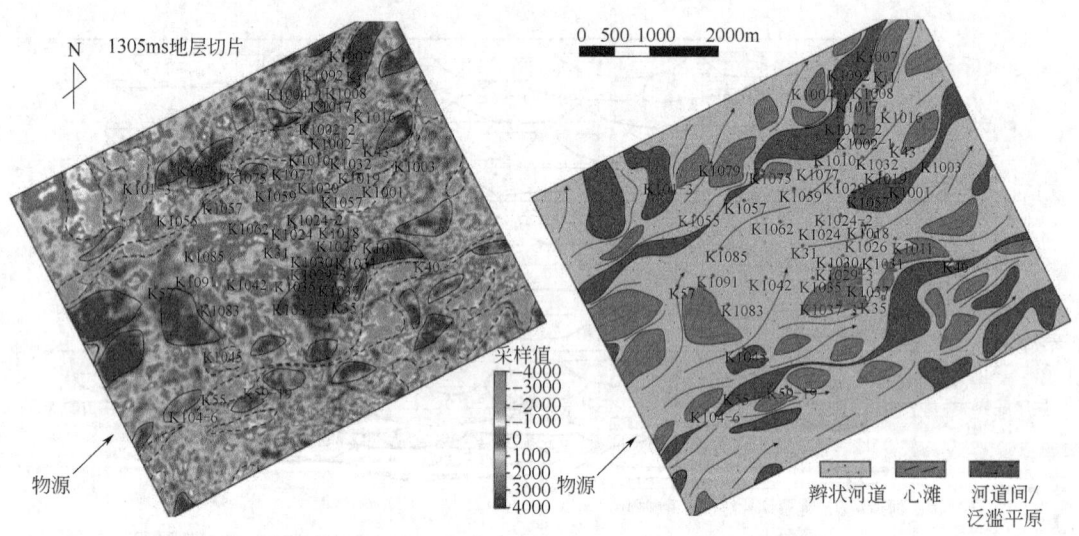

图 6-14　SQ Ⅳ1（馆三段）地层切片及其沉积相解释（据林承焰，2017）

彩图 6-14

到 SQ Ⅳ2 馆二段沉积早期（图 6-15），河道砂体分布大范围减少，河道规模显著变小，地层切片上低采样值区大规模连片状分布，表明此时期泛滥平原较为发育，河道形态呈现弯曲状，该时期发育多个曲流河道复合带，复合河道带内部发育多期互相切割和拼接的曲流河道，各河道带之间发育大范围的泛滥平原沉积。

显然，地震数据中蕴藏着地质体的各种相关信息，丰富的地震属性信息和三维可视化技术有效提升了地球物理表征精度，为准确刻画地下地质体特征提供了依据。受地震资料分辨率、地下地质体复杂性和噪声等因素的影响，利用地震资料开展沉积解释及储层预测必然存在多解性，在应用过程中需要加强不确定性分析。

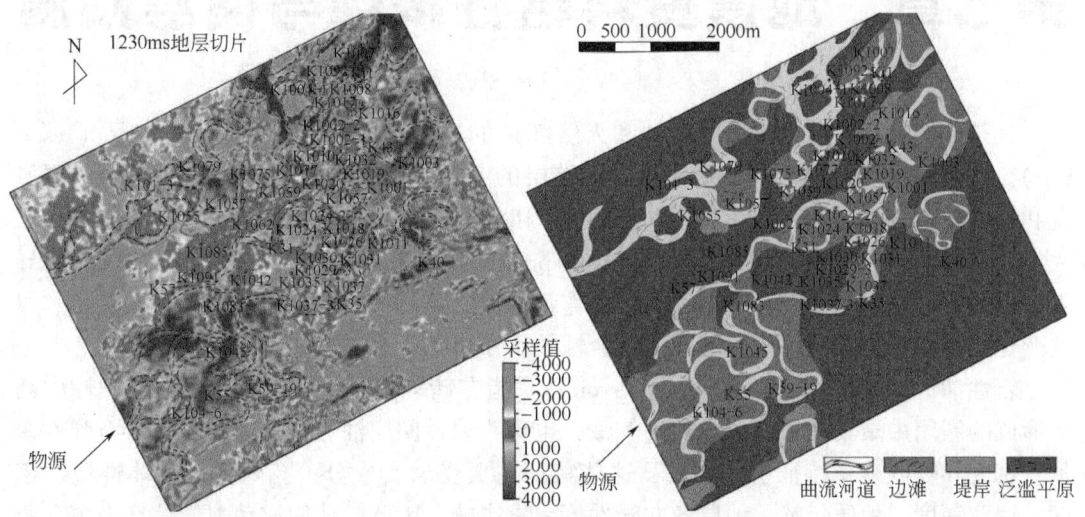

图6-15 SQ Ⅳ2（馆二段）地层切片及其沉积相解释（据林承焰，2017）

彩图6-15

第七章　地震资料岩性解释与储层预测

凡是能够储存和渗滤流体（石油和天然气）的岩层统称为储集层，简称储层（reservoir）。储层是地震解释的核心要素，表征储层的主要参数包括岩性（岩性成分、储层厚度和展布特征等）、物性（孔隙度、渗透率）和含油气性（流体成分、含油气饱和度）三大类。所谓地震储层预测（seismic reservoir prediction）技术，就是指在地质模式的指导下，以地震信息为主，综合利用其他资料作为约束，预测储集层空间分布、岩性变化、厚度变化、物性特征和含油气性特征的综合性技术。

岩性油气藏（lithologic oil-gas reservoir）是指在储集岩性性质改变或岩性连续性中断所形成的圈闭中聚集油气所形成的油气藏，也称为岩性圈闭油气藏。地震波与岩石弹性模量、密度和吸收衰减特征密切相关，这些特征主要受岩石成分、孔隙度、流体性质、密度、埋藏深度、地质年龄、地层各向异性等因素影响。因此，地震波动力学信息中蕴含着丰富的地层岩性信息，如何在构造解释基础上确立地震层序、分析地震相、恢复盆地的古沉积环境、预测生储油的相带分布、寻找地层或岩性圈闭油气藏是地震资料解释的主要任务。地震资料岩性解释（lithology interpretation with seismic data）就是综合地震、测井、地质和钻井等资料开展储层岩性预测、分析和解释的过程，即在测井资料的约束下，从地震振幅、频率和相位等信息中提取岩性信息。显然，声波时差、自然电位、自然伽马、井径、感应、视电阻率、微电极等测井曲线和岩性录井资料均可以为岩性识别提供有效的约束信息。

地震岩性解释和储层预测旨在将地震波振幅、频率、相位等动力学信息与钻井、测井资料相结合，建立起储层特征参数与地震数据之间的可靠关系，实现储层厚度、泥质含量、孔隙度等岩性和储层物性参数的精确提取，为岩性分析与烃类检测提供技术支持。在实践中通常采用模型驱动和数据驱动两类方法，所谓数据驱动，就是指采用合适的数据处理方法，将地震信号看作纯粹的数据来实现地下介质参数的估计，该方法采用各种算法从地震数据中提取信息，根据提取出来的信息开展岩性识别和储层参数预测，比如提取地震属性并通过拟合计算泥质含量等。模型驱动则是指以某种地球物理介质模型为理论基础，选择合理的介质参数和边界条件建立方程，通过反演介质弹性参数或物性参数来定量表征储层和岩性特征，如基于叠前地震资料的弹性参数或物性参数反演。显然，数据驱动方法强调的是数据之间的数学关系，而模型驱动强调的则是两者之间的物理关系。

第一节　基于数据驱动的岩性与储层预测

基于数据驱动开展岩性识别及储层预测旨在通过数据驱动方式获取对岩性储层比较敏

感的地震属性，从而定性或定量开展岩性识别和储层预测。即充分利用井旁道地震属性和测井岩性物性解释结果等数据，采用线性回归、地质统计、神经网络等方法建立地震属性与目标参数之间的数学映射关系，并将该关系应用到整个三维数据空间，获得井点以外的岩性或物性参数。

一、基于敏感地震属性的岩性与储层特征定性预测

由于地震属性就是对地震数据的一种数学变换，因此很难从物理意义上直接给出对储层岩性特征敏感的地震属性，且没有任何一个地震属性能够解决所有地质问题或适应所有的区块，在实际应用中往往需要根据资料品质有针对性地选择适合工区地质特点的敏感地震属性。本节主要从实际应用出发，以总能量、半能量时间等地震属性为例来简要介绍振幅类属性在地震岩性及储层定性预测中的应用。

图 7-1 分别展示了以两个构造解释层位之间的时间段为时窗范围所提取的地震振幅总能量属性和半能量时间属性，其中，总能量属性采用地震振幅的平方来计算。由于该目的层段的地质环境以页岩为主，因此，总能量属性中反射能量较大的区域反映了砂岩相对较多的区域。半能量时间（energy half-time）属性是指先计算整个层段的总能量，再从顶部开始计算能量达到整个总能量一半时的位置。如果该位置点出现在总层段的中点之上，则表明储层中的砂岩主要分布在目的层段的上部；如果该位置出现在总层段的中点之下，则储层中的砂岩主要分布在目的层段的下部，图中分别采用红色和蓝色来区分砂岩在不同区域中的垂向分布特点。

彩图 7-1

 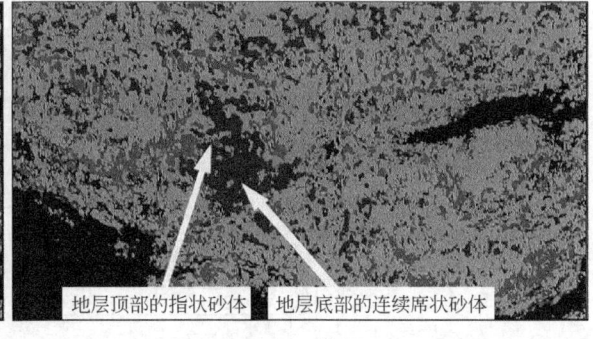

(a)   (b)

图 7-1 某储层段的地震振幅总能量属性和半能量时间属性（据 Brown, 2011）
(a) 地震振幅总能量属性；(b) 半能量时间属性

在阿根廷南部圣豪尔赫盆地的油田中，许多生产井的原油产自分布面积有限的薄砂层储层，层状越明显表明该区能够发育越多的薄砂层，该区的薄砂层实际上都聚集在图中所示的红色箭头指示的位置，且瞬时频率属性的高频区与高产量砂层之间具有较好的相关性。图 7-2 展示了某含油层段的平均瞬时频率和零交叉点数两个属性，两个属性切片均较好地表征了该区优质砂岩储层的分布范围，且生产井都集中在图中红色箭头所指的暖色调区域。

岩性敏感地震属性也可以用于定量预测泥质含量或其他储层参数，但单一属性开展

此项工作的不确定性非常强,敏感的单一地震属性更适合定性地描述岩性分布范围,在实际应用中通常采用多参数联合来开展定量或半定量的综合预测。通常,叠前地震资料中振幅随偏移距的变化规律对岩性变化特征比叠后地震属性更为敏感,有助于提取出更加有效的岩性信息。由于叠前地震属性在含气砂岩中的响应更加明显,为了避免重复,本教程将基于叠前地震属性的岩性解释内容合并到下一章与含油气性识别部分一起讨论。

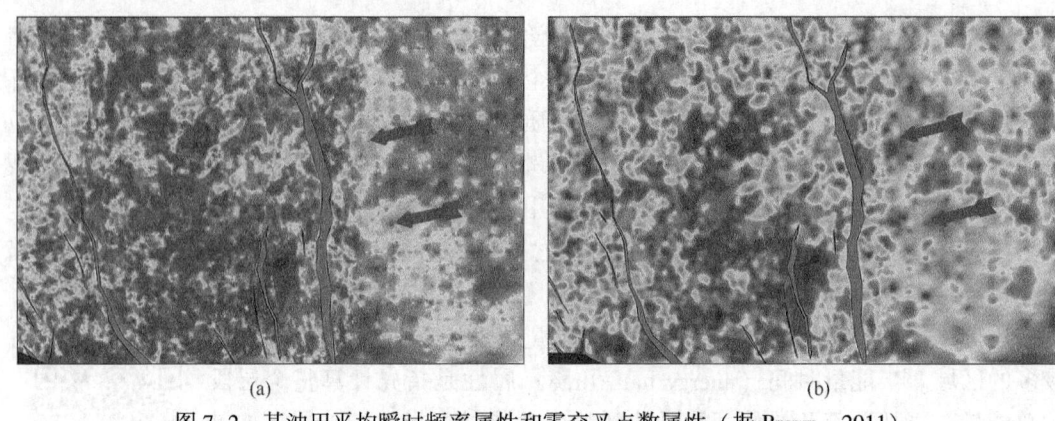

图 7-2 某油田平均瞬时频率属性和零交叉点数属性(据 Brown,2011)
(a)平均瞬时频率属性;(b)零点交叉点数属性

二、基于地震属性分析的储层参数定量预测

提取敏感地震属性能够比较清晰、便捷地展示储层特征,通过开展岩石物理分析,能够建立起地震属性与储层物性参数之间的数学映射关系,为利用地震属性开展储层参数预测奠定基础。图 7-3 所示为某工区的井旁地震道均方根振幅属性与测井核磁孔隙度交会图,从图中可以看到地震属性与储层物性参数之间具有非常明显的非线性拟合关系,且拟合关系与实际数据之间具有较好的相关性。

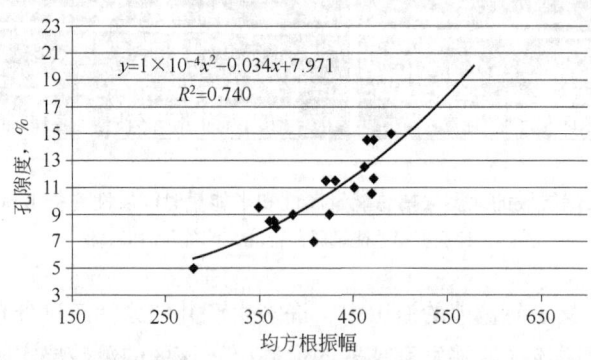

图 7-3 某工区井旁道均方根振幅属性与核磁孔隙度交会图(资料来源:中石油新疆油田)

当地震属性与储层物性特征之间的映射关系能够合理地反映地质规律时,可以将该映射关系应用于整个三维空间,从而实现三维区域范围内的储层参数预测,图 7-4 为利用图 7-3 构建的地震属性与物性参数之间的映射关系所得到的目的层孔隙度分布特征。

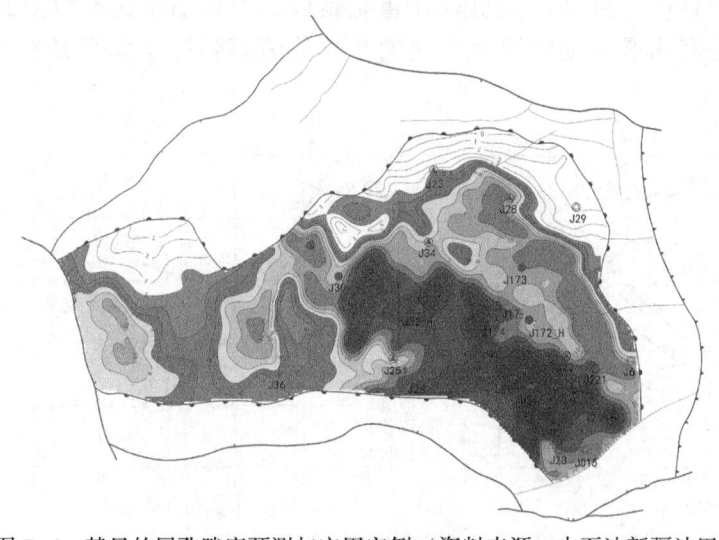

彩图 7-4

图 7-4 某目的层孔隙度预测与应用实例（资料来源：中石油新疆油田）

当然，单一地震属性所反映的地质信息往往存在一定的局限性和很强的多解性，而联合时间、振幅或频率类多种地震属性开展综合研究则有助于提高岩性或储层预测的可靠性。采用单一敏感地震属性开展岩性和储层参数预测主要以定性为主，而多属性联合则能够更好地解决储层参数的定量预测问题，属于典型的数据驱动范畴，具体的方法原理详见第三章，相关方法发展非常迅速，文献中也发表了大量成功应用的典型实例，此处不展开阐述。

显然，充分利用多井数据、多种地震属性与油气藏特征参数开展精细交会分析，能够明确与岩性油气藏特征相关性好的地震属性，进一步通过地质统计学或神经网络等方法完全可以实现整个三维工区的岩性解释和储层参数预测。实践表明，采用与岩石特性没有物理相关性的地震属性开展储层预测具有更大的风险，因此，在选择井旁道地震属性与测井数据中的储层参数建立数学联系时，尽量结合岩石物理理论和实验结果来确定或者推测出两者之间的关系，有效提高储层参数预测的可靠性。

第二节　基于模型驱动的岩性及储层预测

基于模型驱动开展岩性与储层预测主要是通过模型驱动方式来从地震资料中定量获取地层特征参数，并用于指导岩性识别及储层预测的过程。采用基于模型驱动开展岩性识别和储层预测时，需要明确对岩性特征敏感的弹性参数，选择适合该地区实际资料特征的理论模型，并进一步通过反演等技术定量获取该参数的三维空间分布特征。

一、岩性敏感弹性参数及岩石物理量版

图 7-5 展示了常见的海相沉积岩弹性特征，从图中可以看出，不同类型的岩石速度和密度有很大的重叠范围，碳酸盐岩的密度和速度均高于碎屑岩，但高孔隙的白云质石灰岩与砂岩也存在重叠；无论是碎屑岩还是碳酸盐岩，速度和密度都具有较好

的正相关；尽管不同岩性的速度和波阻抗存在重叠范围，但在泊松比参数上存在着较大的差异，这也正是利用叠前地震资料反演泊松比等敏感弹性参数开展岩性识别的基础。

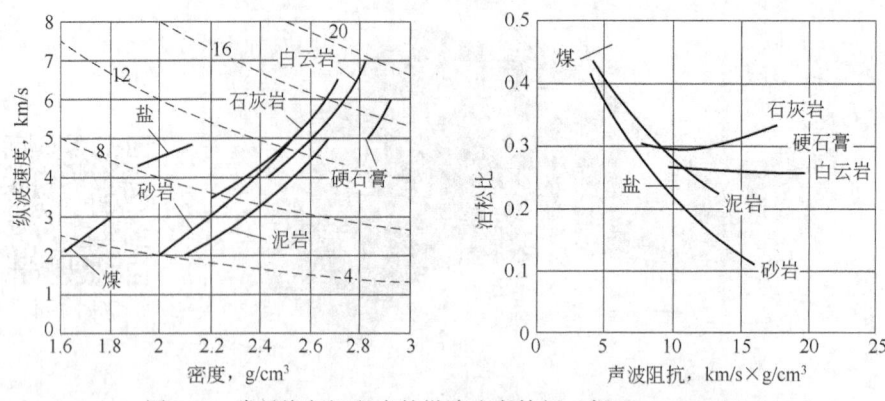

图 7-5　常见海相沉积岩的纵波速度特征（据 Simm，2014）

岩石物理理论建立了弹性参数与岩石物性参数之间的桥梁，图 7-6 以 Gassmann 模型为基础，从理论上展示了典型砂泥岩储层中纵波速度、横波速度和泊松比等参数随泥质含量和孔隙度参数的变化趋势。该变化趋势表明，随着泥质含量和孔隙度的增大，饱和岩石的纵横波速度和密度都减小，且孔隙度大、泥质含量高的岩石速度明显较低，由于速度受孔隙度影响比较大，因此，泊松比参数比速度参数更适合于区分岩性。

彩图 7-6

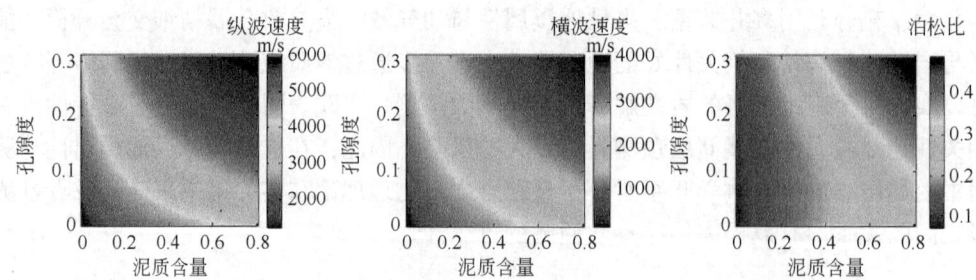

图 7-6　纵横波速度、泊松比随泥质含量和孔隙度的变化趋势

大量的岩石物理实验测试和实际测井数据分析也表明，纵横波速度比 v_p/v_s 或泊松比 σ 对区分岩性更加敏感，不同类型岩石的泊松比参数分布范围不同且岩石之间的数值范围重叠相对较小，不同岩性在泊松比参数上的差异比速度的差异大，如砂岩的泊松比为 0.17~0.26，白云岩为 0.27~0.29，石灰岩为 0.29~0.33。图 7-7 利用国际上公开发表文献上的数据以及胜利、辽河和中原油田的部分全波形声波测井资料开展不同岩性的纵横波速度交会分析，图中标出了一系列斜线及对应的 v_p/v_s 数值。从图中可以看出：灰质岩分布在 v_p/v_s 等于 1.9 的直线周围，白云质岩分布在 v_p/v_s 等于 1.8 的直线周围，花岗岩和辉绿岩的 v_p/v_s 分别等于 1.75 左右和 1.85 左右，煤的 v_p/v_s 在 2.0 左右，岩盐为 1.7，泥岩分布在 Castagna 的泥岩线附近，表明纵横波速度比或泊松比参数具有良好的岩性区分能力。

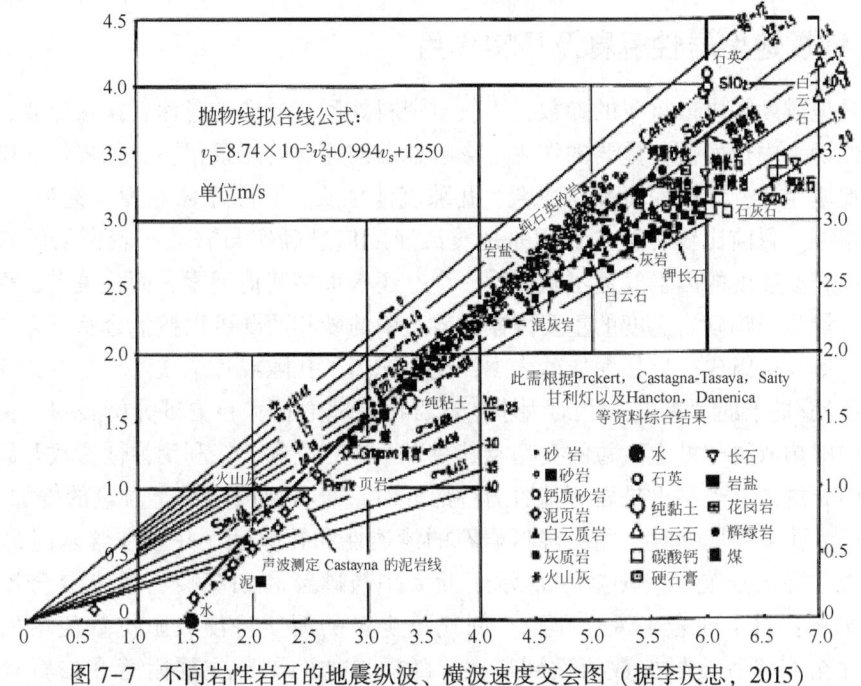

图 7-7 不同岩性岩石的地震纵波、横波速度交会图（据李庆忠，2015）

泊松比参数也与岩石孔隙中的流体性质有着密切关系，盐水饱和砂岩往往具有较高的泊松比（0.3~0.4），而气饱和高孔隙砂岩往往具有低泊松比（有的甚至不大于0.1）。目前，泊松比和纵横波速度比参数已经在岩性解释和含油气性识别中得到了广泛的应用。以准噶尔盆地泊松比岩性量版统计为例，不同岩性的泊松比数值有明显的分布区间，最低者为气层砂岩，依次为油层砂岩、水层砂岩、泥岩、安山岩、砾岩、钙质泥岩及煤层。

当然，泊松比参数也受其他因素的影响，研究表明，含气砂岩的泊松比随着埋藏深度的增加而增加，而含水和含油砂岩的泊松比则随着埋藏深度的增加而逐渐减小，不同岩性和含流体特征在泊松比数值上有互相接近的趋势，导致利用泊松比来区分含油气性的难度加大，但在整体上含气砂岩泊松比低、含油砂岩泊松比居中、含水砂岩泊松比高的趋势保持不变。

基于岩石物理理论模型和实测数据可以构建用于储层定量解释的岩石物理量版。岩石物理量版在本质上是诸如孔隙度或饱和度、速度或声阻抗、v_p/v_s或泊松比之间的交会图，通过对背景进行注释，有助于深入理解孔隙度、泥质含量和流体饱和度等不同因素引起的响应，实现储层岩性和含油气性特征的定量预测，具体特征如图 7-8 所示。

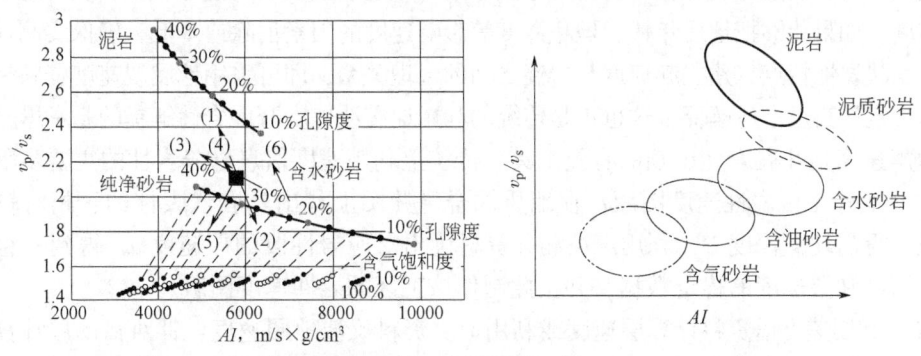

图 7-8 岩石物理量版实例与岩性识别（据 Simm，2014，修改）

二、地震速度岩性解释及压实作用

速度是地震勘探中最重要的参数,不仅对资料处理、成像和时深转换很重要,在储层预测和岩性识别中也发挥着重要的作用。影响地震波速度的因素很多,如岩性、密度、构造历史和地质年代、埋藏深度和孔隙度、孔隙流体性质、孔隙流体黏度、饱和度、温度、压力、频率等。目前比较明确的认识是地震波速度信息确实与岩性有着密切的联系,但是,影响地震波速度的因素又远不止岩性一个,还有很多其他因素,而且关系也很复杂。

泥质含量是影响砂岩速度的重要因素,岩石中的砂和泥既可以按混合状态存在,也可以由砂泥质薄互层组成。比如泥质砂岩中,泥质充填了孔隙或骨架或两者都有,这时主要取决于砂和泥/黏土的"颗粒"相对大小。岩石物理理论和实验测试分析表明,黏土对地震波速度的影响取决于黏土微粒的类型及其在岩石中的位置,在利用弹性参数开展岩性预测时需要引起重视。当黏土是岩石基质的一部分时,岩石速度随黏土含量的增加而减小;而当黏土作为孔隙充填物时,则会降低岩石的渗透性和孔隙度,并且在含水时黏土还会发生膨胀并导致岩层变形。图 7-9 展示了渥太华粗砂粒和细高岭石粉末混合效应对弹性性质的影响;对于砂岩来说,孔隙空间充填少量的泥质将使波阻抗数值增加,当孔隙被泥质完全充填后波阻抗数值达到最大,随后增加的黏土主要附着在岩石骨架中并使其变软,导致波阻抗数值降低,从而在波阻抗与孔隙度的交会图中呈现出"V"字形特征;泊松比也呈现出类似的"V"字形特征,其中,孔隙度降低导致从砂岩到泥质砂岩的泊松比略微减小,而从砂质泥岩到泥岩的泊松比升高则是由于黏土矿物比石英具有更高的泊松比。

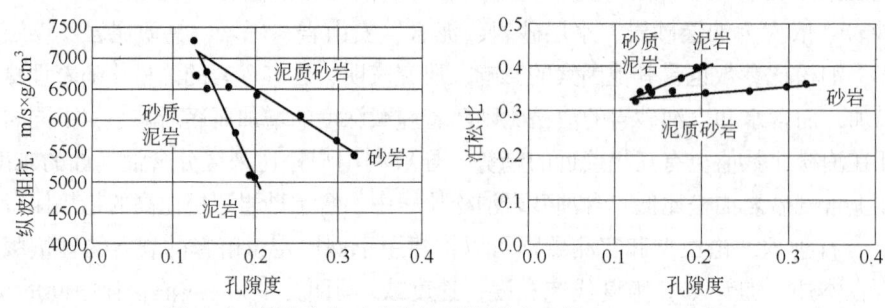

图 7-9 泥质分布对砂岩性质的影响(据 Simm,2014)

由此可见,利用地震数据中获得的速度来解释地层岩性既有可能性,又存在一定的局限性和难度。如果能够把地质年代、埋藏深度等影响速度的因素消除或降低,确保实测速度数据主要反映岩性特点,建立起速度与岩性之间的合理关系,即可采用地震波速度资料来实现岩性的半定量甚至定量解释,这也正是传统的利用地震波速度开展岩性解释的基本思路。

地震速度是开展岩性识别的有效工具,传统上利用速度信息划分岩性的主要步骤是:

(1) 制作工区岩性速度图版:在地质综合录井图上找出具有代表性的、相对较纯的岩性段,得出埋藏深度 H,利用声波测井资料读出对应岩性段的层速度 v,得到一组包含岩性、深度和层速度的稳定数据,并据此制作该工区的岩性速度图版。

(2) 利用速度谱资料计算层速度或利用地震资料反演地层速度:针对目的层计算其层速度和埋深(H),并把一系列层速度数据绘制在 XOY 平面图上,得到层速度平面分布图。

（3）利用岩性速度图版估计岩性：利用岩性速度图版，根据不同深度的层速度数据从岩性速度图版上查出对应的岩性，实现地震层速度向岩性的转换。

岩石在埋藏过程中的沉积作用和压实作用会引起化学或物理变化，使得孔隙度随深度的增大而减小。由于砂岩颗粒的重排和打碎、泥岩中扁平结构的破坏等机械压实作用，纯砂岩的孔隙度随深度的增加而减小，具有很好的线性关系。但随着温度和压力的增加，化学压实逐渐取代机械压实，蒙脱石转化为伊利石并生成水和二氧化硅。从压实作用对含水砂岩和泥岩阻抗特征影响的示意图（图7-10）可知，砂岩和泥岩的波阻抗变化趋势会在某一特定深度相交，在此深度之上，泥岩比砂岩更坚硬，导致浅层泥岩的速度和波阻抗高于砂岩，泊松比也通常比砂岩高；而在此深度之下，砂岩比泥岩坚硬，即深层砂岩速度和波阻抗高于泥岩，砂岩泊松比也明显较低。在实际应用中，不同油田

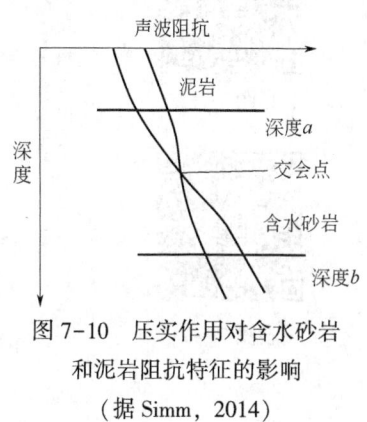

图7-10 压实作用对含水砂岩和泥岩阻抗特征的影响
（据Simm，2014）

砂岩与泥岩速度随深度的变化关系差别较大，甚至相邻区块也不具备统一的变化规律，且砂泥岩速度的变化关系还常常受到灰质化等因素的影响，需要有针对性地开展岩石物理趋势分析来合理地确定岩性特征。

速度在岩性识别中发挥着重要的作用，但基于速度谱开展岩性预测的精度非常低，而采用叠前地震反演则可以获得精度更高的速度信息，将地震反演结果与岩石物理结论和认识相结合，能够更好地提高岩性储层描述精度。

三、储层敏感弹性参数反演与岩性解释

从岩石物理理论可知，地层岩性变化、流体充填对速度的影响关系相对比较复杂，加上受地层埋深、地质年代等一系列因素的影响，直接采用速度资料开展岩性识别是有条件的。而岩性对密度的影响非常直接，因此，密度参数是非常敏感的岩性识别参数。由褶积理论可知，地震反射是由波阻抗差引起的，地震波阻抗是岩石密度和纵波速度的乘积，能够较好地反映岩石特性，特别是在无法准确获取密度参数的条件下，波阻抗参数往往比速度具有更好的岩性识别能力。波阻抗反演属于典型的模型驱动问题，具体方法原理详见第四章。

图7-11所示为某地区的波阻抗与孔隙度交会图，从交会图上可以看到，随着孔隙度的减小，波阻抗呈现出增加的趋势，其中，茅口组灰岩阻抗最高，辉绿岩和粗粒玄武岩阻抗次之，而火山碎屑岩和火山碎屑熔岩的波阻抗较低，显然，利用波阻抗来区分储层具有非常明显的优势。

在岩石物理分析的基础上可以通过波阻抗反演来开展岩性识别，图7-12展示了过两口井的地震剖面和基于波阻抗反演结果进行岩性识别的对比图，受地震资料分辨率和目的层弱反射特征的限制，从地震剖面上无法开展岩性划分，而根据波阻抗反演结果则能够较好地从剖面上区分出火山碎屑岩等四种岩性在空间上的合理分布特征。

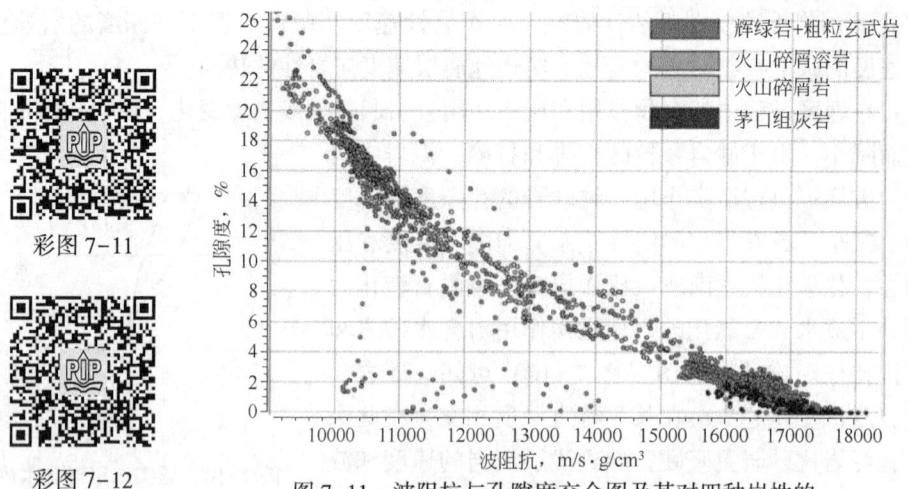

图7-11 波阻抗与孔隙度交会图及其对四种岩性的区分情况（资料来源：中石油西南油气田）

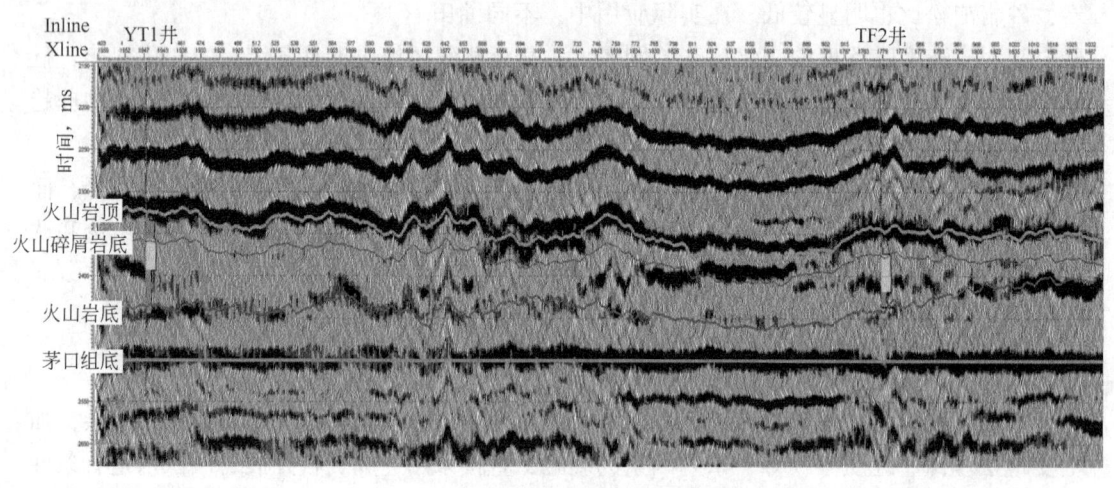

(a) YT1井-TF2井叠前时间偏移剖面

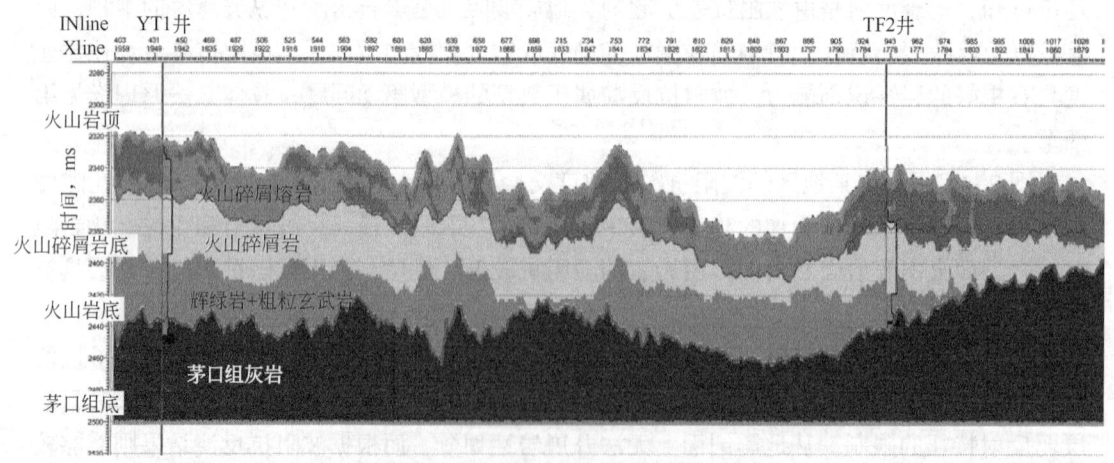

(b) YT1井-TF2火山岩岩性预测剖面

图7-12 基于波阻抗反演的岩性识别（资料来源：中石油西南油气田）

岩石物理理论和实验均表明，泊松比等弹性参数对岩性特征更为敏感，即地震速度和波阻抗往往只能在有限范围内取得良好效果，而采用叠前地震反演获取泊松比等敏感弹性参数则成为岩性解释及储层预测的重要手段。其基本思路是：通过岩石物理理论、实验或参数分析，明确对岩性或储层比较敏感的弹性参数或参数组合，并进一步通过叠前地震反演来获取该敏感弹性参数数据体，从而指导该区块的岩性及储层预测。

以胜利油田垦岛地区馆上段岩性预测为例，该目的层为典型的河流相沉积，纵向上砂岩与泥岩呈互层分布，砂岩与地层厚度之比平均为0.30。通过对该目的层大量的测井数据开展岩石物理分析，明确认识到泊松比对岩性储层比较敏感，图7-13为过垦北203井的地震数据和泊松比参数叠合剖面，结果表明，通过泊松比参数的叠前地震反演能够有效识别砂体，提高储层刻画能力。

彩图7-13

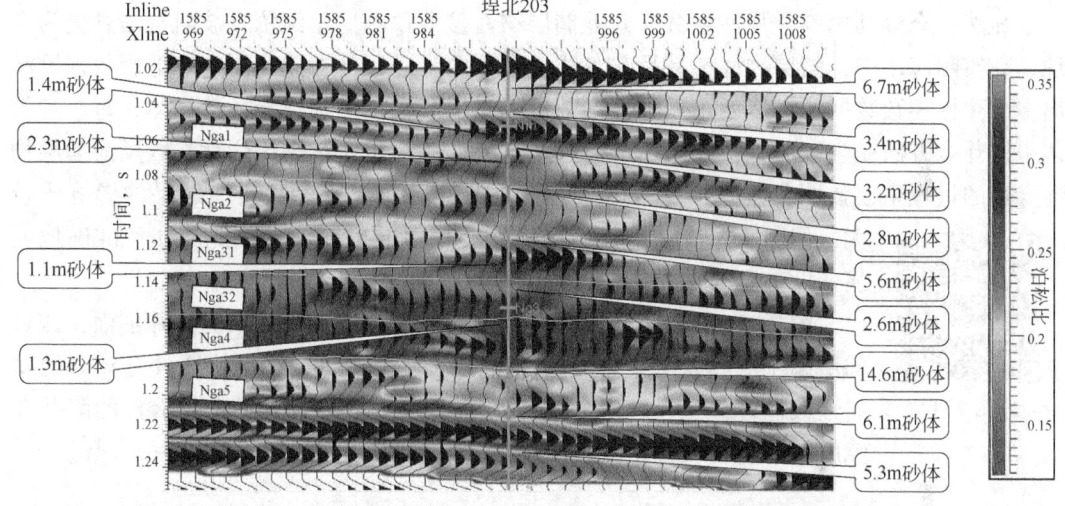

图7-13 馆陶组过垦北203井纵测线泊松比与地震数据叠合剖面

地震波吸收衰减也与岩性存在着密切关系，通常，火成岩和变质岩的 Q 值比较大，沉积岩的 Q 值比较小，近地表低速层和疏松土壤的 Q 值则更小。实际应用表明，不同地区对岩性敏感的参数不一样，同一区块不同层位的敏感参数也存在差异，需要针对目的层特征加强岩石物理精细分析。利用叠前地震资料开展岩性敏感参数反演属于典型的模型驱动问题，不同的岩性敏感参数可以通过不同的地球物理模型进行解释，可以采用与该参数相对应的反射系数近似方程来进行反演，从而有效提高岩性敏感弹性参数反演的精度，这方面文献较多，此处不详细展开。

四、储层物性参数地震反演

储层物性参数是衡量储层质量、定量评估孔隙含流体状况的重要参数，但相对于常规地震反演而言，从地震数据中预测储层物性参数是一个更加复杂、多解性更强的非线性反演问题。在地震波传播介质理论模型中，双相介质理论建立了储层物性参数与地震响应之间的非线性关系，各种岩石物理模型则建立了储层物性参数与弹性参数之间的非线性关系，在储层物性参数预测中占据着非常重要的地位。

在实际应用中很容易利用各种线性或非线性回归技术将地震振幅及反演的阻抗或弹性参数转换为储层参数，多数情况下，最简单的方法是基于地震和测井数据的交会拟合关系对弹性参数反演结果进行转换，获得储层定量解释数据体。如上述利用波阻抗特征开展岩性识别的例子可知，孔隙度参数与波阻抗参数之间存在着非常好的数学拟合关系，完全可以直接利用波阻抗反演结果回归出合理的孔隙度参数剖面。

储层物性参数与地震响应之间的严重非线性关系限制了直接利用地震资料开展储层物性参数反演，加上测井曲线转换到地震尺度后，采样率不足等问题将带来一系列的不确定性，在实际应用中可以采用地质统计学、神经网络或随机反演等方法来实现储层参数反演。传统的地震储层参数反演（seismic reservoir parameters inversion）是指通过神经网络或其他统计方式建立波阻抗参数与速度、密度、孔隙度、渗透率、泥质含量等储层参数之间的关系，并在地震波阻抗反演的基础上求取储层参数。

显然，充分利用各种弹性参数来开展储层物性参数预测比单纯依靠波阻抗信息更为合理，在实际应用中，储层物性参数反演方法大多分两步进行，即先利用叠前地震数据反演出多个弹性参数数据体，然后采用弹性参数进一步反演或预测物性参数数据体，每一步具体采用什么方法完全取决于实际应用的需求。需要注意的是，在采用弹性参数反演储层物性参数的过程中，弹性参数体中的密度项非常重要而且对储层参数反演结果的影响比较大，但由于密度信息很难从地震资料中准确获取，因此，如何准确地反演密度信息对储层物性参数的可靠反演来说非常重要。

彩图 7-14

图 7-14 展示了某实际工区的孔隙度参数反演结果的过井剖面，该目的层属于巨厚碳酸盐岩储层，反演结果表明储层物性特征具有较好的横向连续性好，且孔隙度分布特征与井位点处（图中黑线所示）的测井孔隙度特征吻合较好，为目的层油气开发提供了比较可靠的特征参数。

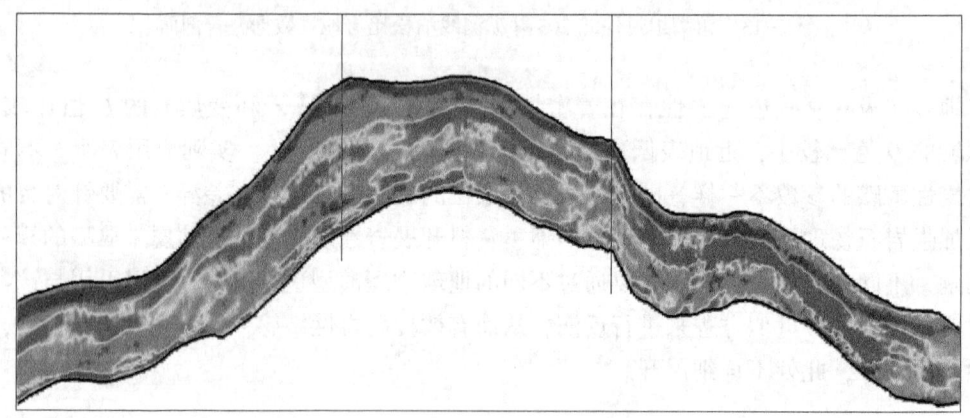

图 7-14 某工区孔隙度参数反演结果

随着岩石物理理论和反演理论的不断发展，地震储层物性参数反演将岩石物理模型与弹性参数紧密地结合起来，可以通过叠前地震资料来直接反演储层物性参数，能够为储层预测提供更加可靠的参数。采用贝叶斯反演理论可以将储层物性参数与弹性参数、弹性参数与地震反射之间的理论关系有机地整合在一起，构建一体化的目标函数，实现基于叠前地震数据的物性参数直接反演。

第三节 薄储层地震预测

薄储层是岩性油气藏勘探中的热点，分辨率一直是油气地震勘探中的永恒话题，如何利用地震资料开展薄层地震识别和评价对于岩性储层预测来说具有非常重要的现实意义。

一、薄层调谐效应及其地质意义

地震勘探中的薄层（thin bed/thin layer）是指双程旅行时间厚度小于地震波1/4波长且在常规地震剖面上难以分辨的地层。对于砂岩薄层夹在页岩中或类似的情况下，薄层上、下界面的反射系数相反，当地层厚度达到子波长度的1/4时，上、下界面反射干涉形成的复合子波的振幅达到最大，即发生振幅调谐（amplitude tuning）或调谐效应（tuning effect），这个最大振幅称为调谐振幅（tuning amplitude），此时的地层厚度称为调谐厚度（tuning thickness）。显然，调谐现象出现时的地层厚度与地震数据中的子波形态有关，更与数据的频率成分和地层速度密切相关。

当储层减薄时，地震反射与储层顶、底界面之间不再保持一一对应关系，在调谐厚度处，地震波振幅达到最大，而在厚度小于调谐厚度的储层区，复合子波的外形基本保持不变，但地震波的振幅明显减小，在一定条件下可以采用地震波振幅来确定地层厚度。图7-15展示了来自砂岩地层顶、底界面的两个地震子波如何对齐并产生主调谐振幅和第二调谐极大值的基本原理，产生该调谐现象的条件是子波为零相位，顶底界面的反射系数大小相等、数值相反。从该示意图可知，调谐曲线的形状与子波的旁瓣形状密切相关，当来自砂岩底界面的子波中央波峰与来自砂岩顶界面的子波的第一个负瓣对齐时，两个子波干涉后获得振幅最大值；当来自砂岩底界面的子波中央的波峰与来自砂岩顶界面的子波的第二负旁瓣对齐时，则出现第二调谐极大值。

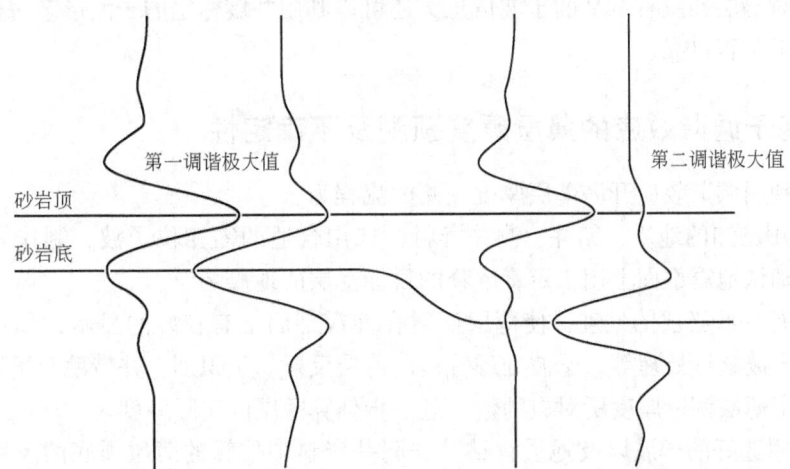

图7-15 零相位子波干涉产生调谐现象的示意图（据Brown，2011，修改）

根据上述过程，可以绘制出薄层调谐曲线，从调谐现象形成过程的示意图可以发现，除了在调谐厚度处产生主调谐极大值之外,顶底界面反射的子波干涉作用还会形成第二极值,即当子波具有多个旁瓣时,将在调谐曲线中产生多个极值。所谓调谐曲线(tuning curves),指的是描述调谐现象的曲线,表示的是薄层真厚度与相对振幅、视厚度之间的关系,如何从调谐曲线中挖掘出更多有效信息,对于薄层解释来说具有重要的现实意义。图 7-16 为根据某工区实际资料所建立的调谐曲线。

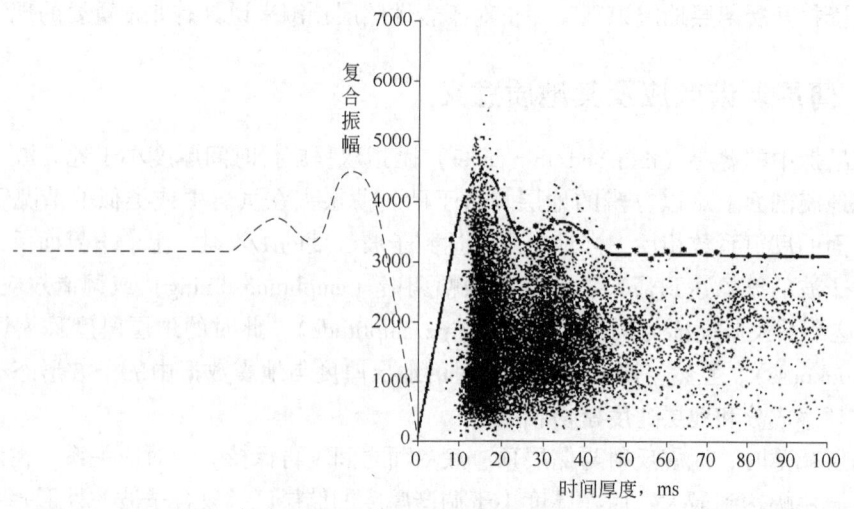

图 7-16　某工区实际资料调谐曲线特征(据 Brown,2011,修改)

从调谐曲线图像可以发现一个有趣的现象,那就是调谐曲线的形状实际上与地震子波波形的半周期部分在形状上基本保持一致,这一点通过模型正演比较容易理解,图中用虚线给出了调谐曲线的负半轴特征,从而在整体上反映了对应的地震资料的子波形态,为深入开展储层预测提供了有效的参考信息。在实际应用中还需要关注的是,薄层调谐不仅仅是调谐厚度这个最大的极大值,还存在其他极大值,并且调谐曲线的形状与真实子波形态密切相关,该极值与特定的地层厚度密切相关。在针对实际资料开展调谐现象分析时不仅可以获取到对储层预测有意义的子波信息,还可以利用井震标定的子波形态来检查调谐曲线制作的结果是否可靠。

二、基于调谐效应的薄层厚度预测及不确定性

通常,利用调谐效应开展薄层厚度预测的流程为:

(1) 利用已知的地质、钻井、测井资料,选用合适的零相位子波,制作高精度合成地震记录,确认地震剖面上用于定量解释的目标薄层的地震响应。

(2) 进行一些必要的处理,使薄层反射在地震剖面上有较好的显示,如提高信噪比和分辨率及子波整形处理等。子波处理旨在使薄层反射易于识别,并借助于子波主频调整的过程来确定薄层调谐厚度所对应的值,进一步估算薄层的实际厚度。

(3) 利用选好的子波以及地质、钻井、测井资料中估算的薄层顶底的反射系数,制作薄层模型的合成地震剖面,进一步制作本工区的时间—振幅解释图版。在此过程中,需要用井旁地震道振幅值与合成地震记录振幅值的比值作为标定因子,对图版上的振幅值进行标定。

(4) 从实际地震剖面上检测出要解释的薄层反射的时差值和相对振幅值,利用时间—振幅解释图版,换算出薄层厚度,并作出砂体平面分布的等厚图。

在利用调谐效应开展薄层解释的过程中,地震资料能否清晰分辨地质体特征取决于实际地层厚度、界面阻抗差和噪声程度(图 7-17)。当含气砂岩地层厚度小于调谐厚度时,受反射系数较大的影响,振幅响应通常大于围岩,虽然不能准确识别厚度,但却完全可以检测出来,这种检测的准确程度取决于阻抗差异及地震资料的信噪比。根据经验,当数据品质较好时,低阻抗含气砂岩分辨率可以达到 $\frac{\lambda}{20}$,甚至 $\frac{\lambda}{30}$。受地震数据频宽有限的影响,当地层厚度小于调谐厚度时,不同阻抗和厚度的组合可能会产生相同的地震响应特征。因此,在利用调谐效应直接开展薄层厚度定量解释时必然存在很强的不确定性,特别是在实际资料应用过程中,信噪比对最终厚度解释结果的可靠性起着决定性作用,必须结合具体问题进行深入探讨,在该工区实际地质规律的指导下提高薄层厚度解释精度。

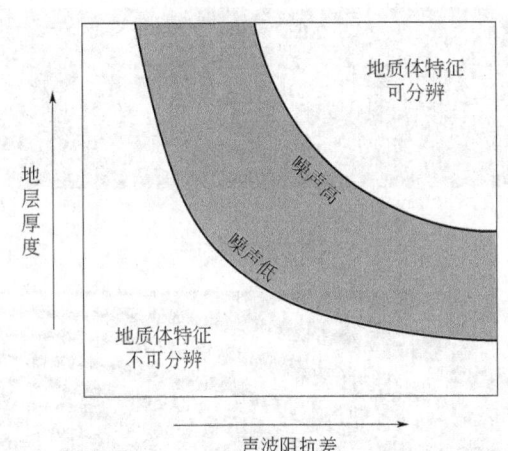

图 7-17 地震资料分辨地质体特征的影响因素(据 Brown,2011)

三、谱分解与地震薄层解释

采用调谐效应开展薄层解释要求在处理过程中严格地保持振幅、频率、相位和波形特征,但时域振幅信息往往受到反射系数大小、极性、吸收衰减和储层非均质性等因素的干扰,在薄层厚度预测方面容易出现不稳定的现象,导致储层厚度预测出现误差。由于地震波经过厚层时的频率较低,而在薄层中传播的频率相对较高,通过时频域的联合分析有助于更好地获得地层厚度。

谱分解(spectral decomposition,SD)就是一项将地震信号分解为多个较窄频率波段的技术。类似于地球表面成像中的遥感技术,即依靠大量较高频率的电磁频段对地球表面进行干涉成图,而谱分解技术则利用低得多的地震频率对地下岩体的反射性质进行成像。显然,当信号分解为不同波段时,依然能够揭示发生在整个信号有效带宽内的干涉特征,且可以获得较高的分辨率,能够有效检测叠加地层的非均质性、边界和厚度变化特征。实际地震数据中接收到的信号受地层厚度、地震波干涉、有限带宽和阻抗差等因素的影响(图 7-18),这些不同因素相互作用后使得薄地层的厚度特征在特定的频率上呈现出规律性的特征（图 7-19）。

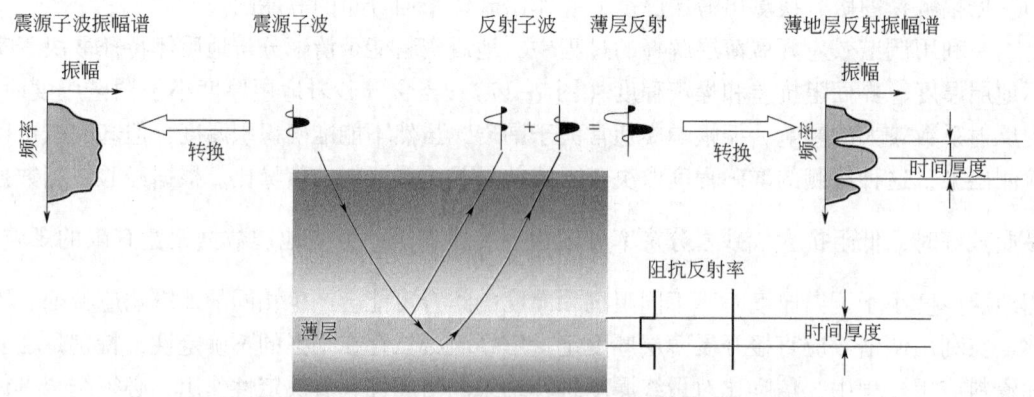

图 7-18　薄层反射及其振幅谱特征（据 Brown，2011）

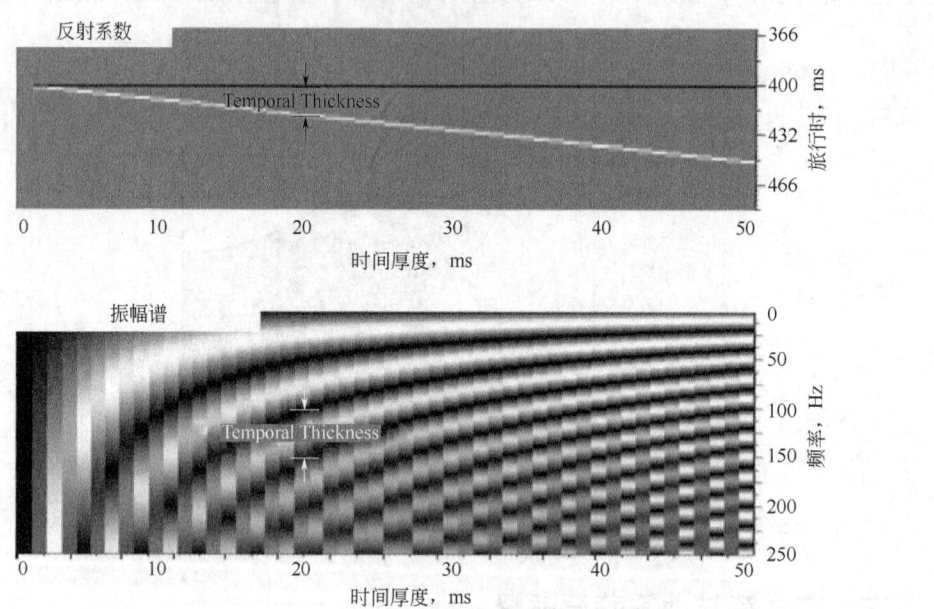

图 7-19　楔状模型反射系数及其与振幅谱的对应关系（据 Brown，2011）

谱分解的理论基础实质上是薄层反射系统所产生的谐振反射，薄层调谐反射得到的振幅谱可以确定构成反射的单个薄层的特征关系，即图中所示薄层反射振幅谱中的陷频周期与地层的时间厚度互为倒数关系，从而可以通过振幅谱来识别薄层厚度的变化（图 7-18、图 7-19），因此，谱分解方法也称为薄层陷频法（notches in thin bed）。短时窗信号的振幅谱是地震子波与局部地质（薄层）特征的综合体现，在谱分解中通常采用短时窗来开展地震信号分析，而长时窗地震信号的谱则接近地震子波的谱，难以反映地层局部特征。谱分解技术成功的关键就是通过精细分析找出典型的地质特征在哪些频率范围内得到增强，并充分利用该信息来精确刻画储层特征。

通过对地震数据体开展频谱分解，从最低频率开始，采用动画方式来放映整个数据体切片，在有效频率范围内自始至终全部放映，结合沉积模式来对目的层的横向变化特征进行分析。当地层反射振幅在某一特定频率附近数值明显增高，必然导致在其他频率的振幅出现减弱的现象,因此,在放映过程中重点关注振幅减弱与振幅增强两种现象,从而更好地发现与某个频率特征有关的非均质性地质体。图 7-20 展示了某工区的河流相数据体切片,切片上清晰地展示了河道、点沙坝等现象,该图中的 16Hz、26Hz 和 36Hz 等三个频率切片分别凸显了不同厚度的砂体,进一步通过三种频率的切片对 RGB 三种颜色进行调制可以实现复合显示,代表低频成分的颜色凸显了较厚的砂体特征,代表高频成分的颜色凸显了较薄的砂体特征,即通过颜色的变化不仅能够清晰呈现河流相沉积特征,还能直观地呈现出河道砂体在空间上的厚度变化特征。

彩图 7-20

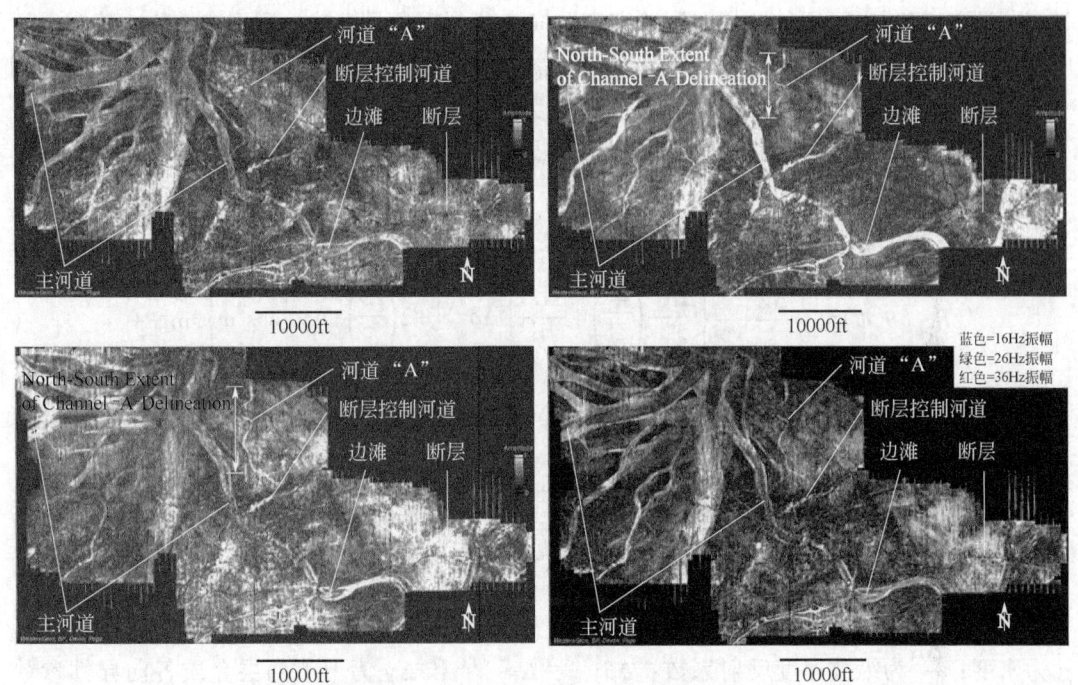

图 7-20 不同频率的河流相谱分解切片及 RGB 融合显示(据 Brown,2011)

第四节 裂缝性储层地震预测

根据储集空间的形态可以将储层分为孔隙、溶洞和裂缝三大类,其中,裂缝(fracture)是指岩石由于变形作用或物理成岩作用发生破裂而形成的不连续面。裂缝性储层则是指天然存在的裂缝对储层内流体的储集和流动具有重要影响的储层。油气勘探表明,裂缝与油气关系密切,裂缝不仅可以作为油气运移通道,还可以作为油气的重要储集空间,在提高储层连通性和渗透性方面发挥着积极的作用。裂缝主要存在于碎屑岩、碳酸盐岩与变质岩中,特别是在碳酸盐岩中发育最为广泛,裂缝性油气藏已经成为碳酸盐岩的主要油气藏。所谓裂缝油气藏(fractured oil-gas reservoir),就是指油气储集空间和滤渗通道主要为裂缝或溶孔(溶洞)的油气藏。裂缝性油气藏勘探开发所面临的最大难题就是如何刻画储层中的裂缝发育特征及其分布范围。特别是在中国西部的挤压型盆地中,裂缝伴随着逆断层发育,规模较大,对油田开发的影响十分明显。有些油气田的开发几乎完全依赖裂缝，因此，研究方位各向异性不仅可以直接判断是否存在裂缝，还可能提供渗透率信息。

一、表征裂缝性储层地震响应特征的方位各向异性理论

根据地震波传播的介质模型和等效介质理论，裂缝的几何形态通常简化为垂直裂缝、水平裂缝、倾斜裂缝和网状裂缝，这些简化后的裂缝可以采用 HTI、TTI 等各向异性理论模型来表征，这些模型的共同特点是都与方位有关。当地震波传播通过定向排列的裂缝性储层时，横波会分裂成两个偏振方向不同的横波，其中，沿裂缝方向振动的是快横波，垂直裂缝方向振动的是慢横波，即横波分裂（shear wave splitting）现象，利用快横波和慢横波之间的时间延迟可以估算相对裂缝密度。横波分裂现象是准确检测裂缝性质、确定发育强度和发育方向的首选，但受资料品质等因素的影响太大而难以大规模推广，在实际应用中主要采用纵波信息来开展裂缝检测。下面以垂直裂缝为例进行简要描述。

当地下岩石发育着大量定向排列的垂直或者近似垂直的裂缝时，该岩石可以等效为具有水平对称轴的横向各向同性（HTI）介质，在弱各向异性假设的基础上，Rüger 推导了基于 HTI 介质的纵波反射系数随方位角和入射角变化的近似公式：

$$R_{pp}(\theta,\phi) = \frac{1}{2}\frac{\Delta Z}{\bar{Z}} + \frac{1}{2}\left\{\frac{\Delta\alpha}{\bar{\alpha}} - \left(\frac{2\bar{\beta}}{\bar{\alpha}}\right)^2 \frac{\Delta G}{\bar{G}} + \left[\Delta\delta^{(V)} + 2\left(\frac{2\bar{\beta}}{\bar{\alpha}}\right)^2 \Delta\gamma\right]\cos^2\phi\right\}\sin^2\theta + \\ \frac{1}{2}\left[\frac{\Delta\alpha}{\bar{\alpha}} + \Delta\varepsilon^{(V)}\cos^4\phi + \Delta\delta^{(V)}\sin^2\phi\cos^2\phi\right]\sin^2\theta\tan^2\theta \quad (7-1)$$

其中 $G = \rho\beta^2$，$Z = \rho\alpha$

式中，G 为剪切模量；Z 为纵波阻抗；θ 为入射角；ϕ 为方位角，定义为假设 0°方位线与裂缝对称轴平行时观测测线的方位角，或者直接表示观测测线方位角 ϕ_{inline} 与裂缝对称轴方位角 ϕ_{sym} 之间夹角（$\phi = \phi_{inline} - \phi_{sym}$）；$\alpha$、$\beta$ 分别为各向同性背景部分的纵、横波速度；ρ 为密度；$\frac{\Delta\alpha}{\bar{\alpha}}$ 为纵波速度反射系数；$\Delta\delta^{(V)}$，$\Delta\varepsilon^{(V)}$ 和 $\Delta\gamma$ 为上下两层介质各向异性参数的差值。

由式（7-1）可知，地震波在含垂直裂缝的介质中传播时，地震波反射振幅不仅随偏移距变化也随方位角发生规律性的变化（amplitude variation with offset/angle and azimuth，即 AVOZ/AVAZ/AVOAZ），该特征正是利用方位地震数据来检测地下裂缝发育特征的物理基础。

在小角度入射情况下，可以将反射系数进一步近似为

$$R_{pp}(\theta,\phi) \approx P + (G_{iso} + G_{ani}\cos^2\phi)\sin^2\theta \quad (7-2)$$

在各向同性介质中，AVO 属性分析的物理基础是 Shuey 近似表达式，即地震波反射系数是入射角的函数，通过 AVO 特征分析可以获得截距和梯度两个参数。由式（7-2）可知，在方位各向异性介质中，开展各向异性 AVO 属性分析可以获得截距、各向同性梯度和各向异性梯度，其中，各向异性梯度信息与裂缝密度和缝隙流体类型等特征密切相关。通过各向异性 AVO 分析能够提取出各向异性梯度属性，有助于指导裂缝密度和裂缝储层中流体类型的识别，通过与叠前地震反演相结合有助于定量开展裂缝性储层预测。

二、叠后地震属性分析与裂缝性储层预测

裂缝性储层通常具有多尺度特征，小型规模的裂缝宽度为微米级，长度通常在几十到几百微米，而中、大型裂缝的宽度都在毫米级甚至以上，长度在几米到十几千米之间，大型裂缝则可以延伸到几十千米。通常，中、小型裂缝相互交叉并构成网状结构，连通在一起构成有效的油气储集空间。由于地震数据体中蕴藏着地震波随时间和空间变化的传播规律，通过三维叠后地震数据提取相干体、构造曲率等地震属性可以间接地预测裂缝性储层的空间展布特征，但这种检测主要是检测宏观尺度的断裂和裂缝发育带。

曲率和裂缝之间的关系与岩层褶皱或弯曲时的应力作用有关，以岩层的纵弯变形为例，当具有一定脆性的岩层受到顺层的构造应力挤压时，层面会沿一定方向发生弯曲并在相应的位置产生裂缝。其中，在中和面以上的岩层受到拉应力的作用发生破裂而形成张性裂缝，中和面以下岩层则受到压应力作用而形成剪裂缝。通常，随着应力的增强，岩层越弯曲，对应的曲率值也越大，此时张裂缝也越发育，从而可以通过曲率属性来间接表征裂缝的发育情况。

在实际应用中通常联合相干和曲率或小波等方法的优势来表征裂缝发育带，通过多尺度分解来表征裂缝的多尺度发育特征，还可以采用曲波变换等方法对地震数据进行多尺度和多方位分解，从而有助于更好地提取多尺度和多方位相干属性，增强对断裂系统和裂缝发育特征的认识。图 7-21 为对某实际叠后地震数据进行多尺度分解之后采用相干体计算所得到的断裂与裂缝发育强度和发育方向切片图。

彩图 7-21

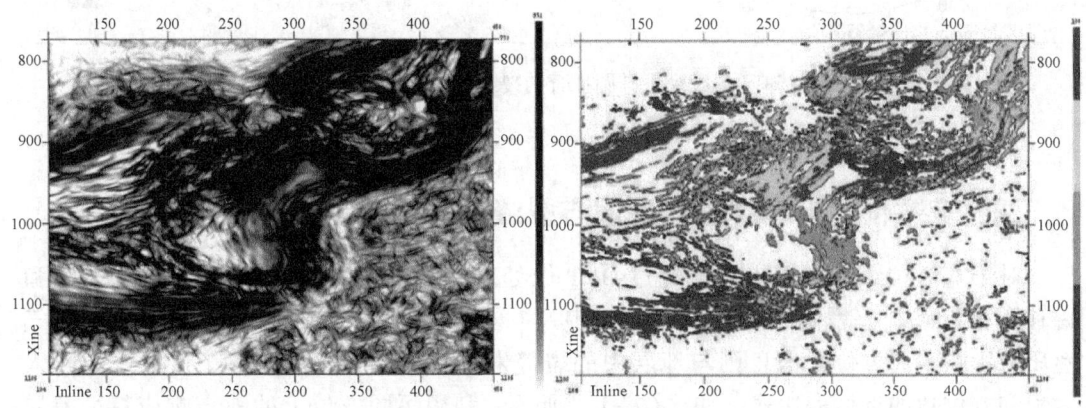

图 7-21　断裂与裂缝发育带强度和方向切片

三、方位地震属性分析与裂缝性储层预测

叠前地震资料裂缝检测技术主要是指利用地震属性随方位角的变化特征来确定裂缝的方向和发育程度。由方位各向异性理论可知，方位 AVO 梯度随方位角呈现出余弦（或椭

圆）变化规律，且椭圆扁率随各向异性强度的增大而增大，即某些典型地震属性随方位角出现椭圆特征，且椭圆长轴和短轴特征与裂缝发育方向密切相关。因此，在具有宽方位地震资料的条件下，可以将地震数据划分成多个方位，然后对这些不同方位数据的敏感地震属性进行椭圆拟合，采用椭圆长轴和短轴分布代表主、次两个方位的各向异性强度，从而可以用椭圆长轴方向代表裂缝走向，用椭圆率代表裂缝密度。

研究表明，裂缝走向上的杨氏模量大于裂缝对称轴方向上的杨氏模量。通过在不同方位角下的叠前地震资料可以开展杨氏模量等参数的反演，进一步对方位杨氏模量进行椭圆拟合可以获得椭圆长轴与短轴信息，通过椭圆长轴信息可以指示裂缝走向、椭圆率可以指示裂缝密度。图7-22展示了利用杨氏模量反演结果进行单道椭圆拟合的过程与结果，给出了井旁道周围区域的裂缝性储层预测结果，目的层预测的裂缝发育方向结果与井位置处的成像测井解释结果吻合较好，高值异常表征了裂缝发育区域。

彩图 7-22

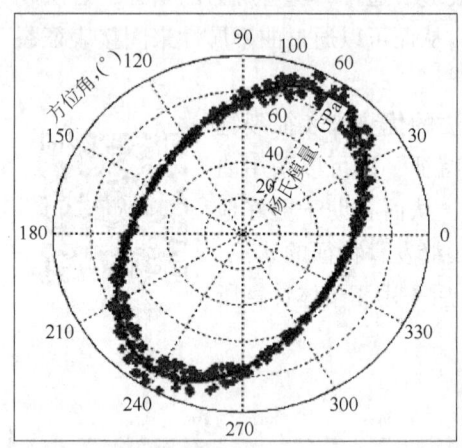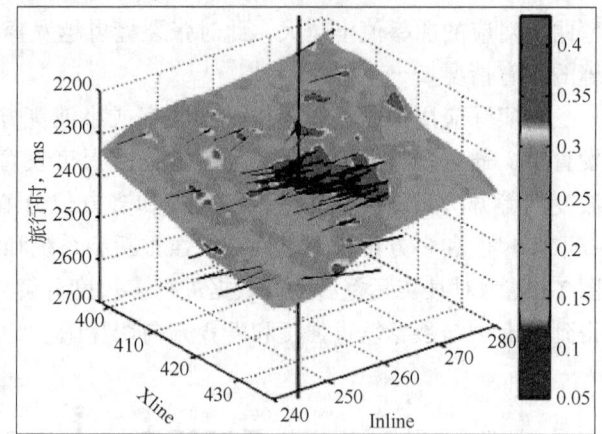

图 7-22 基于杨氏模量椭圆拟合的裂缝走向与裂缝密度预测实例

四、宽方位叠前地震资料反演与裂缝性储层预测

对于宽方位纵波勘探来说，经过 OVT 域处理的数据在常规叠前地震 X、Y、Z 和偏移距坐标基础上增加了方位角信息，其中，偏移距信息主要受地层岩性和含油气性质的影响，而方位角信息则与地层中的裂缝发育特征密切相关，基于反射系数随入射角和方位角的近似表达式，如式（7-1）所示，利用不同方位上的地震响应特征差异能够反演出表征裂缝发育方向及裂缝密度等特征的等效各向异性参数，进一步将反演结果与地震属性分析结果和地质特征相结合有助于更加可靠有效地预测储层裂缝发育特征。

图 7-23 是利用叠前地震资料开展各向异性参数反演后得到的裂缝预测结果，图中的颜色代表了裂缝密度，棍棒代表裂缝方向，从而可以清晰直观地获得裂缝分布区域和主要的发育方向。

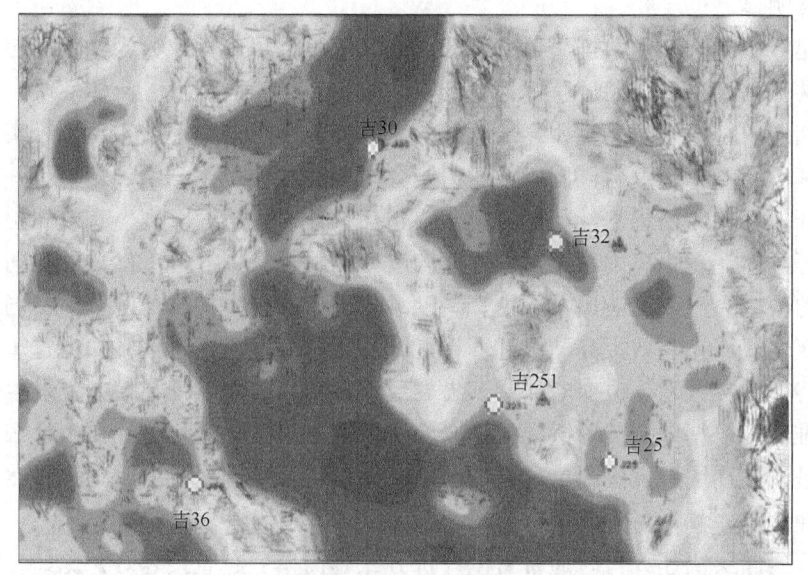

彩图 7-23

图 7-23 基于各向异性参数反演的裂缝预测（资料来源：中石油新疆油田）

研究表明，在平行于裂缝方向传播的地震波频率较高，频散现象几乎不存在；而在垂直于裂缝传播的地震波频率则较低，频散现象明显，即裂缝发育方向和密度对地震波吸收衰减有着较强的影响。由此可见，由于裂缝的存在，在平行于裂缝方向和垂直于裂缝方向的旅行时、振幅、衰减及相关弹性性质都存在着比较明显的差异，而这些差异正是利用宽方位地震资料预测裂缝性储层的物理基础。

裂缝的 AVO 响应是裂缝的密度、方位、孔隙度、纵横比、目标层阻抗差和流体等多种因素的综合响应，因此，利用地震数据描述裂缝面临着巨大的挑战。大部分裂缝性储层预测研究都是将不同方位的振幅信息与其他地震属性相结合，将各向异性参数的定量反演与相干等属性相结合，并综合相关地质信息开展综合解释。目前，基于 OVT 域的五维地震资料解释为裂缝性储层发育特征的精确描述提供了丰富的信息，但要准确刻画裂缝密度和裂缝发育方向等特征还有待进一步发展完善相关理论与方法技术。勘探目标的复杂性和多样性对解释理论提出了更高的要求和挑战，当裂缝密度很低时，各向异性特征较弱，陡倾角地层、多方位裂缝特征在一定程度上减弱方位各向异性特征，且各向异性特征受上覆地层各向异性的影响。因此，需要在各向异性理论和岩石物理理论的指导下，充分挖掘五维地震资料中蕴含的丰富信息，有效提升裂缝性储层特征的刻画程度。

第五节　基于地震属性的储层特征评价

一、地震数据中蕴含的储层信息

地震数据可提供的基础信息包括时间、振幅、频率和相位，其中，地震旅行时可以描述构造起伏和边界信息，而振幅和频率属性则可以描述储层特性。目前，与振幅相关的地震属性已经被广泛利用，但对频率和相位属性的理解和认识还不够深入，且该类型地震属性受噪声的影响非常明显。

根据 Brown 的建议，影响地震数据反射特征的主要储层参数可以大致分为反映储层整体特征和局部特征两种类型。反映储层整体特征的参数主要包括整体岩性、流体性质、压力和温度等，即在储层内基本不会发生明显变化的信息，当然，相关的地层年龄、压实作用和埋深等信息也基本保持稳定，但储层异常压力则会对地震振幅产生一定的影响，并将影响整个储层的特征。反映储层局部特征的参数主要包括具体岩性、孔隙度、有效储层厚度比和油气饱和度等，即在短距离内很容易发生横向改变的物性特征，这些参数的空间变化特征在钻井较少的区域会严重影响储量的估算精度。目前，在开发地震环节要求精确地描述储层特征空间变化规律，有效提高储量计算精度，从而更好地确定最佳钻井位置。显然，反映储层局部特征的参数发生改变时非常容易导致地震反射振幅特征在横向上发生变化，但反过来却很难直接根据地震反射振幅的横向变化特征来确定该变化到底是由什么参数所引起的，也就是说，利用地震资料反射特征来推断储层特征空间变化的反问题必然存在多解性和不确定性。

利用地震资料开展储层快速评价时通常希望评价方式越简单、越直接越好，比如，地震亮点的振幅数值越大往往代表该位置处的油气饱和度越高，即圈闭的前景越好；储层孔隙度越高，则认为有效的油气层厚度越大。通常，孔隙度、有效储层厚度和饱和度的增大都将导致储层的波阻抗降低，当然，产生该趋势的前提是该储层"甜点"具有低阻抗特征，即属于低速砂岩且能够形成亮点的条件下（具体原理见第八章），孔隙度和含油气饱和度等参数的改变必然引起储层地震反射的振幅增强。而在暗点环境下则将出现相反的情况，由于暗点形成的条件是储层阻抗高于围岩阻抗，此时上述参数的改变将导致波阻抗减小并进一步降低储层与围岩介质的阻抗差，使得反射振幅进一步变弱，这种条件则反而不利于直接利用地震数据开展储层评价。因此，对于亮点类型的储层来说，强振幅对油气的丰富程度起着非常好的指示作用，提取沿层切片并根据高振幅的空间分布特征有助于快速有效的指导勘探开发井位部署。

对于较厚的含油气储层来说，通常能够获得顶面反射和底面反射相互区分开的地震波，当储层特征发生横向变化时，顶、底反射波的振幅在横向上的变化也应该具有一致性，即储层在整体上的地震反射特征能够用于评价储层的横向变化规律。图 7-24 展示了穿过储层的地震道振幅特征，通过提取储层顶、底反射振幅的绝对值，通过振幅绝对值相加即可获得复合振幅属性，进一步通过复合振幅与储层的时间厚度相乘即可获得储层的有效厚度相对变化信息，这两个属性对于储层特征快速评价来说具有非常重要的现实意义。

图 7-25 展示了一个沿碎屑岩储层顶、底反射界面提取的振幅属性沿层切片，两个切片中的振幅特征具有较强的相似性，表明该结果是合理性的。顶、底两个沿层切片都展示了储层的横向变化特征，但不可避免要受到属性提取过程中时窗长度等因素的影响，顶面反射的沿层切片必然受到上覆地层特征的影响，而底面反射的沿层切片则包含着下伏地层的某些特征。根据顶、底两个切片的振幅信息可以计算出储层段的复合振幅属性，即图中顶、底反射沿层切片振幅的绝对值相加，结果的对比表明，复合振幅属性能够突出油藏特征的影响，降低围岩等其他因素的影响，对于储层特征的地震快速评价具有较好的参考意义。

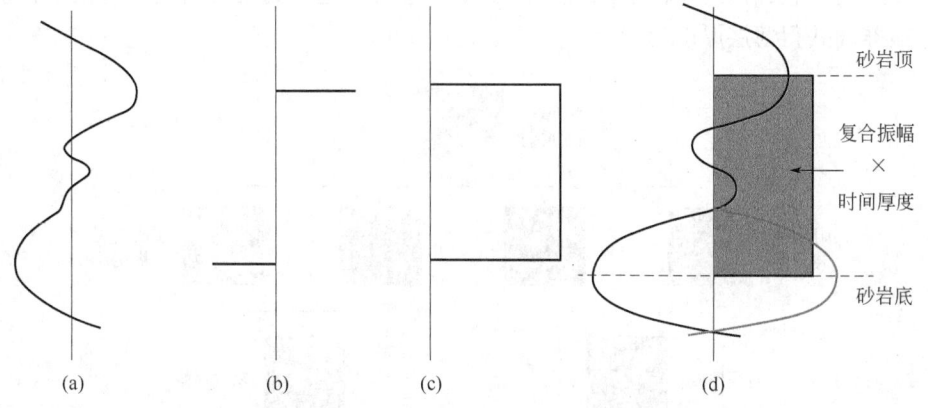

图 7-24　储层顶、底反射振幅及复合振幅、储层有效厚度求取示意图（据 Brown，2011，修改）

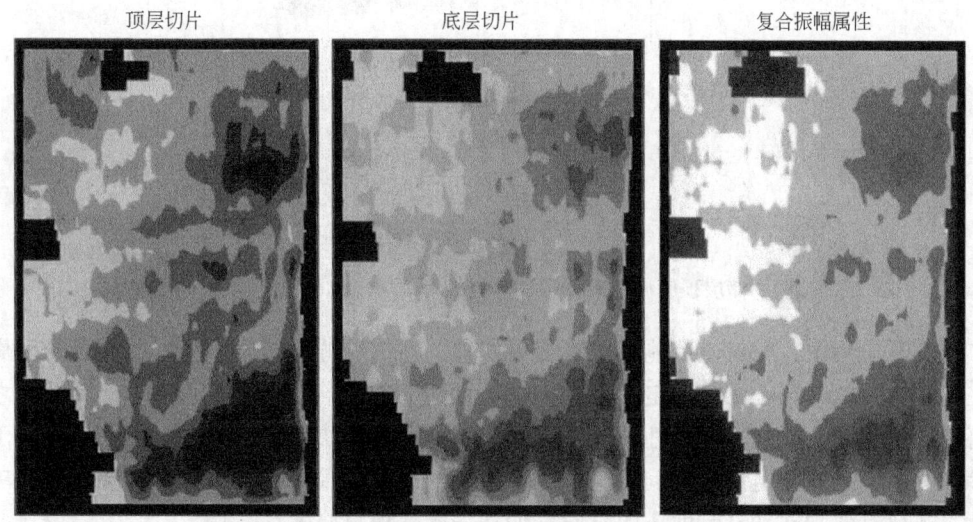

图 7-25　储层顶、底反射的沿层切片与复合振幅属性对比（据 Brown，2011）

二、基于地震属性的有效储层特征评价

彩图 7-25

在河流相储层预测中，砂岩储集层段往往由多个产油气的朵叶状砂体组成，而这些朵叶状砂体的位置和厚度往往会在较短的空间距离内出现横向变化，即典型的储层横向非均质性。含油气的朵叶状砂体累计厚度是反映有效储层经济价值的重要参数，采用地震资料来预测有效油气层厚度需要充分利用地震波振幅和时间厚度信息，直接利用地震数据中蕴含的信息来确定有效产气砂岩的空间分布特征，对于厚度小于调谐厚度的地层来说，还可以用地震振幅来预测砂泥岩层段中砂岩储层所占的比例。

图 7-26 展示了在三维地震资料解释中直接利用储层顶底地震属性资料来预测有效油气储层厚度的流程图。其中，层位追踪（解释）提供顶、底反射的时间和振幅信息，通过顶、底两个时间构造图相减来快速获得砂岩时间等厚图，进一步通过顶、底两个沿层切片的振幅绝对值相加来获得砂岩储层的复合振幅（composite amplitude）属性，两者相乘

可得有效厚度信息，但对于薄层来说则需要单独进行标定，利用调谐效应将振幅转换为厚度，才能准确获得薄层厚度信息。

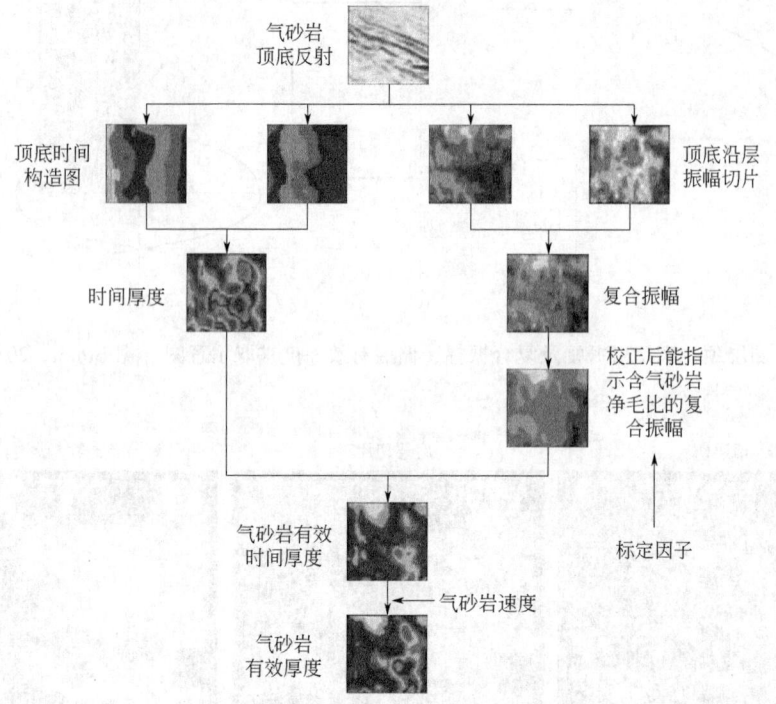

图 7-26　利用储层顶底属性预测含气砂岩的有效厚度流程图（据 Brown，2011）

在实际应用中，相对值可能比绝对值更合理，在定性分析储层优势区域方面的可靠性往往更高，其原因在于难以确定从复合振幅属性值到有效含气砂岩厚度/总时间厚度之间的精确映射关系，因此，该属性适合于针对储层特征开展快速评价，但不适合直接用于储层参数的精确描述与定量评价。当有多个储层段与目标油气藏有关时，每个层段应该单独处理，并在有效含气砂岩厚度成图阶段累加在一起获得总厚度。

当孔隙度近似为常数的情况下，对于亮点性气藏，可以直接采用孔隙度与有效含气砂岩的厚度相乘来计算得到孔隙体积（pore volume）。进一步则可以与标定系数和储层速度一起联合使用来得到定量的数值，如果不引入标定系数，则只能得到相对孔隙体积。即时间厚度与速度结合可以得到储层厚度信息，振幅与标定系数结合可以将地震上确定的厚度与井中地层厚度准确合并起来，再乘上孔隙度即可得到储层内总的孔隙体积。

当储层的厚度小于调谐厚度时，有效储层厚度隐含在振幅信息中，需要结合调谐效应来开展精细解释才能准确获得地层厚度。而对于厚度大于调谐厚度的储层来说，根据顶、底反射之间的时间差（时间厚度）即可得到储层厚度。也就是说，当储层厚度从小于 1/4 波长变化到大于 1/4 波长的过程中，振幅在反映储层厚度方面并不是完全一致的度量参数。而当储层厚度小于 1/8 波长时，地震振幅在表征地层厚度方面已经没有价值，此时已经不能采用地震振幅信息来开展储层孔隙体积的评价。而当储层厚度较大，且顶、底反射分离比较清楚时，可以比较便捷地直接利用地震资料来评价储层的孔隙体积。

在图 7-27 中，目的层北部的复合振幅属性属于高（亮）振幅区，表明该位置处的储层品质最好，而储层厚度（或者时间厚度）表明较厚的储层主要位于更南部的区域。实际上，储层品质最好的北部和较厚的中部都不是最佳产能位置，通过两者相乘则可以获得孔隙体积性质，从而可实现直接通过地震资料开展储层预测和评价，该结果表明中央位置处的最大孔隙体积区才是最佳的钻井井位。

彩图 7-27

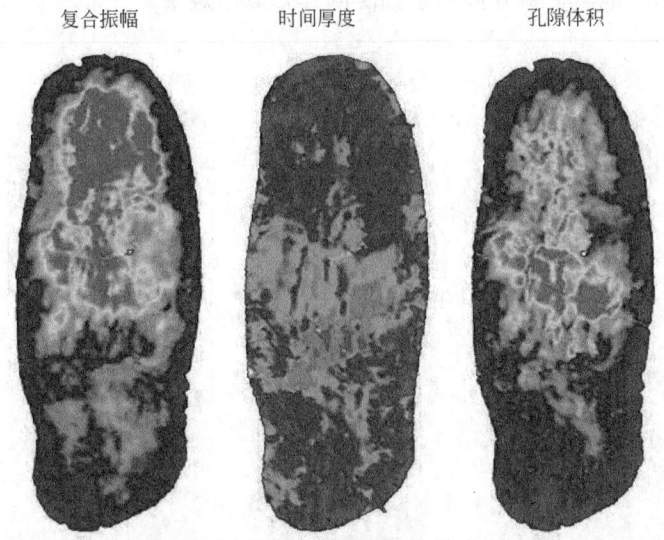

图 7-27　目的层复合振幅、时间厚度和孔隙体积属性切片对比（据 Brown，2011）

在利用地震属性开展储层特征评价时不仅要重点分析储层的整体地震响应特征，还需要充分考虑相关地质因素的影响，如储层下方底板砂岩的存在将导致有效储层的地震反射特征与底板地震反射特征混叠在一起，使得目的层位置处的地震属性特征发生改变。图 7-28 所示为依据地震属性所刻画的储层分布特征，并结合正演模拟等方法来确定底板砂岩的分布范围，在此基础上即可合理地圈定有效储层的砂体分布范围，为钻井井位确定提供更加可靠的依据。

彩图 7-28

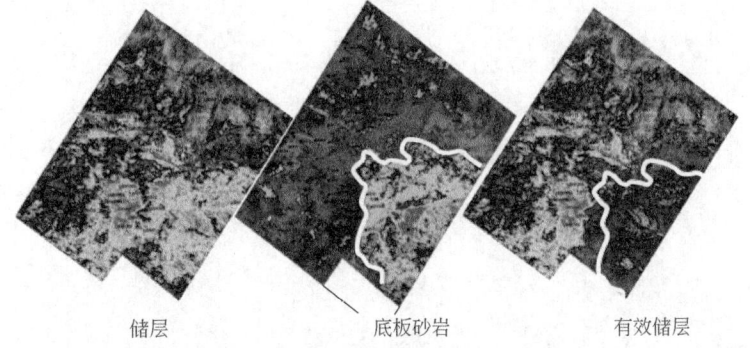

图 7-28　某目的层的有效储层分布范围精细刻画技术（资料来源：中石油新疆油田）

在储层预测实际应用环节中所涉及的技术非常多，并且存在流程不规范等问题，导致储层预测结果因人而异，给勘探开发决策和井位部署带来很大困扰。因此，在实际应用中应该首先加强基础资料的评估与质控，如测井资料的校正、地震资料的保幅性处理等；在此基础上进一步加强储层预测过程的质控，如井震标定、子波提取、层位解释、断层解释、时深转换、构造成图、岩石物理分析、地震反演、地震属性分析和储层综合评价等每一个细节过程；同时，加强对储层预测结果的质控，包括误差分析、平面分布规律分析、风险评估等。在储层预测及其评价过程中需要充分考虑到相关地球物理方法的假设条件，将中间过程所涉及的每一个环节都做到极致，从而有助于提高储层特征描述的针对性和有效性，全面提升利用地震资料开展储层预测的实际应用效果。

第八章　地震资料含油气性解释

油气聚集成藏后会引起储层周围及上方岩石土壤的物理化学属性特征发生改变，并形成各种地球物理和地球化学异常，包括电性、密度、磁性、氧化还原性等异常，随着电子技术的飞速发展，勘探仪器观测精度的明显提高和资料处理解释技术的日趋完善，通过识别油气藏引起的物理化学异常特征来确定油气藏边界、埋深和油气类型成为可能。含油气性检测就是指综合利用与油气含量密切相关的物理、化学信息来确定石油与天然气的富集带。对于地震勘探来说，在地震剖面上直接识别油气藏是地震勘探追求的终极目标，孔渗条件较好的储层在聚集油气之后，通常会产生地震波速度和密度降低等现象，并在一定的部位出现特定的地震波反射特征，为直接利用地震资料研究储层含油气性提供了有价值的依据。

第一节　直接烃类指示因子

一、烃类指示因子——亮点、平点、暗点及相位反转

烃类指示因子（hydrocarbon indicator，HCI）是指在地震资料中能够指示油气藏中存在烃类的地震属性，也称为油气指示因子或直接烃类指示因子（direct hydrocarbon indicator，DHI）。因此，直接烃类指示是指从地震资料中反映出来的与油气藏类型、厚度或边界等性质密切相关的一系列地球物理特征，是地球物理资料能够直接反映有无油气聚集特征的一种度量，有助于直接利用地震方法指示并评价储层含油气性特征，对降低探井风险具有重要意义。直接烃类指示因子能够得到应用主要得益于地震资料保幅处理技术的推广，特别是在早期地震资料处理中广泛采用自动增益控制等方法，导致地震波振幅信息没有得到充分利用。

常见的直接烃类指示因子包括亮点、平点、暗点和极性反转等。其中，广义上的"亮点"是指在地震剖面上振幅相对较强的点。而狭义上的亮点（bright spots）则是指由于油气聚集所引起的增幅相对增强现象，并特指当砂岩储层速度低于围岩速度时，由于储层含油气后导致含油气储层速度和密度进一步降低，使得含油气储层顶界面反射明显增强并形成强反射的现象。亮点油气检测（bright spots oil and gas detection）就是指利用亮点现象来直接开展含油气性检测的技术。

图 8-1 中展示的亮点剖面是早期利用地震资料开展含油气性识别的经典应用，该剖面不仅具有明显的亮点，同时还呈现出平点特征，该特征代表典型的流体接触面反射，且平点反射的横向终止点与亮点特征的范围完全一致，明显增强了利用地震资料特征来确认

该位置存在油气的信心。随着地震数据处理技术的提高,在实际应用中需要综合考虑极性、相位、振幅信息及其空间分布范围,通过频率、速度、振幅/偏移距以及横波信息来增强含油气性识别精度。

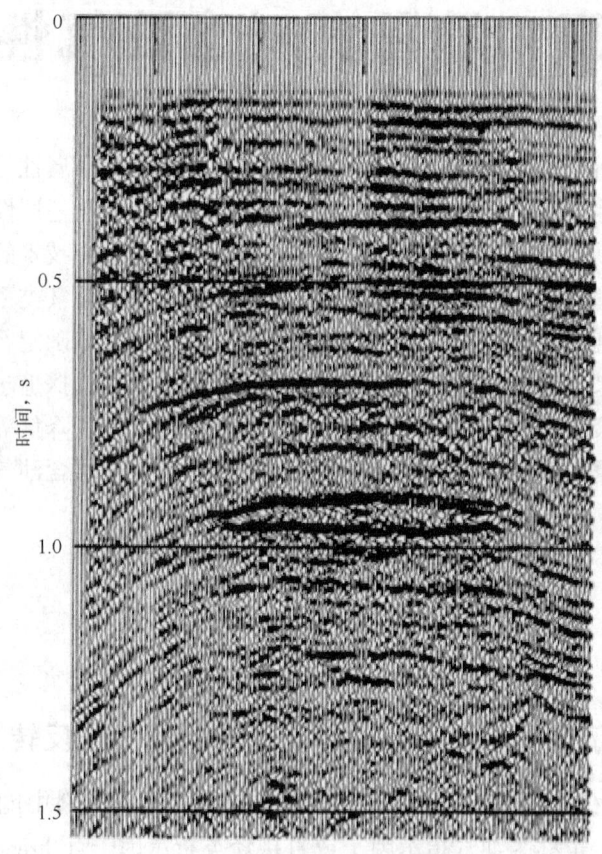

图 8-1 20 世纪 70 年代墨西哥湾典型的地震数据亮点(据 Brown,2011)

由岩石物理理论可知,当孔隙空间充填天然气后对声波速度的影响明显大于石油充注的影响,大多数直接油气指示特征都与天然气有关,效果也更加明显,因此,亮点技术在天然气勘探环节往往能够取得更好的效果。亮点技术开创了直接利用地震资料开展含油气性识别的先河,也为后来的 AVO 分析技术和属性分析技术奠定了基础。

广义上的平点(flat spots)是指地震剖面上出现的水平反射现象,而狭义上的平点则是指储集层中的油、气、水在重力的分异作用下,油藏内部油、气、水的分界面保持水平,当含气砂岩厚度足够大或流体接触面的反射系数较大时,在地震剖面上所出现的一条近似水平的同相轴。该界面通常是油气界面(oil-gas contact interface)、气水界面(gas-water contact interface/water-gas contact interface)或油水界面(oil-water contact interface)。一般来说,在亮点之下出现平点是直接检测油气的最明显标志之一。

暗点(dim spot)是指当含油气储集层与盖层阻抗差异不大时,储层顶界面产生的弱振幅反射异常,也泛指地震反射波振幅的局部减弱现象。

相位反转(phase reversal)是指当含油气砂岩储层速度小于顶部围岩(反射系数为

负),而下方含水砂岩速度大于顶部围岩(反射系数为正)时,在油水边界处出现的反射波极性反转现象,即相移180°,这种范围通常能够指示含气砂岩的边界,也称为极性反转或相位转换。

图 8-2 中的剖面给出了上述烃类指示因子所反映的油气指示特征,根据同相轴的外形很容易识别出 1.47s 处的平点,从图中可以看到平点的产状与相邻反射的产状极不协调,能够很好地指示油气与水的接触面,同时可以看出剖面中 1.62s 和 1.72s 处具备非常明显的亮点现象。储层顶界面的反射在从含水砂岩过渡到含气砂岩时地震反射由波峰转变为波谷,即气水界面上方的含气砂岩与界面下方的含水砂岩之间的声波性质出现明显变化,因含水砂岩速度高于盖层速度而含气砂岩速度低于盖层速度,从而导致相邻位置处反射系数的符号相反,即发生了极性倒转。

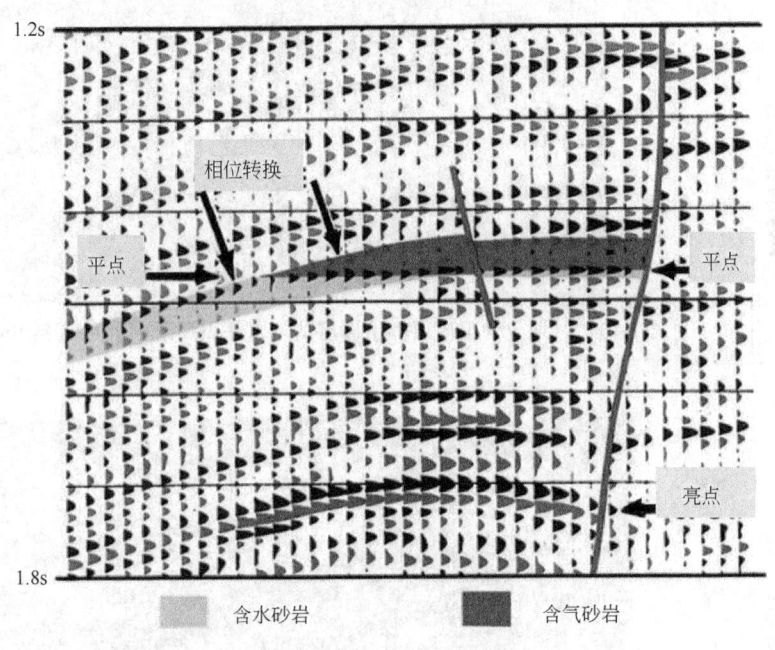

图 8-2 地震剖面上的亮点、平点和相位转换特征对比(据 Brown,2011)

图 8-3 展示了墨西哥湾一个已知气藏在地震剖面上所表现出来的亮点特征。其中,气藏反射具很高的振幅,且该特征受相邻反射、多次波和噪声的干扰很小。在明确了地震数据极性的条件下,成对的高振幅反射和红色反射位于蓝色反射上方(或相反)的特征是油气存在的重要识别标态。该图采用的是欧洲极性,其中,强反射代表两个含气砂岩储层的零相位响应特征,即每个都呈现蓝色反射在上,红色反射在下,且一个位于另一砂层的顶部。上砂层相当薄,只在亮点下倾边界处有平点反射的显示。下层砂岩厚度要大得多,且平点反射极其清楚。上、下砂层反射的顶、底自然配对都很明显。平点反射是含气的特征指示,但在解释之前需要作多种可靠性检查。图 8-3 中的平点反射呈现出一个对称的波谷,且既平又亮,位置出现在强同相轴的下倾边界处,与强同相轴的产状存在很大的差异(不整合接触)。

图 8-4 展示了由两个独立的流体界面分别产生的两个平点反射。其中,浅层的箭头

指示了气油界面，深层的箭头指示了油水界面。两个界面都用蓝色反射来表示，地震剖面是按美洲极性约定显示的零相位数据。图 8-4 中地层的反射同相轴明显倾斜，分隔了上、下两个油气藏。两个油气藏具有共同的油水界面，油水界面与地层界面有明显的夹角，而气油界面则只存在于上油气藏。在两个平点反射中，油气藏顶面反射较强的振幅代表的是油响应的亮点，其延伸长度大于 2km。为了便于比较，图 8-4 中采用了较高的动态范围彩色方案显示，以突出气层和油层反射的亮点强振幅特征。

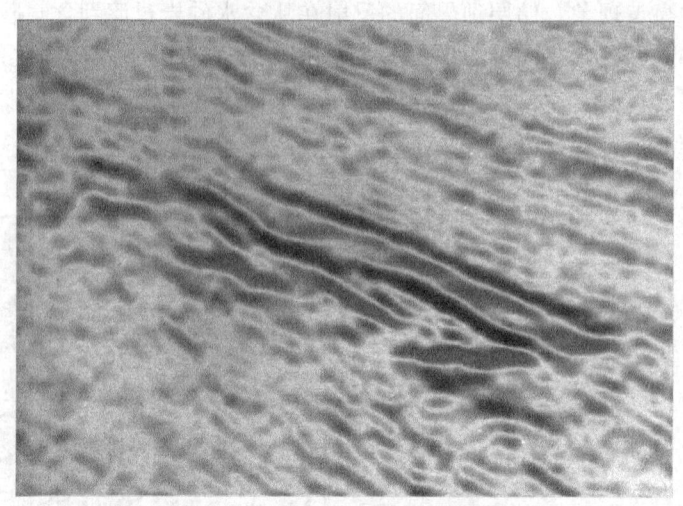

图 8-3　可划分为上砂层和下砂层的气藏亮点反射和平点（据 Brown，2011）

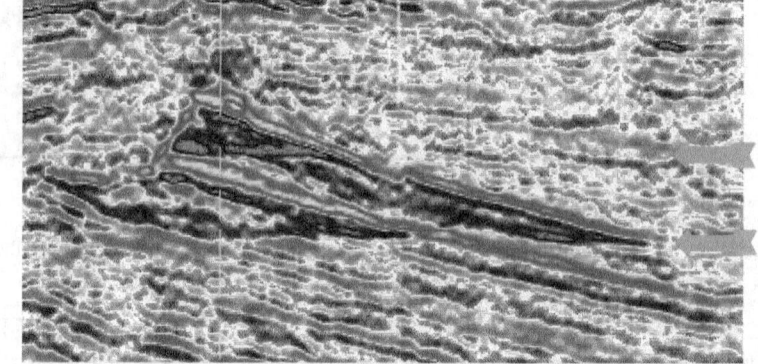

图 8-4　同一油气藏中气油界面和油水界面各自形成的平点反射（据 Brown，2011）

二、直接烃类指示因子的形成条件

烃类指示因子是含油气性在地震资料上的直接反映，但并不是所有含油气性储层都具备这些特征，更不是所有亮点和平点特征都与含油气性有关，因此，明确烃类指示因子的形成条件对于直接利用地震资料开展含油气性识别来说具有重要的意义。图 8-5 通过含气砂岩、含水砂岩和泥岩围岩之间的相对波阻抗关系来展示了多种烃类指示因子的形成条件。该示意图采用的是欧洲极性，即声波阻抗变小用波峰（反射系数为负、蓝色）、声波阻抗增大用波谷（反射系数为正、红色）来表示，且子波为零相位子波。

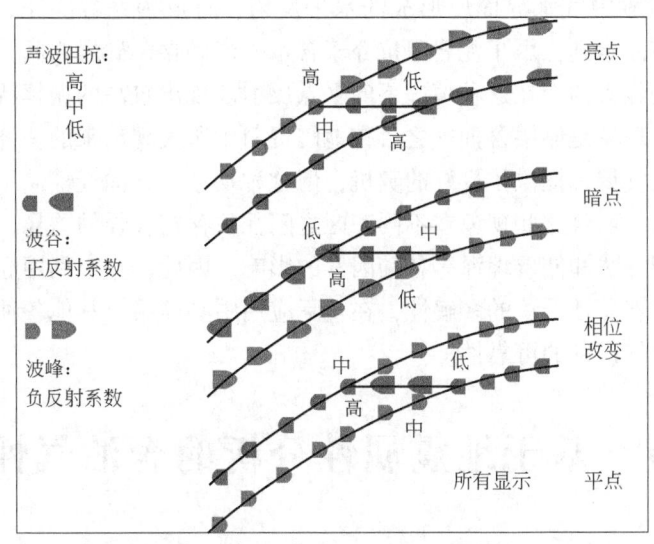

图 8-5 储层和围岩介质之间不同阻抗差所引起的烃类指示现象
示意图（零相位欧洲极性）（据 Brown，2011，修改）

图 8-5 展示了如何形成亮点的示意图，即含水砂岩的波阻抗低于围岩介质的阻抗，而含气砂岩的阻抗则进一步低于含水砂岩的阻抗。此时，砂岩的特征波形是波峰在上（负反射系数、蓝色表示），波谷在下（正反射系数、红色表示），显然含气砂岩储层与围岩界面的阻抗差大于含水砂岩储层与围岩界面的阻抗差，即含气砂岩顶面反射系数增大并导致局部振幅增大，形成典型的顶、底高振幅零相位亮点反射，这也正是气层产生亮点的物理基础。如果砂体足够厚，其对应的顶、底反射就能够被分开，从而可以看到对应于含气砂岩和含水砂岩之间流体接触面所对应的地震反射，即平点。此时，气水界面形成的平点反射对应着界面下方的波阻抗增大特征，即反射系数为正，用波谷（红色）表示。

图 8-5 中展示的暗点形成条件与亮点正好相反：即含气砂岩和含水砂岩的阻抗都高于围岩介质的阻抗，且含水砂岩的波阻抗比含气砂岩的阻抗更高。此时对应的反射关系为波谷在上（正反射系数、红色表示），波峰在下（负反射系数、蓝色表示）。显然，当天然气取代砂岩孔隙中的水时，波阻抗会明显降低，在砂岩阻抗高于泥岩阻抗的背景下，含气砂岩与围岩的上、下界面处的波阻抗差反而降低，即含气砂岩与围岩界面处的反射系数减小，从而形成暗点型油气藏。同样，如果含气砂岩有足够的厚度，也会在含气砂岩与含水砂岩的流体界面处产生平点反射，且反射系数为正，用波谷（红色）表示。

图 8-5 还展示了相位转换现象的形成条件：当含水砂岩储层波阻抗高于围岩阻抗时，天然气饱和使得含气砂岩的波阻抗降低，导致气水过渡位置处波阻抗从高于围岩介质的阻抗（含水砂岩）变为低于围岩页岩的阻抗（含气砂岩），使得含气和含水砂岩顶、底反射在相邻位置处出现极性转换现象。如图 8-5 中所示，在过流体界面处，反射特征从波谷（红色）位于波峰（蓝色）反射上方变为波峰（蓝色）反射位于波谷（红色）反射的上方。为了准确落实相位转换（或极性反转）现象，必须明确确定所研究砂体上方或者与它直接接触下方的非储层（油气藏）反射的构造倾角。同样，如果砂岩具有足够的厚度，

完全可以看到油气藏中气水界面所形成的水平反射，且反射系数为正，用波谷（红色）表示，同时还应该注意到，由于泥岩阻抗介于含水砂岩和含气砂岩之间，导致气水界面处的波阻抗差反而是最大的，在这种情况下的平点反射表现出较高的振幅特征。

直接烃类指示现象是储层含油气之后在地震资料中所表现出来的一种现象，为直接利用地震资料开展油气识别提供了良好的契机，但这种现象与含油气性储层之间并不存在严格的一一对应关系，而且这些现象在不同工区之间往往存在较强的差异，同时还受地震资料品质、资料处理方法和储层埋深等各种因素的影响。因此，直接利用烃类指示现象开展含油气性识别存在着非常严重的多解性，在实际应用中必须结合其他各种资料开展综合研究才能有效提高油气识别的可靠性。

第二节　基于地震属性分析的含油气性预测

一、含油气性敏感地震属性

当地层中含有流体时，微观尺度上的孔隙流体、孔隙流体与岩石骨架之间的相对运动都会引起地震波能量的吸收损耗。岩石物理理论和实验测试结果表明：纵波在完全干燥的岩石、完全饱和流体的岩石和部分饱和流体的岩石中传播时吸收衰减程度依次增大（品质因子减小），且地震波频率越高衰减现象越严重。因此，地层品质因子或地震波吸收衰减属性对于含油气性特别是天然气识别来说具有非常重要的意义。

除了亮点、平点、暗点和极性反转外，对含油气性比较敏感的地震属性特征还包括速度降低、主频降低、高频衰减、低频阴影、屏蔽区、同相轴下拉和AVO现象等。其中，低频阴影是由于储层含油气后对地震波产生较强的吸收衰减作用，特别是高频信号吸收严重，导致在含油气储层下方出现的瞬时频率降低现象；屏蔽区则是由于含气砂岩储层强反射带来的屏蔽效应及在其下方所引起的反射微弱区域；同相轴下拉现象则是由于含气储层中地震波传播速度较低所引起的气藏下方同相轴下拉现象；AVO现象则是由于地层含油气后所引起的反射波振幅随偏移距明显变化的现象。

根据岩石物理理论，如果在砂岩储层中含有一定量的天然气，该地层段的层速度会明显降低。由于储集层含气后的速度比周围低，相对于不含气的位置来说，通过含气段的地震反射波的旅行时明显增大，因此，在地震剖面上气层底面的反射波经常出现下凹（下拉）现象，即气层速度下陷（gas velocity sag），该现象也称为时间下陷（time sag）、速度下陷（velocity sag），该现象的实质是由于速度变化所引起的。在速度谱上相应的区域通常表现为速度降低，将两者结合在一起有助于更好地开展气藏识别。

图 8-6 表明了由于气藏低速特征所导致的平点反射下陷现象，其中，波谷（红色同相轴）在 1560~1600ms 间向西倾斜，但可以认为该界面在深度域中是平的，即在时间域中的同相轴倾斜现象是由于地震波在穿越楔状气藏时，由于气藏速度降低引起相应的旅行时增大而导致的现象，这种平点反射下陷现象的典型特点是平点倾斜方向与构造本身的倾斜方向相反。同时，气藏在地震剖面上呈现出明显的亮点特征，气藏内具有多个强反射同相轴，且在气藏外没有任何延伸迹象。

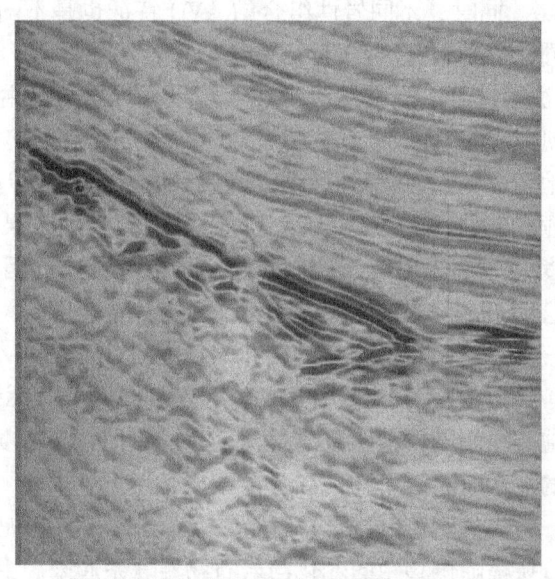

图 8-6 典型的气藏亮点及平点下陷现象（据 Brown，2011）

在实际地震资料中有时候还会出现明显的油气透射效应，即浅层油气藏的反射振幅非常强而埋藏较深的油气藏反射振幅则相对较弱，由于大部分入射能量都在浅层发生反射，导致剩余的透射能量相当小，使得深层油气藏的振幅明显降低，从而增加了深层油气勘探的难度。

二、AVO 属性分析与含油气性识别

振幅随偏移距的变化规律是气藏识别的有效手段，所谓 AVO 技术，就是指利用共中心点道集或共反射点道集中振幅随偏移距的规律来分析并推断储层岩性和含油气特征的技术。其中，截距—梯度分析方法具有直观、简单和物理意义明确等优点。

根据给出的地质模型开展正演模拟，结合研究区的地质规律和油藏特征有助于分析不同地质条件下油、气、水以及特殊岩性体组合的 AVO 特征，并建立相应的 AVO 检测标志，提高利用 AVO 分析技术开展岩性和含油气性识别的可靠性。分析可以得到以下几点结论和认识：

（1）即使岩石的纵波速度和密度相同，但只要存在泊松比差异，AVO 曲线特征的变化就不同。因此，可以通过 AVO 分析获取横波速度信息，而仅采用垂直入射信息则无法区分这种岩性或流体因素造成的差异，其本质是振幅（反射系数）随偏移距变化的速率依赖于界面两侧泊松比的差异。

（2）建立在水平叠加技术基础上的"亮点"技术实质上是把丰富的 AVO 信息用垂直入射理论进行简化，丢掉了许多有用信息且降低了地震资料的分辨率，此时，叠加记录的振幅并不是真正意义上的自激自收记录振幅。

（3）AVO 增大趋势对烃类检测有一定的指导意义，但并不是所有的气层的 AVO 特征都呈增大趋势，特殊岩性体（如火成岩等）也会引起 AVO 增大趋势。从这个意义上讲，AVO 分析也存在一定的局限性。我国多数油田属于陆相沉积，很多区块的 AVO 特征呈现出典型的"暗点"趋势，而且很多是薄层互层调谐的结果，因此，不能将单个界面的

AVO 特征套用于薄互层。同时，不同岩性组合的 AVO 特征也是不同的，即使岩石组合相同，由于薄层厚度不同，也会引起 AVO 特征差异。

（4）AVO 正演方法不仅可以提供储层和油气藏检测标志，更主要的是提供了一种分析问题并解决问题的研究思路。

利用多波多分量地震数据或 AVO 处理结果开展纵波、横波、转换波的 AVO 分析，不仅有助于储层含油气预测，对检测裂缝是否发育也具有很好的效果。从岩石物理理论可知，储层中的纵波速度 v_p 与岩石骨架速度、孔隙中的流体性质等因素有关（当孔隙中含油特别是含气时，v_p 会明显下降），但横波速度 v_s 只与骨架速度有关而与孔隙中流体性质无关，即当孔隙中含气时，v_s 不发生明显的变化。此时，气层的 v_p/v_s 相对于非含气层明显变小，所以，在同一地层范围内如果横向 v_p/v_s 下降，则可能显示该区域含气。

实际应用表明，地震振幅随偏移距或入射角变化的特征在高精度勘探中十分有效。当烃类物质取代储层中的盐水时，岩石物性和弹性性质必然发生改变，并进一步引起地震振幅的规律性变化特征。常规的 AVO 分析方法主要是从地震资料中提取振幅，并通过截距 P 和斜率 G 两种属性将振幅随偏移距的变化与岩石物性联系起来。由于截距是纵波速度 v_p 和密度 ρ 的函数，斜率是横波速度 v_s 和纵波速度 v_p 的函数，但三个主要弹性参数（v_p、v_s 和 ρ）彼此依赖、相互联系、难以分离。因此，在岩石变化剧烈、含气饱和度低的情况下可能会导致 AVO 分析与参数反演的失败。

图 8-7 所示为墨西哥湾某深海区气藏的目的层沿层切片对比，四个图分别代表叠后地震数据切片、近偏移距叠加数据切片、远偏移距叠加数据切片、近偏移距和远偏移距叠加数据之间差值的切片。从图中的对比可知，近偏移距和远偏移距的部分叠加数据之间在平面上具有非常相似的特征，叠后地震数据呈现出更宽的范围和更好的连续性，三个数据都刻画了扇体的整体分布特征，且表明该扇体可以分为东、西两个朵叶体，但两个朵叶体之间在振幅值上的差异没有明确的意义。而近偏移距和远偏移距叠加数据之间的差值则反映了振幅随偏移距变化的 AVO 特征，由于该目的层具有典型的振幅随偏移距增大的特征，通过该特征能够从切片中明显地观察到河道，该河道穿过两个朵叶体，在地质上解释为斜坡扇中被砂岩充填的河道特征，且该河道在整个扇体内属于具有最高孔隙度和渗透率特征的区域。

彩图 8-7

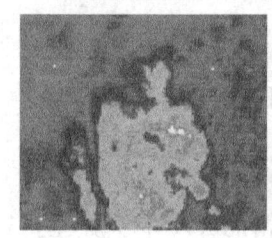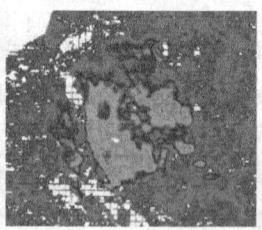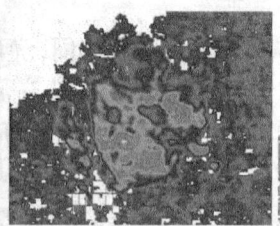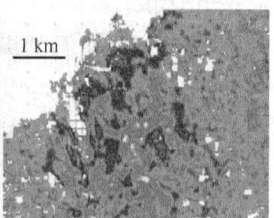

图 8-7　某目的层沿层切片对比（据 Brown，2011）

在利用 AVO 特征开展烃类检测时，通常把梯度和截距的背景趋势与岩石物性特征联系起来并将气层分为四类，如图 8-8 所示。其中，Ⅰ 类 AVO 为高阻抗含气砂岩：此类含气砂岩通常存在于陆上硬质岩层中，属于中高度压实的成熟砂岩，具有比上覆介质更高的波阻抗特征，反射系数为正且随着入射角增大而减小，其 AVO 特征为零偏移距振幅强且为正极性，AVO曲线呈减小趋势，当入射角足够大时可出现极性反转现象；Ⅱ类AVO为近零阻抗差的含气砂岩：此类含气砂岩多出现于近海和陆上沉积中，也属于中高度压实的成熟砂岩，零入射时的反射系数较小且可正可负，这种砂岩的AVO特征为零偏移距振幅很小且趋于零，在零偏移距附近不易检测，且随着偏移距的增大，其AVO特征变化不大，但在偏移距较大的情况下可以看到明显的振幅增加现象。Ⅱ类AVO分为两种情况，一种是AVO曲线开始大于零，随着偏移距的增大，振幅减小且出现极性反转，通常记为Ⅱp类；另外一种是AVO曲线都小于零，随着偏移距的增大，振幅绝对值增加。对于此类气层，可以采用分偏移距段叠加和极性调整叠加等方法来减少因极性反转导致的叠加振幅减弱的风险，通常记为Ⅱ类AVO。Ⅲ类和Ⅳ类为低阻抗含气砂岩，它比上覆介质的阻抗低，其AVO特征为零偏移距振幅很强，呈负极性。其中，AVO（指振幅绝对值）呈增加趋势的为第Ⅲ类，通常出现在未压实的海相地层中，墨西哥湾等典型的"亮点"气层属于此类，在叠加地震剖面上也比较容易识别；而AVO（振幅绝对值）呈减小趋势的情况则划为第Ⅳ类，通常出现在上覆介质为异常高速的情况下，在入射角不大的条件下，Ⅳ类AVO往往也会呈现出亮点现象，虽然都属于低阻抗的含气砂岩，但产生机理却与Ⅲ类AVO完全不同。

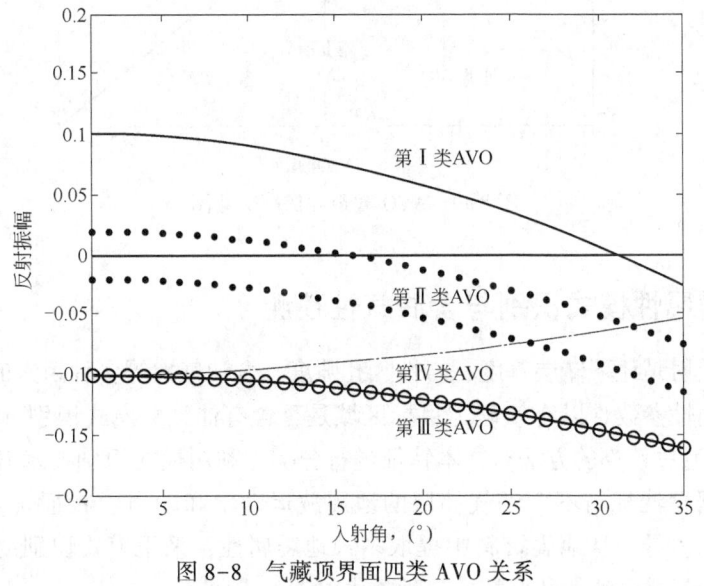

图8-8　气藏顶界面四类AVO关系

需要说明的是，以上气藏顶界面的思路AVO分类是针对单个界面反射来开展的，只适用于厚气层顶底界面分析的情形。而在实际地震勘探中观察到的AVO现象有不少是由岩性或薄层调谐等非烃类因素引起的，且薄互层岩性的组合及厚度的变化对AVO特征的影响很大，因此，在实际应用中采用AVO特征开展烃类识别时需要对相关条件引起足够的重视，有效减小含油气性识别的多解性。在含气砂岩中，纵波速度明显降低，含气层的泊松比较小，与围岩的泊松比差异较大，一般都能够观察到明显的AVO现象，因此，利用AVO分析开展含气识别更为有利。而含油砂岩的泊松比明显高于含气砂岩，与围岩的泊松比差异相对较小，此时利用AVO技术进行检测的难度比含气识别更大。

AVO 交会（AVO crossplotting）解释是指利用 AVO 属性交会特征来描述特殊岩性和油气藏，即将每个点的截距和梯度都投影在 AVO 交会图上，这样，不同的 AVO 分类将出现在交会图的不同区域，从而减少油气检测多解性的方法。储层的 AVO 响应影响因素较多，四种类型之间的差异也表明地下复杂地质条件很容易导致 AVO 分析产生多解性。AVO 交会解释的目的就是要减少气层评价中的多解性并试图找到最有效的烃类指示因子。图 8-9 为根据上述四类气层特征所绘制的 AVO 截距和梯度属性交会图，该图已经成为岩性预测和气藏识别的重要依据。

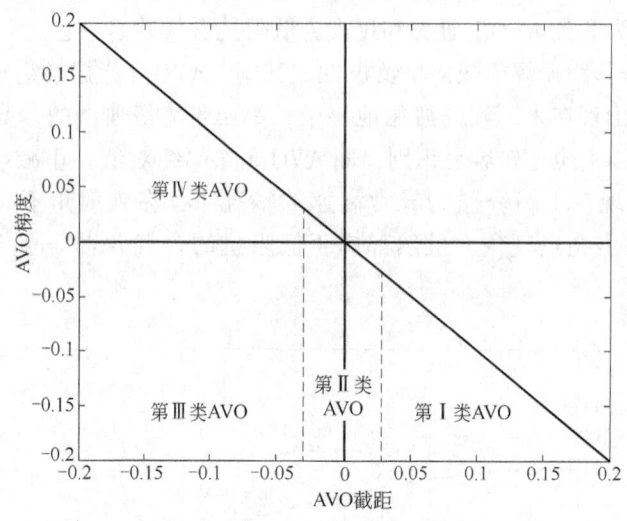

图 8-9 AVO 截距和梯度交会图

三、地震属性模式识别与含油气性预测

由于地震反射是地下储层厚度、岩性、孔隙度、含油气性等多种因素的综合响应，采用单一的地震属性参数难以有效确定目标区域是否含有油气。模式识别（pattern recognition）实际上是通过计算的方法对样本特征进行分类。利用模式识别技术开展含油气性识别就是一种根据含油气与不含油气储层的地震波运动学和动力学特征（如波形、振幅、频率和相位等）差异，从地震资料中提取多种地震属性，采用模式识别的方法来判断目标储层是否含油气或含油气性好坏的一种技术。

模式识别在 20 世纪 70 年代和 80 年代是一个非常流行的术语，作为人工智能的一个重要应用领域得到了飞速发展，它强调的是如何让一个计算机程序去做一些看起来很"智能"的事情，一开始主要是作为机器学习的代名词。形成了统计模式识别、结构模式识别、模糊模式识别、人工神经网络、支持向量机、分形和灰色油气预测等一系列方法，其中，神经网络作为模式识别技术当中最重要的方法之一，在实际应用中得到了快速的发展，相对于传统的模式识别方法来说具有非常明显的优势。

严格意义上讲，基于地震属性开展泥质含量、孔隙度等储层物性参数的预测时网络的输出值是一系列连续的数值，属于典型的数据回归问题，而基于地震属性开展含油气性识别时其输出则是含油气或者不含油气，即 1 或 0 两个数，其本质上属于典型的分类问题。

即输入对含油气性比较敏感的地震属性参数，判断其属于类型 1 还是类型 0，当进一步考虑含水或者油水同层等情况时，可以说方法在原理上没有本质的区别，区别仅仅在于分类的数量发生了改变，在网络训练时对样本的要求更高。因此，对用于储层参数预测的神经网络模型通过适当的改造就可以直接用于含油气性的分类问题。目前，在文献中已经有多种不同类型的神经网络成功用于含油气性检测，并与模糊聚类、灰色理论等方法相结合，有针对性地实现了基于地震属性的含油气性识别。

在实践中，通常从测井、录井或试井资料中选择具有代表性的含油气性解释结果，在井震标定的基础上提取大量的井旁道地震属性，依据含油气性解释结果对提取的地震属性进行优化降维，将敏感地震属性与含油气性作为学习样本，对网络进行训练，当网络学习收敛后，就可以采用该映射关系对整个地震工区开展含油气性预测。

虽然地震资料中包含了油气储层中的大量有效信息，采用模式识别等方式利用地震属性开展含油气性识别也在很多地方取得了成功，但失败的例子也很多。因此，在直接利用地震属性开展含油气性识别时一定要谨慎对待，特别是要理解不同地震属性和不同方法在含油气和不含油气样本之间的联系和差异，将地震属性判断结果与地震反演相结合，在地质规律的指导下，开展多种数据、多种方法的综合研究，有效降低利用地震资料开展含油气性判别的多解性。

第三节　基于流体因子叠前地震反演的含油气性预测

地震属性能够间接反映地层含油气性特征，但往往缺乏明确的物理意义，而通过流体因子的定义则能够更加直接有效地表征地下含油气性特征，将流体因子与地震反演相结合能够更好地直接利用地震资料开展储层预测和含油气性识别。

一、流体因子定义及其分类

储层流体（reservoir fluid）是指存储于地下储层岩石孔隙中可流动的液体和气体。利用地震资料开展流体识别是指在岩石物理理论的指导下，将与孔隙流体有关的异常特性表征为流体因子，通过流体因子参数的反演或计算来实现储层流体特征的预测，因此，流体因子构建是储层流体识别的关键。流体因子（fluid factor）的概念最早是由 Smith 和 Gidlow 在 1987 年提出的，当时特指由纵横波速度相对变化量权差运算构成的一种参数。随着研究的深入，流体因子参数被赋予了更宽泛的含义，即能够对储层孔隙流体类型进行有效区分的参数都可以称为"流体因子"，也称为流体指示因子。

储层实际上是由固体矿物和孔隙流体组成的多相体，孔隙中诸如水、油、气等流体的存在对岩石的弹性性质有着极其重要的影响。孔隙流体与岩石固体骨架之间的相互作用会弱化或者硬化岩石的力学性质，因此，孔隙流体信息可以采用介质的弹性异常信息来进行表征。借助岩石弹性参数构建相应的流体因子，有助于增强储层含油气性识别的可靠性。目前，常用的流体因子可以分为两类，即物理意义明确的流体因子和基于组合运算的流体因子。

物理意义明确的流体因子可以分为基于弹性理论的流体因子、基于孔隙介质理论的流体因子和基于各向异性理论的流体因子。此类流体因子代表着明确的岩石物理含义，具有较高的孔隙流体指示普适性，能够更加方便地纳入反射系数线性近似公式中，可以利用叠前地震反演直接进行参数提取，也可以依据流体因子与弹性参数之间的关系进行间接计算。

而基于组合运算的流体因子则主要由纵横波速度和密度等三参数的组合运算来得到，其岩石物理意义较为模糊，对流体的敏感程度取决于所在区块的岩石物理分析结论与认识。通常，这些流体因子可以表示成纵波阻抗 I_p 与横波阻抗 I_s 的组合形式，即

$$F=f(I_p,I_s,c) \tag{8-1}$$

式中，c 为调节系数。针对不同的流体因子类型，其计算方式与物理意义皆不相同，但式(8-1) 表明一般流体因子均可以通过纵横波阻抗进行间接计算来得到。当地震资料品质好、信噪比高的时候，高次幂组合的流体因子有助于突出流体异常效应，结果清晰可靠；而当地震资料品质较差，信噪比较低的时候，高次幂组合流体因子在反应流体特征的同时明显地增强了噪声信息，最终结果可能适得其反。

二、常用流体因子参数

1. 基本弹性模量参数

孔隙流体对岩石的拉伸和压缩具有力学影响，作为反映岩石受外力发生形变基本特征的杨氏模量、拉梅参数、体积模量等参数在一定程度上也能够反映孔隙流体的弹性效应。杨氏模量 E 表示所受应力与拉伸变化量之比；剪切模量 μ 表示切应力与切应变之比，是抵抗剪切应变的度量，常被称为刚性模量、不可压缩的度量或剪切模量；体积模量 K 则表示应力与体应变之比。

在储层预测与流体识别中最常用的弹性模量是拉梅参数 λ 和 μ，其中，λ 是阻止横向压缩所需的拉应力的一个变量，阻止横向压缩的拉应力越大，λ 值也越大。表示不可压缩性的 λ 对孔隙流体更为敏感，而刚性模量 μ 不受孔隙流体影响，仅与岩石骨架有关，多用于指示岩石骨架性质。拉梅参数 λ 和 μ 不仅可以用来直接判识岩性与岩石孔隙流体类型，还可以与其他弹性参数组合成其他流体因子，如 $\lambda\rho$、λ/μ 等。研究表明，低的 $\lambda\rho$ 与较软的岩性相关，如含气砂岩和页岩；而高的 $\lambda\rho$ 与硬的岩性相关，如含水砂岩和花岗岩；低的 $\mu\rho$ 与松软岩石相关，如页岩和煤；高的 $\mu\rho$ 与刚性较强的岩石相关，如砂岩和白云岩。$\mu\rho$ 虽然不受流体的影响，但却受孔隙度变化的影响较大，结合 $\lambda\rho$ 与 $\mu\rho$ 能够较为灵敏地表征岩石特征，且物理意义明确，在岩性预测和流体识别方面得到了广泛应用。

2. 泊松比

纵横波速度比和泊松比参数常用于区分岩性和孔隙流体（特别是含气层）类型。两者之间的转换关系如下：

$$\sigma=\frac{1-0.5(v_p/v_s)^2}{1-(v_p/v_s)^2} \tag{8-2}$$

$$\frac{v_p}{v_s}=\sqrt{\frac{1-\sigma}{0.5-\sigma}} \tag{8-3}$$

泊松比的物理意义是岩石横向压缩与纵向拉伸的比值。在岩石物理学中，一般将利用岩石物理实验仪器测量的纵向拉伸和横向压缩量计算的泊松比称为静态泊松比；而根据岩石中地震波传播的纵横波速度，利用数学公式进一步计算出来的泊松比称为动态泊松比。同一岩石的动态泊松比与静态泊松比之间存在一定的数值差异，通常情况下动态泊松比要高于静态泊松比。波传播时，动态测量的应变振幅一般小于10^{-6}，而静态测量的应变振幅要大于10^{-3}，也就是说静态测量对岩石产生的压缩要大于动态方法的测量结果。考虑到大部分沉积岩具有孔隙和细长的裂缝（非球状），动态测量方法中传播的波不会使这些裂缝挤压闭合，因此，该岩石看上去要比裂缝闭合的情况强度更大（可压缩性差）。如果实验在较高的束缚压力情况下进行，裂缝则在实验开始的时候就闭合了，此时动态泊松比与静态泊松比的数值将几乎一致。

图8-10给出了泊松比与纵横波速度比之间的关系，并根据地下实际情况在图中划分了几个区，从图中可以看出泊松比对含油气性更加敏感，可以比较容易地识别出气层位置，在岩性预测和含油气性识别中得到了广泛的应用。

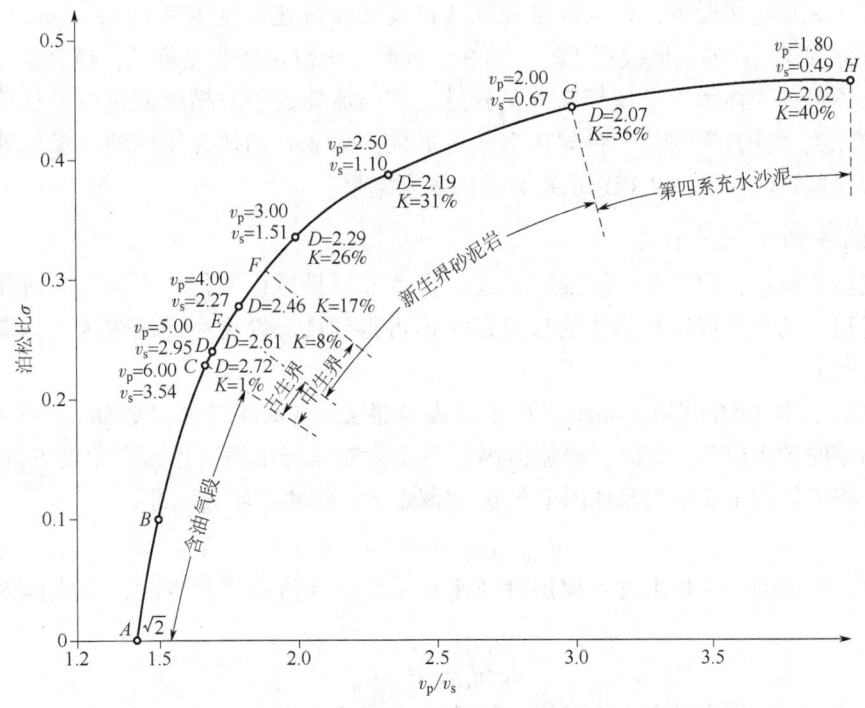

图8-10 泊松比与纵横波速度比关系示意图（据李庆忠，2015）

当储层含油气时，岩石的纵波速度比含水时小，横波速度略微增加，由泊松比与纵横波速度比的关系可知，含油气砂岩的泊松比小于含水砂岩；通常石英的纵横波速度比小于其他矿物，所以砂岩泊松比低于泥岩，这也正是该参数常用于岩性和含油气性识别的基础。当$v_p/v_s=\sqrt{2}$时，$\sigma=0$；当$v_p/v_s=1.5$时，$\sigma=0.1$（一般指含气砂岩）；当$v_p/v_s=2.0$时，$\sigma=0.333$（一般指含水砂岩）；当$v_p/v_s=\infty$时，$\sigma=0.5$（横波速度为零代表液体情形）。通常情况下，含气砂岩的泊松比σ在0.08~0.17之间，含油砂岩的σ数值在0.18~0.33之间，而含水砂岩、白云岩的σ在0.25~0.36之间，硬石膏的σ在0.28~0.36之间，泥岩的 σ 一般大于 0.32，而煤的 σ 则在 0.38~0.46 之间。

3. Smith 和 Gidlow 流体因子

Castagna 等人基于岩石物理测量结果进行统计分析，认为含水砂岩的纵横波速度满足线性关系，即"泥岩基线（mud line）"公式：

$$v_p = Kv_s + 1360 \tag{8-4}$$

式中，K 通常取值为 1.16。泥岩线性关系的斜率在不同工区需要专门统计。对上式两边同时求微分，基于"泥岩基线"公式即可定义利用加权叠加运算求取流体因子 ΔF 的方法，具体表达式为

$$\Delta F = \frac{\Delta v_p}{v_p} - K \frac{v_s}{v_p} \frac{\Delta v_s}{v_s} \tag{8-5}$$

式中，$\frac{\Delta v_p}{v_p}$ 和 $\frac{\Delta v_s}{v_s}$ 可以从叠前地震道集中反演获得，横波与纵波的速度比值 $\frac{v_s}{v_p}$ 则主要依据岩石物理统计进行合理设定，斜率值主要根据工区统计特征进行调整。该流体因子的岩石物理基础是：在理想情况下，含水砂岩的纵波速度和横波速度基本满足 Castagna 的经验关系，即流体因子 ΔF 的数值接近于零；而在含气时，纵波速度明显降低，横波速度略微增加，砂岩顶部的流体因子呈现较强的负异常。该类流体因子对横纵波速度的比值要求较高，在第三类"亮点"型含气砂岩中有较好的应用效果，当研究工区的纵横波速度不符合线性拟合关系时，该方法难以取得有效的识别结果。

4. 流体因子角属性

在实际资料中，利用单一的截距 P 或者梯度 G 属性难以取得令人满意的流体识别结果，但通过对两个参数进行适当的权差运算即可得到敏感性更高的流体因子，即所谓的"流体因子角"。

流体因子角（fluid factor angle）θ_f 定义为当储层为含水砂岩时，使 Shuey 两项近似式的数值为零时的入射角。此时，将流体因子设定为在入射角为流体因子角度 θ_f 时的反射系数值，将流体因子表示为流体因子角 θ_f 和截距 P、梯度 G 函数，即

$$R_{\text{Fluid\_Factor}} = P + G\sin^2\theta_f \tag{8-6}$$

显然，流体因子角是由含水储层性质来确定的，即当储层含水时，令流体因子为零可得

$$\sin^2\theta_f = -P_w/G_w \tag{8-7}$$

式中，P_w 和 G_w 分别表示含水储层的 AVO 截距和梯度。

5. 泊松阻抗

饱含不同流体的砂岩具有不同的弹性参数。通常情况下，密度与泊松比参数对流体性质最为敏感，将这两个参数进行联合能够更敏感的识别孔隙流体类型。Quakenbush 等人利用坐标轴旋转的方法提出了泊松阻抗（poisson impedance）概念，即通过对纵—横波阻抗交会图的坐标轴旋转来构建泊松阻抗 PI，以实现流体类型的最大限度区分：

$$PI = I_p - cI_s \tag{8-8}$$

式中，I_p 和 I_s 分别是纵波阻抗和横波阻抗；c 是旋转因子，该参数主要从岩石物理统计获得。

研究表明，泊松阻抗在指示储层流体类型的时候对固结砂岩储层效果较好，对非固结

砂岩的效果较差，究其原因还是因为饱含不同流体的非固结岩石的纵横波阻抗数据重叠区间大，区分度不够，单纯依靠坐标旋转无法满足流体识别的需求。

6. 基于 Gassmann 理论的流体因子

基于 Biot-Gassmann 理论可以将纵横波速度表达为

$$v_{\mathrm{p}} = \sqrt{\frac{K_{\mathrm{d}} + \frac{4}{3}\mu + \beta^2 M}{\rho_{\mathrm{sat}}}} \quad (8-9)$$

$$v_{\mathrm{s}} = \sqrt{\frac{\mu}{\rho_{\mathrm{sat}}}} \quad (8-10)$$

其中

$$\beta = 1 - \frac{K_{\mathrm{d}}}{K_{\mathrm{s}}}, \quad \frac{1}{M} = \frac{\beta - \phi}{K_{\mathrm{s}}} + \frac{\phi}{K_{\mathrm{f}}}$$

式中，β 为 Biot 系数（其物理意义是当水的压力为常数时，流体体积变化与岩石体积变化之比）；M 为模量参数（其物理意义是在不改变地层体积前提下，将流体压入岩石所需的压力）。

Russell（2003）基于 Biot-Gassmann 理论提出了利用 $f = \beta^2 M$（称为 Gassmann 流体项）表示介质流体效应，以 $s = K_{\mathrm{d}} + \frac{4}{3}\mu$（称为 Gassmann 固体项）表示干岩石固体骨架效应，从而将饱和流体多孔岩石的纵波速度表达公式改写为

$$v_{\mathrm{p}} = \sqrt{\frac{f + s}{\rho_{\mathrm{sat}}}} \quad (8-11)$$

Batzle 等人的岩石物理测试结果表明饱含不同流体的岩石在流体项 f 上具有较大的差异，依据测井数据计算了 Gassmann 流体项，并取得了很好的流体识别效果。

式（8-10）和式（8-11）两式两边乘以密度并两边取平方可得到阻抗表达式：

$$I_{\mathrm{p}}^2 = \rho(f + s) \quad (8-12)$$

$$I_{\mathrm{s}}^2 = \rho\mu \quad (8-13)$$

引入系数 c，即可利用式（8-14）估算参数 ρf：

$$\rho f = I_{\mathrm{p}}^2 - c I_{\mathrm{s}}^2 = \rho(f + s - c\mu) \quad (8-14)$$

经过公式换算，得到如下公式：

$$c = \frac{\lambda_{\mathrm{d}}}{\mu} + 2 = \frac{K_{\mathrm{d}}}{\mu} + \frac{4}{3} = \left(\frac{v_{\mathrm{p}}}{v_{\mathrm{s}}}\right)_{\mathrm{dry}}^2 \quad (8-15)$$

系数 c 表示干岩石纵横波速度比的平方，在 Russell 流体因子的计算中，除了要获得可靠的纵横波阻抗，合适的 c 值选取也是关键环节，并且 c 的取值范围依赖于目的储层，一般取值范围为 1.333~3。只要得到 c 值，即可实现 ρf 的估算，可见 c 的取值是求取该流体因子的关键，其取值依赖于待研究的目的储层，通常可借助实验岩石物理测量数据来选取合适的 c 值。

随着研究的深入，Russell 等人在消除密度项影响后，直接将 Gassmann 流体项 f 作为

流体因子参与孔隙流体的识别,并将 Gassmann 流体项 f 表示为

$$f=\frac{\left(1-\frac{K_\mathrm{d}}{K_\mathrm{s}}\right)^2}{\frac{\phi}{K_\mathrm{f}}+\frac{1-\phi}{K_\mathrm{s}}-\frac{K_\mathrm{d}}{K_\mathrm{s}^2}} \tag{8-16}$$

式中,K_f 是孔隙流体等效体积模量,对于多相流体通常采用 Wood 公式计算出流体的等效体积模量 K_f,计算公式为 $\frac{1}{K_\mathrm{f}}=\frac{S_\mathrm{g}}{K_\mathrm{g}}+\frac{S_\mathrm{o}}{K_\mathrm{o}}+\frac{S_\mathrm{w}}{K_\mathrm{w}}$;$K_\mathrm{g}$、$K_\mathrm{o}$ 和 K_w 分别表示气、油和水的体积模量;S_g、S_o 和 S_w 分别表示气、油和水的饱和度,且 $S_\mathrm{w}+S_\mathrm{o}+S_\mathrm{g}=1$。

7. 拟流体模量(quasi fluid modulus)

Gassmann 流体项 f 中的固体骨架和孔隙流体的弹性效应是耦合在一起的,造成模糊影响的主要参数是岩石的孔隙度,考虑到剪切模量 μ 参数受孔隙度影响最为直接且可以直接反映固体骨架效应。通过岩石物理流体替代可知相同含水饱和度时 f 随孔隙度的降低而增大,相同孔隙度情况下 f 随含水饱和度的增加而增大,高含水饱和度高孔隙度的储层(水层)与低含水饱和度较低孔隙度的储层(气层)具有相同的 f 数值区间。因此,利用 Gassmann 流体项 f 与剪切模量 μ 进行组合可以构建新的流体因子,即通过坐标系旋转构建新的流体因子,称为拟流体模量,公式为

$$QK_\mathrm{f}=(f*a+b)-\mu \tag{8-17}$$

8. 流体等效体积模量

Gassmann 流体项 f 不仅与流体的弹性效应有关,还受矿物基质模量、干岩骨架模量以及孔隙度等岩石固体参数(刚性参数)的综合影响,即固液两相的弹性特征是耦合在一起的。Batzle 和 Han 通过研究发现,影响 Gassmann 流体项 f 取值的主要因素是孔隙流体体积模量与固体骨架孔隙度,如果能够将流体体积模量从骨架信息中解耦出来,对于流体识别将更加直接。由于 K_f 与含水饱和度之间具有完全线性变化关系,且完全不受孔隙度的影响,采用特定的地球物理方法从地震资料中提取出流体等效体积模量参数 K_f,并将流体等效体积模量 K_f 作为一项流体因子参与流体识别,即可实现固体骨架与流体弹性效应的解耦,能够有效提高储层孔隙流体识别的可靠性。

9. 地震波吸收衰减与频散参数

实际资料表明,地震波吸收衰减与孔隙流体特征有着密切的关系,当砂岩储层中含天然气时,P 波的衰减明显大于含水和含油时的衰减,但横波则不存在类似现象,为直接采用 Q_p 与 Q_s 的比值来开展油气水检测提供了依据。地震波的强衰减过程必然伴随着能量衰减并出现速度频散(dispersion)现象,即地震波速度随频率变化的现象,且频散和衰减参数与孔隙结构和孔隙中流体相对固体运动造成的影响密切相关。由于速度频散特征是地震波传播时发生吸收衰减的基础,理论上讲比常规吸收衰减参数能够更加全面地刻画地层含油气性,因此,可以将速度频散程度表征为特定的频散属性,并作为流体因子来指导储层流体识别。对频散特征的描述通常借助于时频分析技术,针对实际工区特点开展岩石物理分析,提取表征不同程度衰减和频散规律的敏感频变流体因子属性,实现储层流体性

质的直接检测。基于AVO反演的频变流体因子提取技术充分利用了地震资料中蕴含的振幅和频率信息，能够在一定程度上降低流体检测的多解性，消除仅仅考虑振幅信息进行流体检测时所引起的流体识别假象。

引起地震波频散现象的机制有很多，且介质非均质性和黏弹性引起的散射、地层吸收、界面透射以及绕射等衰减与孔隙流体流动引起的衰减混合在一起。因此，在实际地震资料中开展频变流体因子反演时，需要结合地质、测井以及钻井信息，充分利用叠前地震资料的振幅和频率属性信息，实现多学科、多属性、多方法的地震资料综合解释，降低含油气性识别的多解性。

三、流体因子叠前地震反演与含油气性识别

根据地震反演理论可知，通过叠前地震反演能够获取地层纵横波速度、阻抗和密度等信息，通常可以直接根据储层特征与这些弹性参数之间的关系，直接利用这些参数的反演结果来分析目的层含油气性特征。还可以基于纵横波速度和密度信息来间接计算各种敏感弹性参数和流体因子，在目标区岩石物理特征分析基础上确定对含油气性比较敏感的弹性参数和流体因子，从而可以将计算得到的敏感弹性参数直接用于工区含油气性识别。

通过纵横波速度和密度三个参数可以计算出各类弹性参数，但采用反演出来的这三个参数来计算对含油气性敏感的弹性参数时必然涉及二次运算，不可避免会存在计算不稳定或误差累积现象，如果能够直接通过叠前地震资料来反演流体因子参数，对于实际应用来说具有更加重要的意义。文献中提出了多个直接用 $\lambda\rho$、ρf、f、K_f 等流体因子表征的反射系数近似公式：

$$R_{pp}(\theta) = \left[\frac{1}{4} - \frac{1}{2}\left(\frac{\beta}{\alpha}\right)^2\right]\sec^2\theta \frac{\Delta\lambda}{\lambda} + \left(\frac{\beta}{\alpha}\right)^2\left(\frac{1}{2}\sec^2\theta - 2\sin^2\theta\right)\frac{\Delta\mu}{\mu} + \frac{1}{4}(1-\tan^2\theta)\frac{\Delta\rho}{\rho} \tag{8-18}$$

$$R_{pp}(\theta) \approx \frac{1}{2}(1+\tan^2\theta)\frac{\Delta I_p}{I_p} - 4\left(\frac{\beta}{\alpha}\right)^2\sin^2\theta\frac{\Delta I_s}{I_s} - \left[\frac{1}{2}\tan^2\theta - 2\left(\frac{\beta}{\alpha}\right)^2\sin^2\theta\right]\frac{\Delta\rho}{\rho} \tag{8-19}$$

$$R_{pp}(\theta) = \left[\left(1-\frac{\gamma_{dry}^2}{\gamma_{sat}^2}\right)\frac{\sec^2\theta}{4}\right]\frac{\Delta f}{f} + \left(\frac{\gamma_{dry}^2 \sec^2\theta}{\gamma_{sat}^2 \cdot 4} - \frac{2}{\gamma_{sat}^2}\sin^2\theta\right)\frac{\Delta\mu}{\mu} + \left(\frac{1}{2} - \frac{\sec^2\theta}{4}\right)\frac{\Delta\rho}{\rho} \tag{8-20}$$

$$R_{pp}(\theta) = \left[\left(1-\frac{\gamma_{dry}^2}{\gamma_{sat}^2}\right)\frac{\sec^2\theta}{4}\right]\frac{\Delta K_f}{K_f} + \left(\frac{\gamma_{dry}^2 \sec^2\theta}{\gamma_{sat}^2 \cdot 4} - \frac{2}{\gamma_{sat}^2}\sin^2\theta\right)\frac{\Delta f_m}{f_m} + \left(\frac{1}{2} - \frac{\sec^2\theta}{4}\right)\frac{\Delta\rho}{\rho} +$$

$$\left(\frac{\sec^2\theta}{4} - \frac{\gamma_{dry}^2 \sec^2\theta}{\gamma_{sat}^2 \cdot 2} + \frac{2}{\gamma_{sat}^2}\sin^2\theta\right)\frac{\Delta\phi}{\phi} \tag{8-21}$$

根据反演理论可知，利用这些反射系数方程可以直接开展叠前地震反演，从而有效提高流体敏感参数的地震反演预测精度，为直接利用叠前地震资料开展含油气性识别奠定了理论基础。不同的反射系数近似公式突出了不同流体因子参数对反射振幅的贡献程度，不同公式在不同条件下对真实反射系数的近似精度也有所差异，在实际应用中主要是根据对待反演参数的需求来选择对应的公式，从而避免间接计算所带来的累积误差。受篇幅所

限，本书对此部分内容不详细展开，仅通过实例来说明流体因子反演在含油气性识别中应用的可行性。

胜利埕岛地区位于济阳坳陷、渤中坳陷和郯庐断裂带三大构造体系交会处，其中，新近系馆陶组深度为1120~2600m，河道发育，储层砂岩纵横向变化大、连通性差、油水关系复杂。岩石物理实验和测井交会分析均表明Gassmann流体项f对含油气性具有很好的敏感性，采用与Gassmann流体项f有关的反射系数近似公式开展叠前地震反演能够获得对应的流体因子数据体，图8-11所示为过埕北252井的叠后地震剖面及利用叠前地震资料反演所得的Gassmann流体项f剖面。

彩图8-11

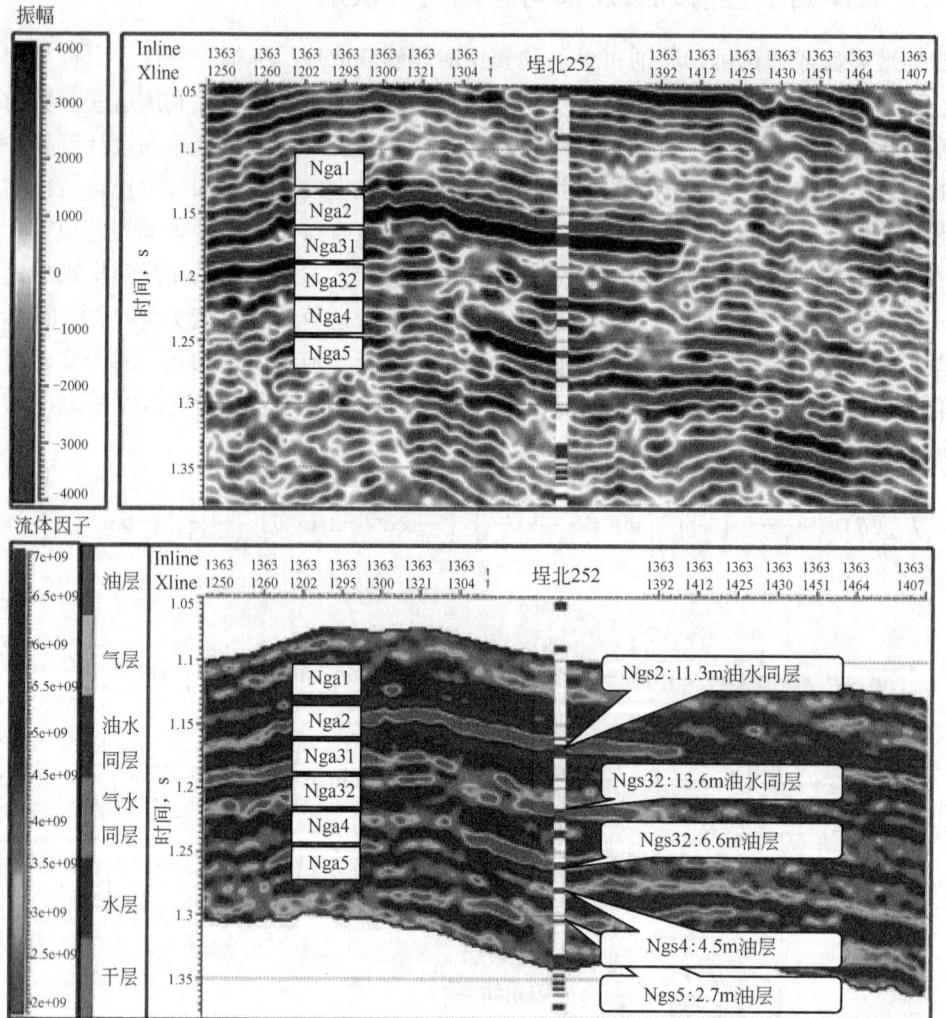

图8-11 过埕北252井的叠后地震剖面与流体因子反演结果对比

从Gassmann流体项f反演结果可知，流体因子较好的识别了油层，与井上已知的油藏特征吻合较好，图8-12所示沿馆陶组4砂层提取的沿层振幅切片和Gassmann流体项f切片。

从沿层振幅切片和Gassmann流体项f切片的对比可知，沿层振幅切片较好地反映了河道砂体的空间展布信息，但无法区分河道砂体的含油气性，而Gassmann流体项f则清晰地展示了含油气性较好的河道砂体分布特征，含油气性吻合率显著提升。当然，在实际应用中需要通过大量的岩石物理精细分析与测试来确定对目标储层最敏感的流体因子参数，并采用由流体因子表征的反射系数近似公式开展叠前地震反演，从而能够有效提高流体因子识别含油气性的可靠性。

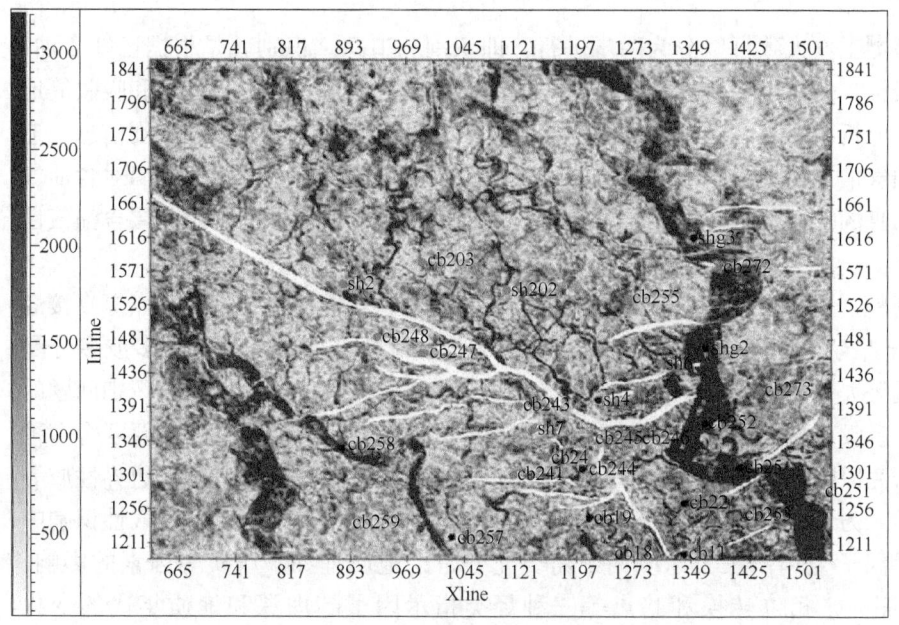

彩图 8-12

图 8-12　Ngs_4 砂体振幅特征的沿层切片

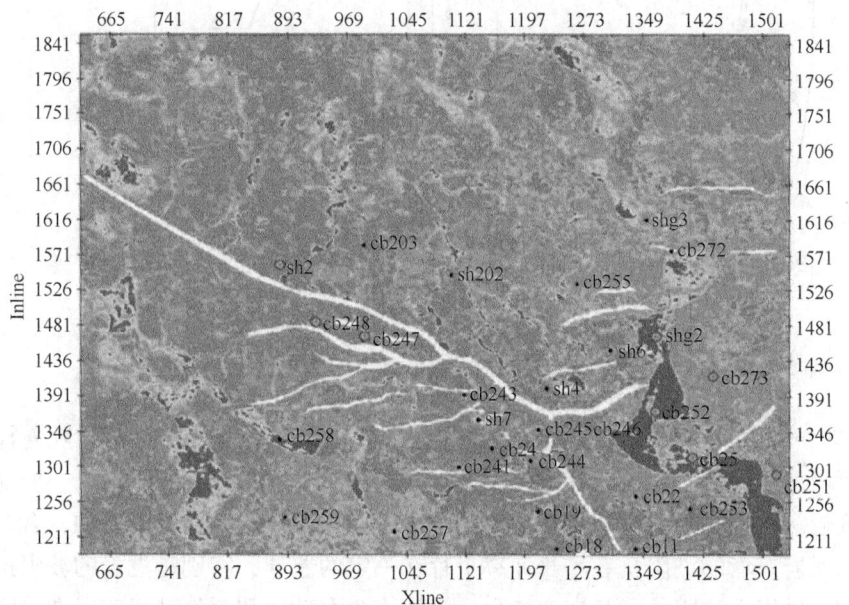

彩图 8-13

图 8-13　Ngs_4 砂体的流体因子沿层分布特征

第四节　地震资料含油气性识别中的影响因素

一、地震资料含油气性识别中的主要影响因素

含油气性检测工作大致可以分为两步进行，即识别和追踪。识别就是根据已知含油、气、水储层的岩性、物性、流体类型等特征与地震波振幅、能量、频率、相位和吸收等地震信息进行对比分析，建立两者之间的映射关系，识别出能反映油气存在的地震信息。追踪就是利用含油气信息与地震响应特征之间的映射关系，采用计算机技术追踪出对含油气性敏感的地震信息的空间分布范围，结合岩石物理结论，定量或定性的确定储层含油气性特征。

利用地震资料开展含油气性检测的方法很多，涉及地震属性分析技术、亮点等直接烃类指示、AVO 分析与反演、岩石物理分析、基于吸收衰减特征的烃类检测、多波多分量地震、时移地震等大量的方法。不同方法在不同场合取得了成功，但含油气性识别问题的多解性非常强，且没有任何一种方法是放之四海而皆准的，实际应用中往往需要联合多种方法开展综合研究以降低含油性识别的不确定性，实现对油气藏类型、厚度、边界性质等特征的准确描述，为含油气性储层的检测与评价提供可靠的技术支持。以含油气性识别中典型的烃类指示因子为例，在实际应用中需要充分考虑地质埋深、压实等因素的影响，图 8-14 展示了亮点、相位转换和暗点等三种烃类指示因子随埋深和地质年代的变化趋势。

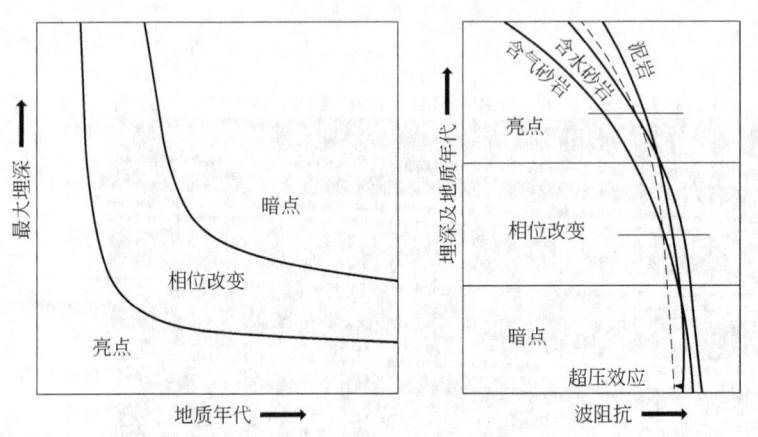

图 8-14　烃类指示因子随埋深和地质年代的变化趋势示意图（据 Brown，2011）

由图 8-14 可知，随着埋深的增加，含气砂岩、含水砂岩和泥岩的波阻抗都会随着深度和年代的增加而增加，因此，地质年代越年轻且埋藏越浅时越容易产生亮点现象，而地质年代越老且埋藏越深则越容易产生暗点现象。同时，随着地质年代和埋深的增加，含气砂岩、含水砂岩和泥岩三者的波阻抗在增长速率上存在一定的差异，特别是泥岩的波阻抗增长速率较低而含气砂岩的波阻抗增长速率较大，泥岩、含水砂岩和含气砂岩三者在波阻抗数值上的相对关系发生改变，导致由浅至深分别发育亮点、极性转换和暗点三类现象。

同时也可以看到，异常高压效应会导致泥岩线往左移动，即波阻抗显著降低，从而增加暗点效应并减少亮点效应。目前，"亮点"技术在浅层油气藏勘探中依然发挥着重要的作用，但随着埋深的增加和地层变老，其多解性明显增强，需要结合更多资料进行综合判断。

实际上，亮点、暗点和相位转换等烃类识别标志特征随深度的变化是由储层含油气后的 AVO 特征所引起的，随着深度的增加，储层孔隙度降低、波阻抗增加，导致四类 AVO 特征也随着砂泥岩的固结程度及深度发生变化，即储层与围岩之间的速度相对关系发生了改变。图 8-15 呈现了随着深度变化时，砂泥岩阻抗相对关系的变化所引起的四类 AVO 现象。

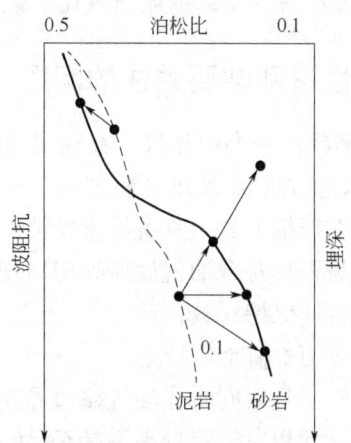

图 8-15　砂泥岩波阻抗及泊松比特征随埋深变化特征及 AVO 类型示意图
（据 Bacon，2007，修改）

图 8-16 对比分析了含气砂岩、含水砂岩、褐煤层和玄武岩层对纵波和横波的响应特征，由于地震波在褐煤中的传播速度很低，如果单独根据 P 波响应特征，很容易与含气砂岩特征相混淆。而地震波在玄武岩中传播的速度较高，如果不准确理解地震波的极性和相位特征，也可能会错误地判断为与含气砂岩相似的响应特征。因此，在利用烃类指示因子开展含油气性识别时需要将流体因子形成机理与纵横波特征紧密结合开展深入分析，从而有效降低多解性。

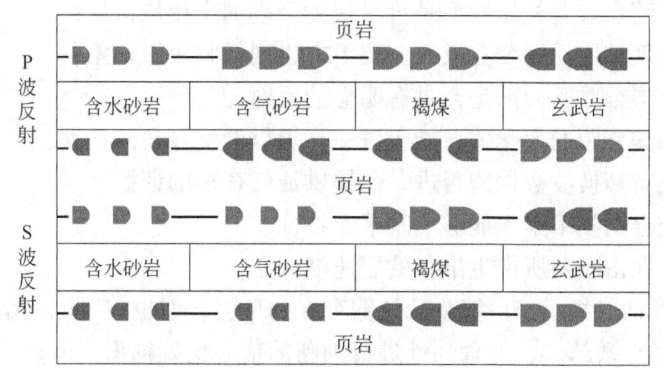

图 8-16　泥岩中嵌入不同类型地层后的 P 波和 S 波响应示意简图
（零相位欧洲极性）（据 Brown，2011，修改）

对含气砂岩的反射 P 波和 S 波剖面特征进行对比可知，含气砂岩在 P 波剖面上表现为亮点，在对应的 S 波同相轴却没有出现振幅异常，而褐煤则在纵横波剖面上均表现为强反射特征，因此，在开展含油气性识别时应该尽可能通过纵横波速度比剖面特征的对比来准确识别含气砂岩亮点特征。当砂岩储层中含水时，纵波和横波均表现为弱反射，与含气砂岩和褐煤的 AVO 特征有着明显的区别，利用 AVO 开展含油气性检测正是利用了这种反射特征的差异。

根据岩石物理理论可知，纵波对岩石孔隙流体类型比较敏感，而岩石孔隙流体类型对横波只有微弱的影响。因此，横波在气水界面下方和上方的储集砂岩的响应只有微小的变化，而纵波响应却有很大变化，通过纵横波剖面的联合对比有助于提高含油气性识别的精度，当然，这也是通过叠前地震反演计算纵横波速度比参数来开展含油气性检测的基础。

二、地震资料含油气性识别需要关注的问题

Brown 在《三维地震资料解释》一书中建议，在利用地震资料开展含油气性识别时需要重点关注以下问题，从而有效提高利用地震资料开展含油气性识别的可靠性：

(1) 目标储层的地震反射在振幅上是否具备异常特征；
(2) 数据中的强振幅反射是否具备含油气后所期望出现的典型特征；
(3) 振幅异常是否与构造特征保持一致；
(4) 是否油藏顶界面和底界面都有地震反射；
(5) 顶、底反射对是否自然，是否同时在油气藏边界点出现振幅变弱的现象；
(6) 反映油气特征的振幅异常相对于背景来说是否足够大；
(7) 地震数据是否是零相位的，极性是否已知；
(8) 是否能看到平点特征，平点特征是否分离；
(9) 平点呈现的水平或倾斜特征是否与含气后引起的速度下陷或调谐现象一致；
(10) 平点是否与构造呈现不整合接触，但与构造特征保持一致；
(11) 平点是否有正确合理的零相位特征；
(12) 平点是否位于异常的下倾边界；
(13) 是否能看到相位转换（极性反转）现象；
(14) 极性反转是否与构造一致，是否与平点处在同一深度；
(15) 亮点、暗点或者相位转换是否呈现为合理的零相位特征；
(16) 是否出现储层反射变宽或在储层下方出现低频阴影现象；
(17) 如果储层很厚，内部是否具有明显的反射；
(18) 振幅随偏移距的变化关系能否进一步提供油气存在的证据；
(19) 横波或者转换波数据能否进一步提供油气存在的证据；
(20) 统计交会图技术是否能够反映平点特征；
(21) 是否存在由时差所衍生出来的层速度异常。

上述任何一项油气指示都可能是油气藏存在的证据，但也有可能都是假象。在具体判断中，正面答案的个数越多，对含油性进行判断的信心也就越强，但负面答案对含油气性判断的影响更大，需要在实际应用中对每个负面答案做出满意的解答，通过多种因素的综合研究与分析来提高含油气性判断的可靠性。

利用地震资料开展烃类检测时往往对气层比较敏感，但却难以解决含气饱和度的准确预测问题，特别是含气饱和度很低时的 AVO 特征常常与商业性含气层的 AVO 特征相同，即由于极少量气导致很大速度变化的速度泡沫（fizz gas）现象。图 8-17 所示为墨西哥湾绿色峡谷区的气层对比实例，图中的 King Kong 区是已经发现的气藏，该位置处的两个强振幅代表产层，对于相邻的 Lisa Anne 区域来说，其亮点特征与已知气藏特征非常类似，而且所有的勘探指标都表明该位置含有天然气，但钻井显示该目标砂岩的含气饱和度较低，不具备开采价值。基于该区实际测井数据制作的单界面模型表明，低含气饱和度地层与商业气层具有相似的 AVO 响应特征，从而增加了利用地震资料识别商业气藏的难度。

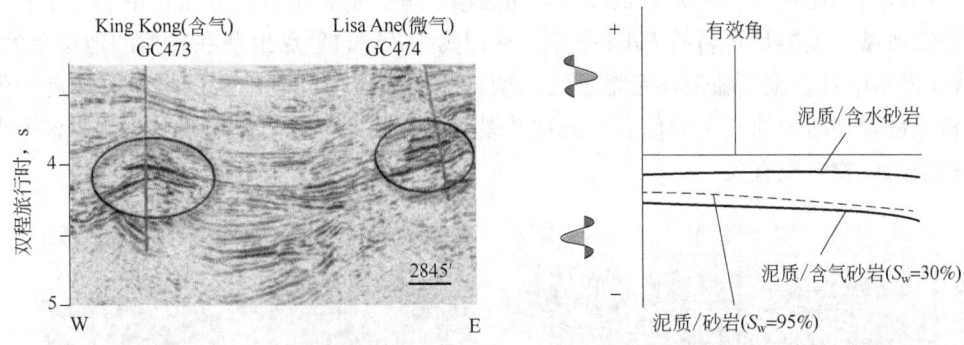

图 8-17　不同含气饱和度条件下的振幅响应特征（据 Simm，2014）

在利用叠前地震资料开展含油气性识别时需要关注 AVO "陷阱"，常见的陷阱是误将含水砂岩中的振幅随入射角增大现象解释为油气的响应，或者将薄互层的调谐现象与 AVO 现象混淆。图 8-18 中的近角度、远角度部分叠加剖面和地震道集上都呈现出非常明显的第三类 AVO 现象，但这种现象却是由薄的泥质含水砂岩引起的，其依据是振幅响应与构造圈闭特征不一致，不具备形成地质圈闭的特征，因此，在实际资料解释中需要充分结合振幅异常、圈闭特征和地质成因等因素开展综合分析，从而降低含油气性识别的多解性。

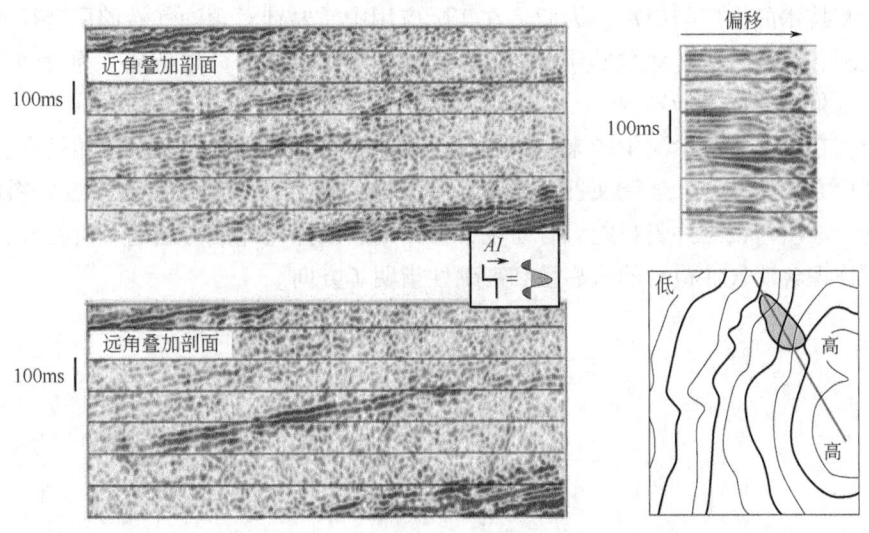

图 8-18　含水泥质砂岩引起的第三类 AVO 响应特征（据 Simm，2014）

在地震资料的相位和极性特征很明确的条件下，油气水界面在地震剖面上的响应表现为平点特征，如果水平同相轴穿过储层、与可能的多次波倾角不同、被储层顶底界面或断层截断、具有流体变化的典型 AVO 响应、位于构造底部且与反射振幅的异常特征一致、深度上与构造图溢出点一致，且与其他烃类指示特征能够相互支撑时，该平点特征往往具有较高的成功率。但是受地层厚度、地层倾角、储层干岩石模量、油气水的模量差、地震数据的有效角度、薄层顶底界面与流体界面的干涉等多种因素的影响，油气水界面的平点特征也存在很多不确定性。因此，储层含油气后产生典型的亮点和平点特征并不能保证储层具备很好的开采价值，图 8-19 中左图的地震剖面具备典型的亮点和平点特征，目的层属于含油砂岩但比较薄，最关键是该砂岩储层渗透率很低，不具备开采价值。对于右图来说则更加典型，该图是著名的 Fylla 平点，标记为"d"的平点出现在典型的地层单元内，在 AVO 道集中具备振幅随偏移距增强的典型特征，平点与周围地层的接触关系进一步增强了将该位置判断为油气藏的信心，但钻井表明该目的层为泥岩，后续分析认为该平点与温度控制的矿物转换有关。

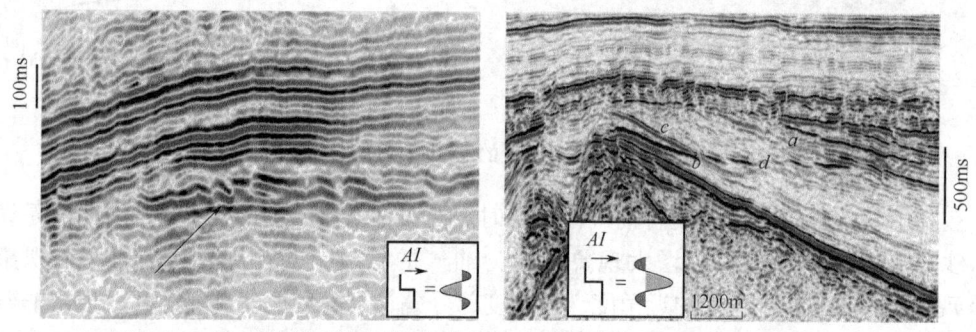

图 8-19 具备典型烃类识别标志但钻探失利的地震剖面（据 Simm, 2014）

直接基于地震资料开展含油气性检测已经在实际应用中取得了大量的成功案例，但该问题显然受到反问题多解性、地震资料品质和油气成因等多种因素的限制，且在不同区域中含油气性储层与围岩之间的特征差异往往具有不同的地球物理响应特征，从而限制了含油气性检测技术的推广与应用。因此，在实际应用中需要针对含油气性储层特征开展有效的统计处理和综合分析，建立储层含油气后的典型响应规律与分布特征，为含油气性储层的定性或定量描述提供指导。

目前，在含油气性检测中越来越强调与地震岩石物理理论和实验分析相结合，强调多种地震分析方法的结合，强调属性分析与地震反演的结合，强调纵波和横波资料的结合，强调地震、地质与钻测井资料的综合研究，强调地震勘探与电磁方法的有机结合，为有效提高地球物理含油气性检测的可靠性和准确性指明了方向。

第九章 开发地震资料解释

地震方法自从20世纪20年代产生以来，主要应用于石油勘探环节，随着地震勘探技术的发展及油气藏开发难度的不断加大，70年代中期以来，地震勘探技术开始向油气藏开发阶段延伸，并逐步形成一套针对油气生产的开发地震技术。石油开发地震学（petroleum development seismology）是指采用人工地震方法开发油气藏的科学理论和技术，通常称为开发地震学（development seismology/production seismology），代表了在油田开发过程中应用的一整套地震技术，即在石油地球物理勘探的基础上，紧密结合钻井、测井、地质和油藏工程等多学科资料，对油气藏进行圈定和横向预测，在油气田开发和开采过程中对油气藏做出完整描述和动态监测的学科，也被称为开采地震学。开发地震以地震技术为主，并逐渐发展成油藏地球物理（reservoir geophysics）技术，即针对油藏评价、油田开发与油藏生产阶段提出的油藏问题，采用以地震为主，充分结合岩石物理、地质、测井、电磁、开发等相关技术为辅的应用地球物理技术，通过油藏描述、油藏模拟和油藏监测等方式解决油藏问题，发现剩余油气并有效提高采收率，也称为开发地球物理（production geophysics）。其中，油藏综合地球物理技术主要使用高分辨率（高精度）地震、时移地震、多波多分量地震、井间地震、垂直地震剖面方法对油藏特性进行横向预测，并监测油藏的生产过程。

将开发地震技术应用于油气藏开发的全过程，可以精确地圈定油气藏的几何形态，确定岩性变化、连通性、孔隙度、渗透率、孔隙流体压力等特征，并在采用增产措施提高采收率的过程中对油气藏的变化进行动态监测。其主要任务可以分为油藏圈定、描述和监测等三个方面，其中，油藏圈定是指精查油田开发区的储层构造，准确落实油藏的圈闭形态和主力油气层的分布范围；油藏描述指确定油气储集层的岩性岩相变化，估算储层的孔隙度、饱和度和渗透率等参数的分布；油藏监测则指采用地震技术来监测油藏生产动态，例如监测热力采油过程中热蒸气推进前缘以及在有利条件下监测水驱油田中水的推进和油气水关系的变化情况。

第一节 时移地震

一、时移地震技术及特点

时间推移地震（time lapse seismic，TLS），简称时移地震，又称时延三维地震、四维地震，是指充分利用同一油气田在不同时间重复采集的三维地震资料之间的差异，监测由于油气田开发所导致的地下流体、压力、温度、储层物性等油藏性质的变化，并利用这种变化来指导油气田的管理和开发方案调整，探明剩余油分布以提高油气采收率和开发效益的一整套地球物理方法。时移地震可以说是在三维地震数据上加了个时间轴，但时移地震并不仅仅是三维地震勘探的一般延伸，因为三维地震是勘探开发的工具，而时移地震则已经发展成为一种有效的油藏管理工具，其最大的优势在于能够对未开钻储层中的流体流动特征进行成像，并通过地震资料之间的差异来刻画储层流体性质和压力等特征。因此，四维地震油藏监测已经成为油藏管理工作中的一项重要技术，通过对同一油气藏实施两次或者两次以上的三维地震资料采集，获取不同时间采集的地震数据中由于油气生产所引起的地震波反射特征变化。

时移地震技术可以对油藏生产引起的流体饱和度、压力和温度等变化特征进行成像，有助于落实剩余油气的空间分布、确定封闭或泄漏断层的连通情况、制定油田开发过程中的补救措施、优化油田开发方案、提高采收率、优化油藏管理，监视热采中的火烧油层或蒸汽驱采油时蒸汽前缘的空间延伸情况，在二次、三次采油中监测油藏动态，探测油水边界的变化情况，通过更好地认识油田的生产状态，有助于帮助调整或优化开发方案。时移地震能够寻找死油区、监测流体移动，是目前油气田开发中应用效果较好的一种地震方法，壳牌（Shell）和英国石油公司（BP）结合实践效果认为时移地震能够使油气采收率提高15%左右。

真正意义上的四维地震对观测系统设计、采集设备、处理过程都要求具有较好的一致性，因此，必须对不同时间段采集的地震资料开展严格的互均化（cross equalization）处理，有效消除采集处理因素所引起的资料差异，保留并突出由油藏动态变化所引起的地震资料反射特征差异，即通过互均化处理将非储层位置的振幅、相位和反射走时的差异最小化，而将与生产有关的信号的差异最大化。在20世纪80年代初时移地震技术提出时，特别强调检波器几何位置的绝对重复，但该做法导致了采集成本的大幅上升。到90年代，工业界更加关心如何利用相同地区（或资料重叠区域）在不同时间重复采集的三维地震资料来解决油藏工程中感兴趣的问题，即在不完全满足时移地震一致性条件的基础上充分利用新老三维地震资料开展相应的研究，被称为非重复时移地震（inconsistent time-lapse seismic）。随着采集技术的发展、仪器成本的降低和提高采收率的需要，工业界已经在某些油田实现了将检波器长期固定在地表或井中，在不同的时间、相应的位置上进行地震激发和资料采集，开展全方位的四维地震，并在油藏开发过程监测方面充分发挥了成本和效益的优势。由于仪器的飞速发展和快速更新，很容易导致前后两次采集的资料之间存在较大的差异，因此，在重新处理环节必须非常小心。通常只有在具有相当大的波阻抗特征差异且数据品质好的区域，早期采集的三维地震数据才能满足时移地震油气检测的要求。而对于油气生产引起的波阻抗变化较小但数据品质稍好的区域，则需要采用合适的采集参数进行重新采集。有些工区已经采用或者正在用永久埋置的检波器进行记录，极大地提高了地震资料采集的可重复性，有效地提高了对油气藏内微小变化的检测能力，因此在陆上工区更容易实施。

时移地震重点研究的是地下储层流体变化所引起的地震响应特征变化，其本质为油气生产前后储层波阻抗的变化，即两次三维地震资料中反映出来的地震反射特征变化实质上是由储层速度和密度特征的变化所引起的。而油藏开发中的水驱等过程实质上是孔隙流体的置换过程，且油藏开发会引起储层孔隙内流体饱和度分布的不均匀性，因此，研究孔隙流体性质变化对岩石弹性模量、速度和密度等参数的影响对油藏监测的定量解释具有重要意义。目前，岩石物理学重点研究油藏条件下和采油过程中流体与岩石物性改变对地震反射特征的影响，已经成为连接地震与油藏工程的纽带，更是时移地震能否实现的物理基础，借助于岩石物理学的研究成果，能够有效地从地震反射特征的差异中提取油藏参数（孔隙度、渗透率、饱和度等）的变化。

图 9-1 展示了在不同阻抗差和不同资料信噪比的条件下实施四维地震的难易程度，显然，当储层埋藏越浅、厚度越大、孔隙度越高、固结程度越小、流体密度差异越大的条件下实施四维地震能够产生更好的效果。同时，受到观测系统设计、采集参数、记录仪器、不同的震源信号、炮点检波点的不精确定位、采集脚印、环境噪声、物理环境和自然环境的改变、近地表速度受不同季节地下水位变化的影响、处理过程及处理参数等多个方面的影响，会在一定程度上影响时移地震的可重复性。因此，在开展时移地震资料采集时不仅需要考虑油藏特点，还必须充分考虑项目实施的可重复性条件。在实际应用中普遍认为，可重复误差最多可降至 10% 左右，也就是说由储层变化所引起的地震响应特征变化应大于 10% 时才能局部有效地实施四维地震。

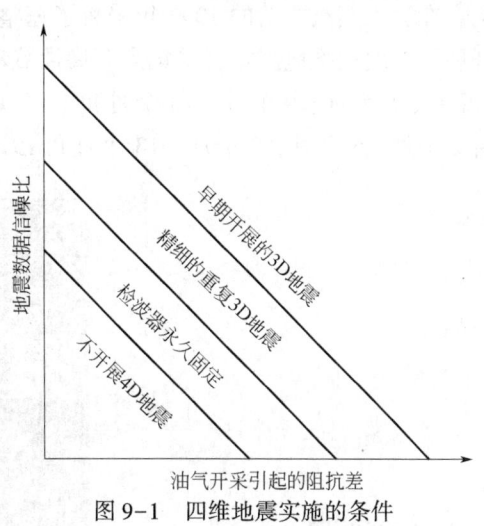

图 9-1 四维地震实施的条件
（据 Brown, 2011, 修改）

油藏本身的各种变化都可能会影响其弹性特征的改变，考虑到对地震重复性的认识水平，评估时移地震可行性的主要问题是这些改变能否在重复地震观测上进行识别。如高孔隙度油藏中饱和度和压力的改变，从气到水的饱和度变化，蒸气驱或水驱等引起的温度改变等因素都有可能造成比较强的时移地震信号改变。显然，当储层年代较轻、孔隙度较高、岩石固结程度较低（如油气藏埋藏较浅时）、油气生产中两种流体的替换产生较大的密度差时，油气生产过程能够引起较大的地震反射特征变化。通过分析地震数据的振幅、频率和相位随时间的变化特征来确定储层性质的时空状态，对油气田开发具有重要意义。显然，在孔隙度较高的砂岩储层中开采油气是开展时移地震监测的理想区域，对于注入蒸汽开采重油和沥青、注水生产轻质原油、注气产油等开采方式基本上都能够通过时移地震进行有效监测，在坚硬岩石地区和一般的碳酸盐岩地区，采用蒸汽驱、火驱、混相溶剂驱、注二氧化碳、常规注水、注气等改善采收率的方式也是实施时移地震监测的良好区域。同时，受地震资料分辨率的限制，只有较厚的油气藏在生产过程中才会产生更明显的反射特征变化。

二、时移地震资料解释实例

面向时移地震资料的解释步骤可以分解为：利用基础勘探资料和监测数据体及经特殊处理（互均化、匹配处理等）后的数据体开展层位标定和层位追踪；求取前后两次三维地震资料的差值数据体并结合井中信息开展地质解释；研究地震属性与储层参数之间的相关关系，开展储层参数转换及含油气性特征分析；对解释成果开展可视化显示；利用地震解释成果更新现有油藏模型。

图 9-2 展示的是印度尼西亚杜里油田针对中新统浅层三角洲砂岩储层特征，采用时移地震方法开展油藏动态监测的实例。由于该区目的层原油黏度较高，一次开采只产出了地质储量的很小部分，由于注入温度较高的蒸汽可以有效降低原油黏度，并驱使黏度降低了的原油向生产井流动，实现蒸汽驱来提高油气采收率。为了监测蒸汽注入前后的变化情况，在注入蒸汽之前的 1992 年采集了完整的基础三维地震数据，并在注入蒸汽之后陆续开展了 5 次三维地震资料采集来开展油藏动态监测，资料采集时间分别为注入蒸汽之后的 2 个月、5 个月、9 个月、13 个月和 19 个月，图中从左至右依次对比了注蒸汽前和注蒸汽后 2 个月、5 个月、9 个月、13 个月和 19 个月采集处理后的资料。

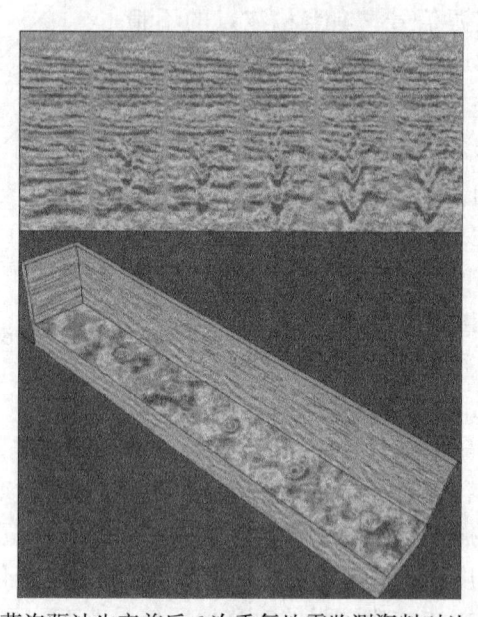

彩图 9-2

图 9-2 杜里油田蒸汽驱油生产前后 6 次重复地震监测资料对比（据 Brown，2011）

如图 9-2 所示，注入蒸汽的压力和热量使地震旅行时不断地上拉和下压，目的层底部的地震同相轴在注入蒸汽后出现向斜形状，且随着蒸汽注入的时间越长，该同相轴以向斜形式下拉的程度越大，而目的层上方的地震同相轴并没有发生任何改变，表明这种同相轴下拉现象完全与蒸汽注入后的油气生产和运移有关。当然，该油藏底界反射的旅行时变化特征也可能与油藏的地质力学特征（孔隙减少）改变有关，也可能与超覆状态下使油藏压力降低的地应力响应有关。从图 9-2 中的水平时间切片中也可以明显地看到蒸汽注入所产生的影响，切片中的形态就像是将砾石投入静水中一样，表现为连续增大的环状特征，图中最右端的两个分别是注入蒸汽后 13 个月和 19 个月后的三维地震监测数据时间切片，切片上的红色近圆形特征表示注入蒸汽的空间延伸情况，从中可以明显地看到蒸汽向北西方向移动的趋势。

时移地震在胜利油田的稠油开发中也取得了较好的应用效果，以单 56 稠油区时移地震应用为例，该区块于 1991 年采集了三维地震数据，并于 2010 年重新采集了三维地震资料。该区块于 2000 年投入开发，当时的井距为 200m×140m，2007 年将主体部位加密为小井距，井距达到140m×100m，根据两次三维地震资料提取出时移地震差异属性，发现剩余油富集区块2个（如图9-3中黑虚线所示范围），合计面积0.78km²，预测石油地质储量367×10⁴t。

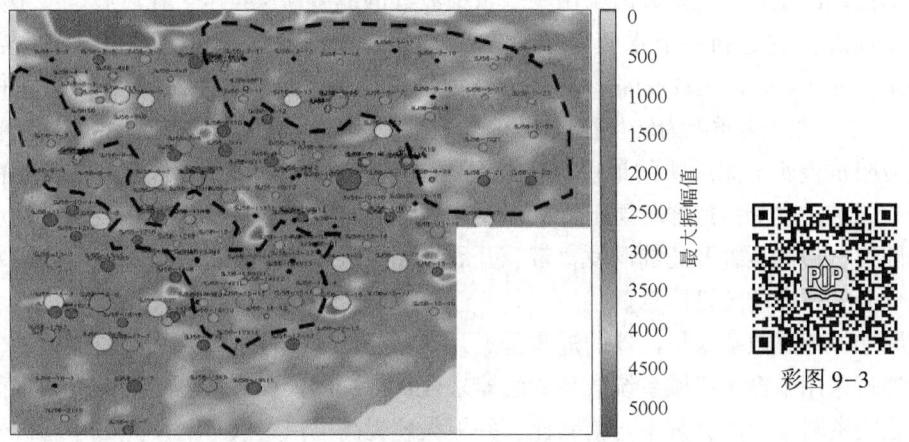

图9-3 单56区块时移地震差异属性（据李阳，2020）

时移地震已经在全球很多油田中取得成功，但并非所有油藏或开发过程都适合于开展时移地震监测，在实际应用中还需要充分考虑并解决如下问题：地震资料本身分辨率较低的问题、地震数据体的尺度和有效研究周期、前后两次地震勘探的可重复性问题、含油饱和度变化影响因素的不确定性问题、如何区分流体与压力影响之间的差异、含气后的地震响应特征影响、岩石物理尺度下的孔隙形态和裂缝等因素的影响。开展时移地震的可行性除了技术可行性外还必须考虑经济上的可行性，作为油藏动态监测的有效手段，只有将岩石物理与地震观测有机结合才能最大限度地提高油气采收率。

第二节 多波多分量地震技术

一、多波多分量地震技术及特点

多波多分量地震（multi-wave and multi-component seismic）勘探技术是指采用纵波和横波震源激发地震波场，并采用三分量检波器（3-component geophone，三个相互正交传感器组成的检波器，即一个垂直分量和两个水平分量）采集地震资料，综合利用纵波、横波和转换波等多种地震波信息，以改善构造成像、开展岩性分析、预测储层裂缝及直接检测含油气性等特征的一种地震勘探技术。多波多分量勘探采用三个震源分量激发、三个检波器分量接收，可以实现九分量采集，在油气地震勘探中具有广阔的应用前景，该技术能够完整记录由于地下介质不均匀性和各向异性所造成的各种复杂的反射、绕射和散射现象，在解决复杂地区的地震勘探问题时，具有单一纵波地震勘探不可替代的作用和优势，特别是由于增加的横波信息能够弥补纵波勘探在中远炮检距能量较弱的不足，为直接利用地震资料开展油气识别提供了更为可靠的信息，增强了地震资料刻画孔隙流体特征的能力。因此，多波多分量地震勘探方法是一种综合利用纵波、横波或转换波等多种地震波信息对含油气盆地进行精细勘探并直接预测含油气性的有效方法。

多波多分量地震勘探的主要缺点是投资大，且目的层埋藏较深的情况下横波采集很困难。在实际应用中主要采用多分量地震技术（multi-component seismic technology），即采用常规纵波震源激发，在接收时采用三分量检波器的地震勘探技术。在海底电缆中则通常采用三个地震检波器和一个水听器组合在一起开展地震数据采集，即四分量地震技术（four component seismic technology）。多分量地震勘探技术的优势在于能够同时获得纵波（PP波）与横波（实质上为转换横波，PS转换波）资料，有助于准确揭示P波资料中由于低纵波阻抗差所不能反映的地层界面特征，能够更好地实现气云下部储层特征精确成像、盐丘或玄武岩等高速屏蔽层下方的地层成像、确定储层边界、区分砂泥岩岩性、精确计算孔隙度、检测裂缝及孔缝洞发育带、开展流体检测、确定油水界面甚至确定油水饱和度等油气开发所需的关键信息。

实际上，地震数据采集仪器的进步是近几年多分量地震技术得到快速发展的根本原因之一，通过采用微电子机械系统数字检波器来代替传统的模拟检波器，能够有效提高陆上多分量地震资料采集的分辨率与信噪比，并极大地提高了采集效率。单点数字检波器灵敏度较高，甚至连微弱的高频噪声也能接收下来，导致实际采集的多分量地震资料高频能量较强，原始资料频带相对较宽，但随机噪声较强，原始资料信噪比较低。

多分量地震数据处理是多分量地震勘探的关键，其目标是获得高精度的多波成像资料，由于在实际地震勘探中直接激发横波的难度相当大且成本高，而利用纵波震源研究转换波则相对比较经济，勘探成本比一般的纵波勘探费用仅增加15%左右，因此，转换波处理成为多分量地震数据处理的核心。转换波（converted wave）通常指纵波倾斜入射到弹性分界面时产生的反射横波或透射横波。对于纵波来说，转换波具有速度低、衰减快、信噪比低和极化方向不同等特点，同时受非对称射线路径和各向异性等因素的影响，记录中广泛存在非双曲同相轴，基于各向同性假设的纵波共中心点道集叠加成像等传统技术无法直接应用于多分量资料的处理。由于横波速度比纵波速度小很多，导致陆上横波资料的静校正量较纵波大几倍，且相邻点变化比较剧烈，难以实现校正量的准确求取，因此转换波的静校正对于多分量资料的处理来说非常重要。

多分量地震解释已经在岩性识别、流体描述、缝洞描述以及地下介质各向异性解释等方面取得了显著的进展。多分量地震资料解释中的关键环节主要包括多分量地震地质层位对比、多分量地震属性参数计算、多分量地震资料各向异性分析和多分量地震资料储层预测及流体识别等。其中，多分量地震地质层位对比是多波地震资料解释和应用中的关键和基础，同时也是多分量地震资料解释的难点所在。在实际应用中普遍采用全波列测井合成记录层位标定法或三分量VSP层位标定方法，并遵循地层构造特征和岩性特征不变、地层厚度与埋藏深度一致、地层层序和地震相特征相似、剖面极性相同、微构造异常特征一致等原则，以确保层位对比的可靠性。

多分量资料的特点是信息丰富，各种运动学及动力学参数齐全，经多分量资料处理、参数反演及对各类波剖面的对比解释，可确定同一地质层位各类波及相应参数之间的对应关系，为地下岩性、含油气性等特征的描述提供有用信息。转换波资料不仅能够解决气云带或P波弱阻抗差界面所面对的成像难题，通过开展联合反演还可以准确地获得纵、横波阻抗（速度）与密度参数，并派生出反映岩性与含流体特征的更多属性参数，包括纵横波速度比、泊松比等弹性参数和各向异性参数，并进一步获得泥质含量、孔隙度、渗透率、含水饱和度等储层参数，在资料品质高、含油气性特征明显的区域还可以结合横波分裂等特征来刻画储层的裂缝发育特征和含油气水性质，实现对储层岩性、含流体特征的定量描述。

二、多波多分量地震资料解释实例

通过比较常规海上拖缆三维地震勘探所得到的PP波偏移剖面和四分量OBC测量所得到的PS波偏移剖面可知，两者时间相同［图9-4(b)和图9-4(c)］。图中可以明显地看到在PP波偏移剖面2s位置处存在一个强同相轴，该反射对应于测井曲线中油水界面处（OWC）的典型纵波速度差异［图9-4(a)］，测井曲线表明，储层顶、底界面处的纵波速度差异很小，而横波速度差异明显，显然仅仅通过该PP波偏移剖面无法确定储层的顶部位置。而PS偏移剖面中3.6s和3.8s位置处显示了两条不规则形状的强同相轴，两个强反射分别对应于储层顶、底［图9-4(a)中的A和B］所表现出来的横波速度差异。在实际应用中，PS剖面不可能取代PP剖面，两者之间需要相互补充，即PP剖面提供了关于油水界面的信息，而PS剖面则能够更好地反映储层顶部边界信息，两者的联合能够更好地提高油气勘探开发的可靠性。

彩图9-4

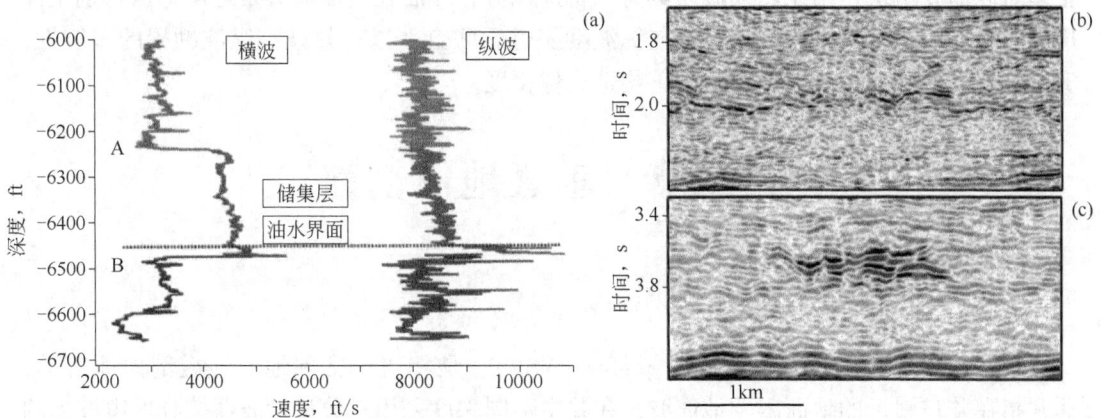

图9-4　储层特征在声波测井和纵横波剖面上的特征差异对比（据Yilmaz，2001）
(a) 偶极子声测井曲线：S波速度（左）与P波速度（右）；(b) PP波拖缆偏移剖面；(c) PS波OBC偏移剖面

PP波通常与转换波（PS波）资料进行联合来有效提高特殊勘探对象的成像精度，特别是由于气烟囱或泄漏气引起的成像杂乱区、盐岩或玄武岩底成像、透明油藏（纵波波阻抗差小，但横波波阻抗差大）成像以及多次波消除等，在解释方面也发挥着非常重要的作用。图9-5展示了来自墨西哥湾的三维四分量工区含气砂岩段的反射P波和S波剖面对比，两种不同类型反射剖面特征的对比表明，目的层在P波剖面存在亮点，属于典型的气藏亮点，且在气水边界处出现了明显的相位转换现象，而在对应的S波同相轴却没有振幅异常，进一步验证了该位置处具良好的含气性。依据岩石物理理论可知，P波和S波联合开展含油气性解释的主要依据是纵波对岩石孔隙流体类型敏感，但横波在相应位置则只有微弱的影响。

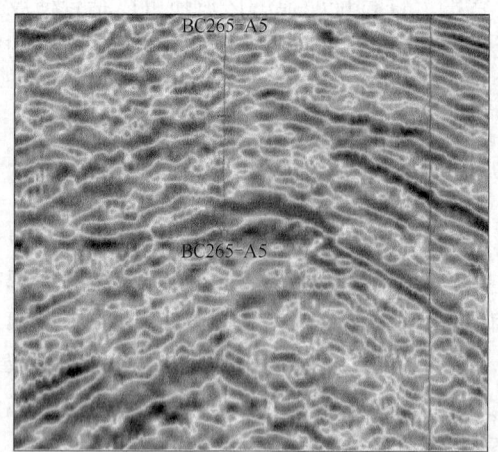 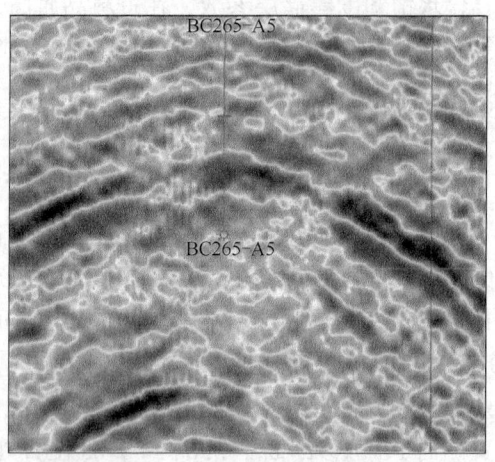

图9-5 墨西哥湾某含气砂岩段反射P波和S波剖面对比（据Brown，2011）

利用纵波和转换波资料在井的约束下能够反演出纵波阻抗和横波阻抗等参数，这些参数在岩性识别和油气识别环节具有很高的应用价值。而开展联合反演则能得到更多、更精确的属性参数，与纯纵波地震属性相比，联合反演具有更高的精度和可靠性，且降低了反演多解性，比单纯利用纵波的叠前AVO反演效果要好。多波多分量地震技术尽管还面临很多难题需要解决，由于转换波所具有的特殊优势，今后在地面多分量地震勘探特别是油田开发阶段将更多地采用转换波法与纵波勘探进行联合，以有效减小纵波勘探的多解性，实现裂缝性质的定量描述，有效改善构造成像精度。

第三节 垂直地震剖面

一、VSP技术及特点

垂直地震剖面（vertical seismic profile，VSP），是相对于常规地面地震剖面而言的，通常指在井口附近的地面激发地震波，在井中不同深度采用三分量检波器接收地震波场的一种地震勘探方法，也称为VSP测井。VSP属于井孔地球物理（borehole geophysics）技术，该技术直接源于早期广泛使用的地震测井（well shooting）方法，也称地震速度测井。VSP在20世纪50年代就开始试验，1953年美国在一口垂直地震剖面法试验井中首先得到了地层的反射波，1959年苏联科学院大地物理研究所的研究和野外工作促使了VSP方法的创立，并在后续的发展过程中逐渐形成了专门的仪器设备、成套的野外工作方法和完整的处理解释方法技术体系。由于VSP资料的信号频带宽度比声波测井资料更接近于地震资料，加上观测资料对钻井条件（如冲蚀）不敏感，能够提供更为可靠的井震时深关系，同时也是在地震尺度上测量地层品质因子Q值最便捷最可靠的方式，因此，VSP在油气勘探开发等各个环节都得到了广泛应用。

VSP通常采用三分量检波器来记录信号，能够有效记录纵波震源激发所产生的多分量地震信息，对精确开展井孔周围的油藏特征研究具有重要意义。由于检波器置于地层内部，避开了表层低降速带强烈的吸收衰减作用和地表附近强烈的干扰，受到的外界干扰因素相对较少，因此，VSP记录的分辨率较高，能够更为可靠地提供地震子波、反褶积因子、吸收衰减等参数。其特有的观测系统决定了VSP不仅能接收到初至直达波信息，而且还能够获得各类丰富的续至波信息，包含自下而上传播的上行纵波和上行转换波、自上而下传播的下行纵波及下行转换波，甚至能接收到横波。这是垂直地震剖面与地面地震剖面相比最重要的一个特点，与地面地震资料相比，VSP资料信噪比高、分辨率高、波的运动学和动力学特征明显，提供了地下地层结构与地面测量参数之间的最直接对应关系，有助于更好地研究地层速度与地震波传播特征；为地面地震资料处理和解释提供精确的时深转换关系和速度模型，能够更为准确地确定地震同相轴与地质层位之间的对应关系；在地表恶劣地区可以采用VSP测量来替代地面地震资料的空白带，在三维地面地震资料处理解释中发挥着积极的作用。同时，VSP技术还有助于预测钻头前方地层岩性、研究地层吸收衰减规律、正确识别多次波，其特有的井筒波还可用于探测地下裂缝，通过与声波资料结合有利于开展薄层研究，与地面地震资料结合，可减少地震反演的多解性。

根据VSP观测系统的主要特点可分为以下几类，按井源距不同可分为固定井源距、移动井源距、多变井源距、井间观测系统；按井下检波器布设间距不同分为等间距、不等间距、大间距观测系统；按震源、检波器和井三者的空间位置组合关系分为零井源距、固定非零井源距、变井源距、井间VSP观测系统；特殊VSP观测方法还包括斜井、浅井、连井VSP观测系统、地面地下联合观测、多次叠加采集和VSP面积观测等。图9-6展示了几种常见的井中地震观测方式示意图。

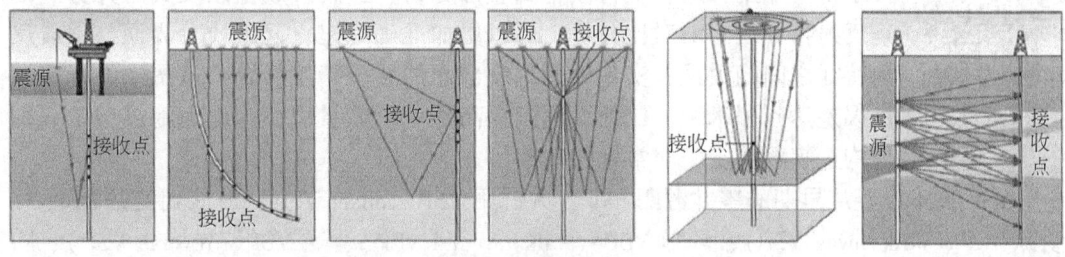

图9-6 常见井中地震观测方式示意图

VSP资料的处理一般包括预处理、常规处理和特殊处理。预处理包括解编、相关、编辑、增益恢复等；常规处理包括用于零井源距VSP资料处理的同深度叠加、初至拾取、静态时移和排齐、震源子波整形、带通滤波、振幅处理、分离上行波和下行波、垂直叠加等；特殊处理则聚焦于地层弹性参数、各向异性参数等信息的精确计算，从而有效提高VSP资料的应用范围，并通过与地面地震资料的结合来降低地震勘探的多解性。

二、VSP资料解释实例

由于VSP资料在井中采集，每个检波器所在的深度能够与测井或岩心反映的深度相对应，加上VSP接收的是时间域地震信号，能够准确落实不同深度位置处的地面地震反射特征，通过垂直地震剖面与钻井地质柱状图的连接，将各种测井曲线、速度、层速度等资料以同样的比例尺绘制在一起，以便解释分析地下地质现象，准确认识地震反射特征。将零偏VSP资料与地面地震记录道连接起来进行对比能够更好地标定地面地震同相轴，

图9-7展示了利用零井源距VSP走廊叠加剖面对过塔里木玉北1井地面地震剖面的主要反射层进行地质层位标定和对比的过程。

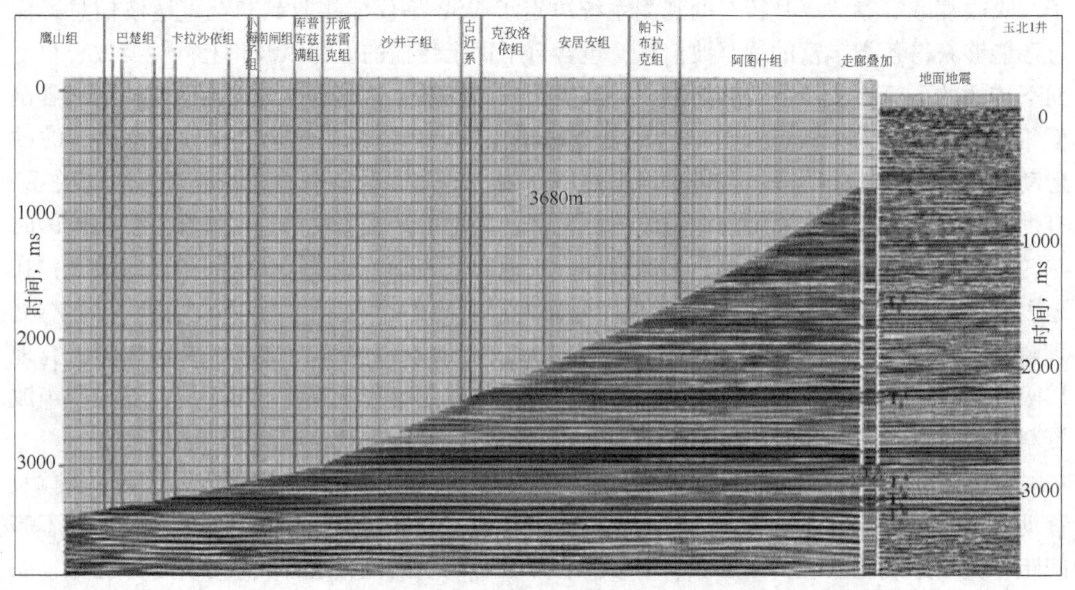

图9-7 玉北1井零井源距VSP层位标定（据赵邦六，2017）

彩图9-7

从图9-7可见，零井源距VSP资料在地震反射特征与地质分层之间发挥了桥梁作用，通过上行波走廊叠加分析、声波合成记录及其与井旁道地震反射特征之间的对比分析，可以更加准确地建立起地质分界面与地震反射特征之间的关系，实现地面地震剖面的层位精细标定，该图中的标定深度误差达到了米级，比地面地震提高了一个数量级，为地面地震层位识别与构造解释奠定了非常好的基础。

VSP技术已经从早期的零井源距和非零井源距VSP（offset VSP）发展到变井源距/移动源VSP（walk-away VSP）、环形VSP（walk-around VSP）、逆VSP（reverse VSP）、随钻VSP和三维VSP等多种方式。三维VSP技术能够实现油藏的高分辨率成像，其优点是受地表条件限制少、采集周期短、处理快、费用低，且可重复用于油藏监测，AGIP公司于1986年成功地采集了全球第一块三维VSP资料。三维VSP测量的重要作用在于能够提高成像分辨率及井周探测效果，并与地面地震勘探结果形成互补，特别是在地震速度、近地表畸变影响、各向异性参数计算甚至AVO标定等方面具有独特的优势，并在研究地层的各向异性、裂隙型油藏特性的描述、与三维地面地震联合采集以及时移VSP技术监测气驱前缘等方面得到了较好的应用。

中石油在库车、柴达木、玉门等复杂构造区的实践证明，walk-away VSP能够有效提高复杂构造成像精度，图9-8展示了玉门老君庙油田地面地震剖面与walk-away VSP镶嵌剖面的对比，可以看出，在walk-away VSP剖面上，逆推断层和下盘地层反射成像精度明显提高，更为精确地反映了井孔附近的地质构造特征，并且镶嵌剖面与地面地震反射特征之间衔接较好，为两种资料的联合利用奠定了基础。因此，部署VSP可以有效地提高复杂构造带描述精度，提高钻探成功率，降低钻井风险。

彩图9-8

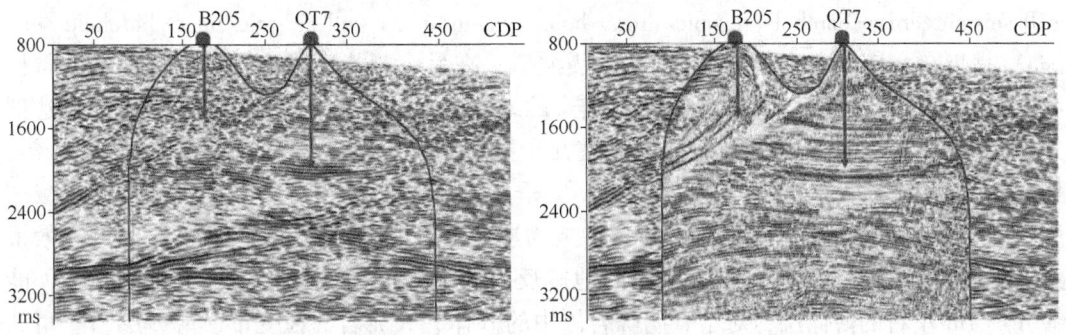

图 9-8 地面地震剖面与 walk-away VSP 镶嵌剖面对比（据赵邦六，2017）

RVSP（reverse vertical seismic profiling，逆 VSP）是与 VSP 观测方式在几何和物理上完全相反的一种地震勘探技术，即采用井中激发、地面接收的方式开展工作。RVSP 避免了检波器下井的危险和由此造成的不便，能够有效克服井下仪器与地层耦合不良所引起的噪声，没有多分量井下仪器接收波场时存在的方向不确定性，其作业效率更高、勘探成本也更低。除了具有 VSP 资料的特点外，其激发震源靠近目标层，观测波场中目标层的波场动力学特征明显，深层反射信息更加丰富，其接收孔径优越于 VSP，在地面全方位的接收方式扩大了地震资料对井周附近区域的覆盖范围，有效地增加了信息量，克服了 VSP 成像范围较小的缺点，且资料信噪比高，波场传播通过一次低降速带，RVSP 同时具备了地面地震高覆盖次数和 VSP 技术高分辨率，从而引起了研究人员的高度重视。RVSP 存在的难点就是要求井下震源必须有足够的能量穿越地层到达地表，同时又不能破坏井孔，且井下电缆也很难在高温高压条件下长期保持正常工作状态。

随钻垂直地震剖面（drill-bit reverse vertical seismic profiling，简称随钻 VSP）属于 RVSP 的延伸，即将井下不断旋转钻进的钻头作为 RVSP 观测方式的震源。随钻 VSP 充分利用钻头旋进冲击岩层所激发的地震波，经地下介质连续不断地向上传播到地面接收点，从而实现对钻进中遇到和即将遇到的工程地质问题进行监控和预测。

VSP 资料能够更加准确地刻画井孔附近的构造细节，确定井旁小断层。充分利用 VSP 资料能够有效获得地震波旅行时、波形、传播方向、振幅、频率、相位、极性和偏振等各种运动学和动力学信息。为波阻抗、反射系数、吸收衰减、层速度、泊松比、各向异性参数的准确估算提供了可靠的原始资料，还能够进一步推断岩石成分、岩相、孔隙度、饱和度、流体成分、裂缝发育程度、渗透率等特征，并将在油气勘探和油田开发阶段发挥更加重要的作用。

受观测地层位置差异、频率成分差异、路径不同引起的波传播差异、偏移效应等因素的影响，VSP 地震资料与地面地震资料也可能出现不匹配的现象，在具体解释过程中需要结合测井资料进一步开展精细分析。

第四节 井间地震

一、井间地震技术及特点

1983 年，美国地球物理学家 McMachen 首次提出了井间地震，所谓井间地震（crosswell seismic/cross-borehole seismic/cross-hole seismic/inter-well seismic/inter-borehole seismic）是指在一口井内放置震源，激发地震波后，在另一口井（或几口井）中用三分量检波器接收信号并获得两井之间地质结构信息的地震观测方式。井间地震震源频率能够达到几千赫兹甚至几万赫兹，相对于地面地震几十到一百多赫兹的频率来说相差 10~100 倍，加上井间地震的震源和检波器都在井中，完全避开了近地表低降速带强烈的吸收衰减作用，因此，井间地震具有很高的分辨率，成为连接地面地震资料与测井资料之间的有效桥梁。胜利油田采集的实际资料表明井间地震反射波成像剖面的主频可达 300~500Hz，能够分辨 1m 左右的薄储层，对于查明砾岩体中的砂体、火成岩的蚀变带、薄砂层、三角洲前积层、小断层等地质现象提供了非常有意义的资料。

常规地震的频率动态范围与横向分辨能力无法满足精细油藏描述的需要，而井间地震则可以发挥其高频率、小面元的优势，通过开展层析速度反演与反射波成像，结合其他地质地球物理资料，明确井间油气储层的横向分布、几何形态、连通性、流体含量、残余油分布等属性，为油藏描述和油气开发方案调整提供依据。目前，已经在油藏精细成像、复杂区储层成像、断层定位、储层参数估算、各向异性分析、油气水分布、寻找剩余油、储层连通性分析、油藏蒸汽驱和火驱的前沿监测与油藏管理等石油勘探与开发的各个环节得到了应用。其不足之处在于井间地震数据采集的成本较高，涉及调遣修井设备、中断采油生产、提出油管、停产损失、重新布油管等多个环节。

由于在井孔内工作的特殊环境条件，井中震源与检波器都必须设计成管柱状，使得井中震源与检波器在能量辐射或接收方面，都有很强的方向性限制，加上地层吸收衰减和球面扩散等因素的影响，在井间地震实际资料中，直达波的能量随着震源与检波器之间距离（也称炮检距或偏移距）的增加而逐渐减小。在井间地震共检波点记录上所看到的反射波（无论上行波还是下行波）大都产生在检波器位置附近的深度范围内，而在离检波器远的区域，除个别反射系数极强的界面外，基本上看不到反射波。与常规地震不同，在井间地震中，大角度反射占主要地位（主要的反射都集中在入射角为 60°~85°之间），并且几乎观测不到小角度的正常反射、反射转换横波与折射波。

管波（tube wave）是与井筒有关的地震波，是在井中地震（包括 VSP 与井间地震）记录上最常见的一种极其重要的波场，也是井中地震中最严重的干扰波。影响井中地震资料质量最关键的因素是管波噪声，特别是在射孔段较多的开发阶段，井中物性间断点很多，很容易造成强烈的管波，甚至导致直达波和反射波被震源井管波严重干扰，因此，压制管波成为资料处理中的重要工作。导波（guided wave）是在震源与检波器位于特殊地层组合内所产生的一种多次反射波，当一个低速地层被夹在两个高速地层中，并且震源与检波器都位于低速地层内时，就会观察到在低速地层内部产生并传播的多次反射波。导波是井间地震所特有的一种波，在其他地震方法中几乎无法观测到。

井间地震层析（crosswell seismic tomography）来自医学中的 X 射线计算层析成像（computerized tomography, CT）技术，即利用两口井之间观测的地震波初至波信息，用计算机重建两口井之间的速度或慢度（速度的倒数）分布图像。井间层析可分为射线层析和波形层析，由于在医学 CT 中可以得到任何期望方向上的射线，而在井间地震观测系统中则受到井孔和地表条件的限制，只能覆盖有限的观测范围，从而导致成像结果质量的降低，加上尺度、衰减、实际观测误差、反演问题多解性等因素的限制，井间地震层析成像精度远低于医学 CT。

二、井间地震资料解释实例

胜利油田罗 151 块是目的层为火成岩、火成岩蚀变带的特殊岩性油藏，目的层埋藏较深（2600~3200m），蚀变带厚度薄，地震分辨率低，完钻井少，一直对区块内空间上蚀变带和火成岩展布认识不清。图 9-9 展示了罗 151 区块一对相距 330m 井（罗 151-11~罗 151-1）的地面三维地震过井剖面和对应的两口井之间的井间地震反射剖面，该图的对比非常直接地展现了井间地震的高分辨率特征。显然，从井间地震剖面上不仅可以清楚地描绘出井间 3000~3100m 之间两期蚀变带的发育情况，特别是上部 4m 蚀变带横向变化情况，而且对几期火成岩也有比较清晰认识。同时，还可以在井间地震剖面上的 2700~2800m 处识别出沙二段小断层和三角洲前积现象，有效地解决了常规地面三维地震无法识别的地质现象。

彩图 9-9

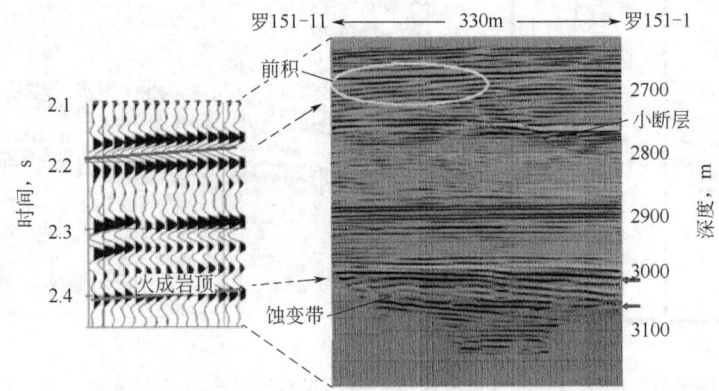

图 9-9　罗 151 三维地面地震与对应区域的井间地震剖面对比（资料来源：中石化胜利油田）

盐家油田位于东营凹陷北部陡坡带东段，属砂砾岩扇体控制的构造—岩性油气藏，主要目的层位是沙三下和沙四段，地层对比表明该区存在油水系统不统一、油水关系矛盾等问题，注采之间的对应率仅为 35%。因此，准确划分冲积扇沉积结构、弄清不同油水系统是面临的主要地质问题。胜利油田在盐 182 井区实施了 7 对井间地震，并专门沿砂砾岩体发育方向连续部署了 5 对井，获得了长度达 1700m 的井间地震连井剖面。实际应用表明，井间地震资料具有很高的分辨率，在南北向井间地震连井剖面上，清楚地反映了冲积扇的整体分布轮廓，以及冲积扇杂乱的地震反射特征，为研究不同期次的冲积扇、砂砾岩扇体的内部结构及储层的连通性提供了高精度的资料。

广利油田南部莱 1-218 井区中，含油层为沙四段下部的纯化镇组，属滨浅湖沉积地层，储层薄，平均厚度仅为 8m，油藏类型为构造—薄层岩性油藏。该区储层薄，利用测井资料难以开展横向对比，三维地震分辨率低，难以描述储层纵横向的变化，以致开发中发现同一储层高部位含水，低部位出油的矛盾［图 9-10(a)］，产量、能量递减快，储层横向变化快。在两口井之间采集的井间地震剖面分辨率高，为薄储层的研究奠定了基础，从测井约束反演得到的井间地震波阻抗剖面上清晰地展示了薄砂岩储层、砂体的尖灭变化和储层的连通情况。显然，井间储层变化快，井间多数储层是不连通的，其中，纯上 6 小层和纯下 1、5、6 小层在井间都不连通，不属于同一个砂层，具有不同的油气系统，井间地震较好地解决了钻井高部位出水、低部位出油的油水矛盾关系，并且评价出较有利的油气部位，为进一步调整注采方案提高采收率提供了依据。根据井间地震储层的解释，在两口井之间部署了一口调整井［如图 9-10(b) 中部的黑线位置所示］，开发已知的纯上 6 小层和纯下 1 小层的高部位，同时开发井间纯下 5、6 小层两个新发现的油层，4 层累计厚度达到 16m，最薄的层 2m，最厚的层 6m。

彩图 9-10

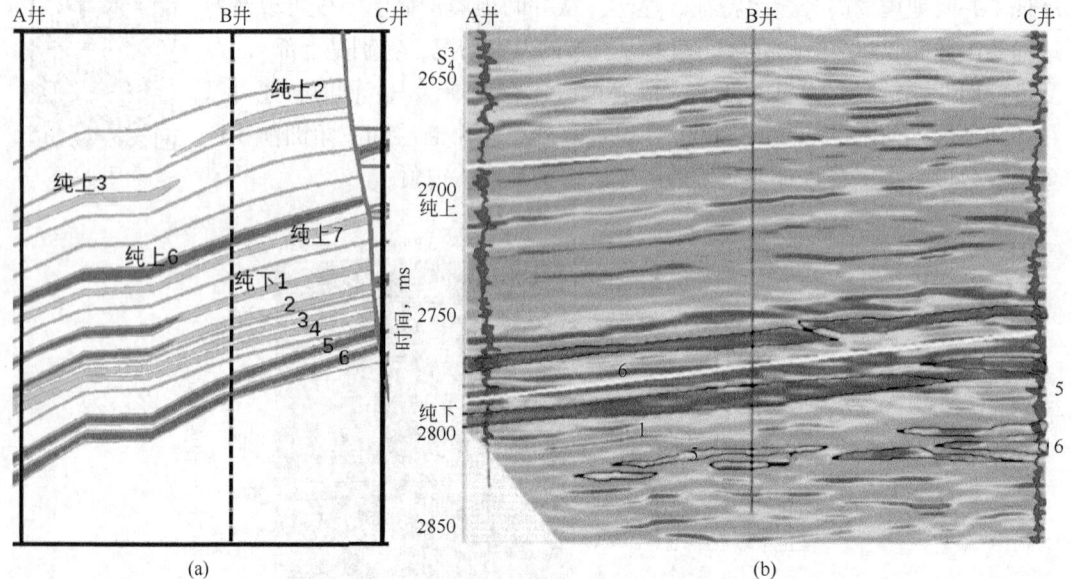

图 9-10　过井油藏剖面图与井间地震波阻抗反演结果对比分析（资料来源：中石化胜利油田）
(a) 油藏剖面图；(b) 井间地震波阻抗反演剖面

第五节　随钻地震

一、随钻地震技术及特点

随钻地震技术（seismic while drilling，SWD）是指在钻井过程中利用转动的钻头作为震源信号的一种地震勘探方法。随钻地震技术利用石油或工程钻探中钻头的振动噪声（称为钻头信号）作为井下震源开展地震勘探，在地面布置检波器排列采集经地层传播上来的钻头直达波和反射波，获得与 RVSP 类似的地震资料。这些振动信息经加工处理后，可以实时获得各种地层参数（如层速度、钻头前方反射界面的深度等），并根据获得的各种地质参数预测钻头前方待钻地层的岩石性质，如岩石孔隙度、孔隙压力、裂缝发育程度和其他声学敏感的岩石参数，有助于全面掌握油藏深度、范围及非均匀性等重要信息，为钻井提供前探功能，还可以结合声波测井资料来更准确地研究井眼附近的地层性质。

随钻地震是 20 世纪 90 年代初在国外发展起来的一种新的井中地震技术，是地震勘探技术与石油钻井工程相结合的产物，主要为钻井工程服务。随钻地震充分结合了地面地震和VSP两种地震勘探方法的优点，观测方式灵活且生产成本低、风险小，由于利用钻井过程中钻头破岩产生的振动作为震源，属于无源地震的范畴，其特有的优势还包括不干扰钻井工作、不占用钻井时间、无检波器下井风险、在深度方向上可以连续测量且勘探效率高。随钻地震要求采集、处理和解释均能做到实时性，获得的资料不仅能够准确反映钻头附近的地层性质且分辨率较高，达到实时预测井筒周围、钻头前方地层构造细节和储层特征的目的，对提高钻井成功率、制定油气层保护方案和油藏描述等工作具有重要价值。

随钻地震通过在井场周围的地面位置开展全方位观测，可以得到多条过井的随钻地震剖面，可以求出不同方向的钻头偏离垂直井轴的距离，确定钻头深度的空间位置（井斜角、方位角）。将不同深度处的钻头空间位置连接起来，得到井身轨迹的空间曲线及井身参数值，为井眼轨迹控制提供地质导向依据，使井眼轨迹准确"入窗中靶"，实现实时地质导向。由于地震波在油、气、水等流体中的传播速度比在岩石基质中的速度小，使得随钻地震在探井中发现油气层成为可能，有助于提高探井成功率。随钻地震获取的信息是油藏未被污染的原始参数，对制定保护油气层和油藏描述工作有重要价值。由于随钻地震对钻探具有现场实时监控的功能，必要时可根据监测结果及时改变钻井方案，减少钻探风险和经济损失，因此，越来越受到石油勘探和开发界的重视。

随钻地震技术的应用主要包括以下几个方面：获得全套零炮检距、非零炮检距、多炮检距、多方位VSP和三维VSP等多种测量数据、实时确定钻头在地震剖面上的准确位置、提前预测钻头前方地层性质，特别是准确的构造深度和构造细节（包括精确刻画小断层、盐丘等特殊地质体）、反演所钻地层的孔隙压力、结合钻井随钻测量提供综合地层评价服务，以及底部钻具组合的动态监测、优化钻井液密度、选择取心和下套管的准确位置等。

随钻地震资料采集的基本原理是，分别在钻柱顶部和井场周围地面安置检波器，钻柱顶部的检波器（常称为先导传感器）接收先导信号，地面检波器接收直达波和反射波信号，与地面地震使用可控震源进行地震勘探相类似，通过先导信号与地面检波器接收到的地震记录进行互相关、反褶积等处理后，即可得到类似于可控震源互相关后的地震记录。在实际资料采集过程中，井场泥浆泵、发电机及井架振动等强干扰噪声都不可避免地会影响到随钻地震资料的品质。井场强干扰在记录上主要表现为相干的弥散面波和近地表折射，能量非常强，加上钻井工作的连续进行，相同视速度的相干噪声沿时间轴遍布于整个记录，这就使得钻头信号很难从先导信号和排列数据的互相关中提取出来。因此，如何快速、有效去噪，提取和恢复相对非常弱的钻头信号成为随钻地震数据处理的重点和难点。

二、随钻地震资料解释实例

随钻地震资料的解释包含两方面，一方面是对现场采集地震资料开展实时解释，指导钻井方案的及时调整，并将解释结果用于更新现有的地震地质模型；另一方面则是针对完整的随钻地震资料开展精细处理解释，更新原始三维地震资料的成像与反演结果，弥补常规地震勘探在构造成像等方面所存在的不足。

胜利油田在官130井开展的随钻地震工作表明，钻头深度在2476~3286m时能够比较准确地预测钻头前方200m的地层速度，如图9-11所示，目的层③的设计深度为3030m，随着钻探深度的增加，随钻地震能够对钻头前方该目的层的深度逐步进行修正，钻头越接近目的层时，预测的目的层深度越准确，满足了实时预测钻头前方目的层深度的要求。

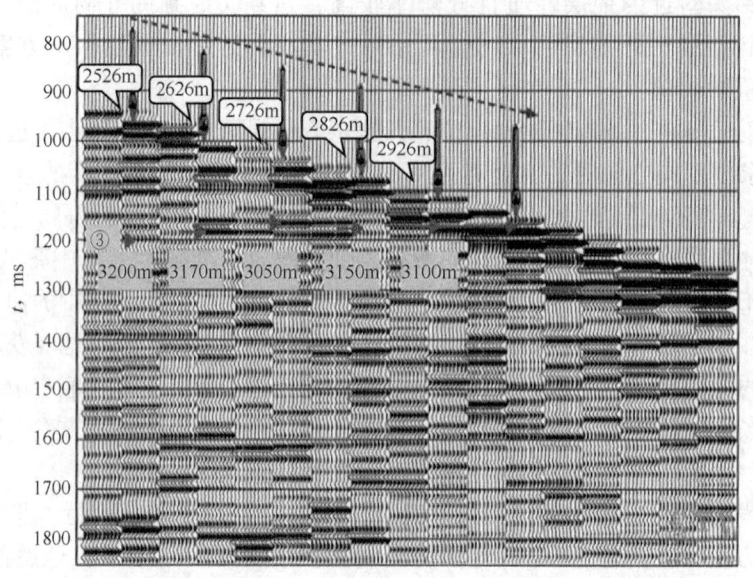

图9-11 官130井随钻地震对目的层深度的修正过程（据李阳，2020）

对比随钻地震层速度与测井声波速度表明，利用随钻地震反演得到的速度曲线与实际声波测井结果吻合较好（图9-12），预测地层压力与实测地层压力相比，精度能够满足施工要求，也可实时调整导向钻井及工程参数、钻井轨迹等。

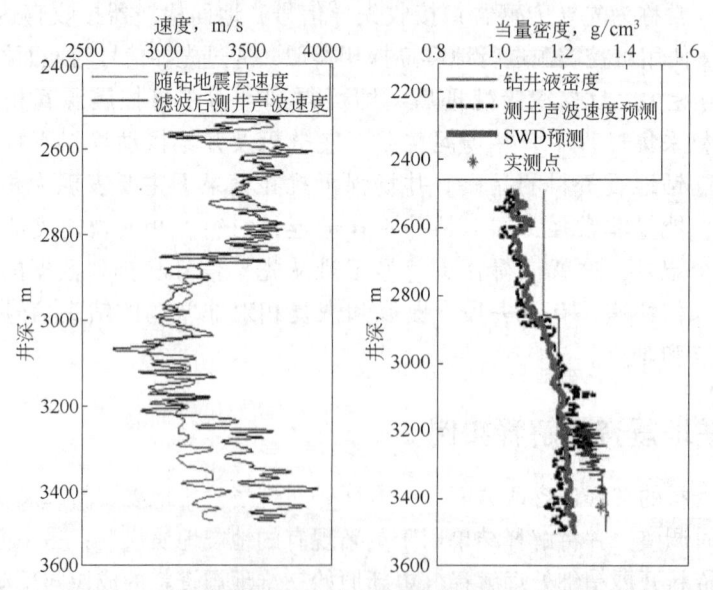

图9-12 官130井随钻地震层速度与声波测井速度对比（据李阳，2020）

第六节 开发地震资料综合解释

一、多源多尺度油藏地球物理资料特征

开发地震通常采用时移地震、多波多分量、VSP、井间地震和随钻地震等方法来解决油藏开发中所面临的各种难题。当然，在实际应用中更离不开三维地震勘探作为基础，高精度三维地震资料在油气勘探与开发阶段都扮演着不可替代的角色。为了提高三维地震资料的精度和分辨率，高密度三维地震资料采集、宽方位地震资料采集、宽频带地震资料采集、高精度三维地震资料采集等方法都得到了蓬勃发展，为油气勘探开发提供了更为有效可靠的信息。

在油藏地球物理阶段，可以充分利用高精度三维地震资料从整体上落实油藏的微观构造和储层特征；利用井间地震开展井间特征的细微刻画，掌握储层的横向连通性；利用三维 VSP 以点带面，落实井周精细构造与地层情况；利用多波资料，充分发挥纵横波特征的差异实现地层岩性与流体特征的检测，确定油水界面；而随钻地震则能够实时更新地下地质模型，为目的层地质导向钻井提供可靠信息；结合时移地震则能够更好地监测油气生产动态，有效提高采收率。将多种地球物理资料综合起来，结合油藏动态生产资料，能够建立更为精细的油藏模型，落实剩余油分布规律，改善储层预测能力，提高采收率、降低开发成本，为油田的增储上产提供可靠的技术保证。

2005 年 5 月，胜利油田在垦 71 区块首次开展了大规模的油藏综合地球物理技术先导试验，通过地震物理模拟确定了油藏综合地球物理资料的联合采集方案，把地面与井孔等多种地震方法紧密结合在一起，采用纵横波联合、数模联合、井地联合和井间联合的"四联合"整体采集方案，实现了地面仪器与井下仪器同步、三维 VSP 与地面地震炮群共用且同步接收技术、高密度纵波与高密度多波同步采集技术等"三同步"实施技术，利用同一炮群，一次性完成高精度三维、3DVSP 和多波多分量地震勘探资料的高效联合采集，高精度、高质量地一次性获得多种原始地震资料，为开展油藏综合地球物理技术研究提供了非常丰富的第一手数据。该实验在保证多种地球物理资料同源性和一致性的基础上，获得了大量不同尺度的地震资料，有效地减少了采集工作量，提高了效率，降低了成本，结合全井段密闭取心和井中全波列测井等丰富的小尺度精细特征信息，为开发地震资料综合解释与应用提供了全面支持。

垦 71 区块的油藏地球物理资料综合采集完成了 8 对井的井间地震资料采集、三维 VSP 资料采集、高精度三维地震资料和多波多分量资料采集，为油藏地球物理技术研究和垦 71 试验区精细油藏建模奠定了基础，为解决垦 71 区块特高含水期有效提高油气采收率奠定了地球物理数据基础。获得了 5 套高质量的三维地震数据体：高密度三维地震数据体、数字 Z 分量三维地震数据体、数字 X 分量三维地震数据体、数字 Y 分量三维地震数据体、三维 VSP 数据体，数据量近 8TB，成为全世界油藏地球物理综合研究特别是陆上开发地震综合研究的典型案例。

为了说明这些不同来源、不同尺度地震资料之间的特征，针对垦 71 区块的砂泥岩

和断层特征构建了典型的油藏地球物理模型,并分别采用地面地震、VSP 和井间地震观测方式开展波动方程模拟,深度偏移成像后的结果如图 9-13 所示。从三种不同尺度地震资料成像结果的对比可知:受观测方式差异的影响,不同尺度的地震剖面反映地下目标的范围和精细程度差异较大;地面地震资料覆盖范围宽但分辨率相对较低,特别是深层分辨率更低,而检波器在井中接收的优势则使得 VSP 资料对深部地质目标的成像效果比较好;VSP 资料与井间地震资料之间则主要是受震源特征的差异而导致分辨率不同,两者之间具有很强的相似之处,VSP 由于采用地面激发井中接收的观测系统,其得到的偏移剖面只能呈现部分区域的地质目标特征,井间地震则具备震源也深入到目的层进行激发的优势,其分辨率更高、探测地层内部特征的能力更强,但地震资料所覆盖的范围相对较小。

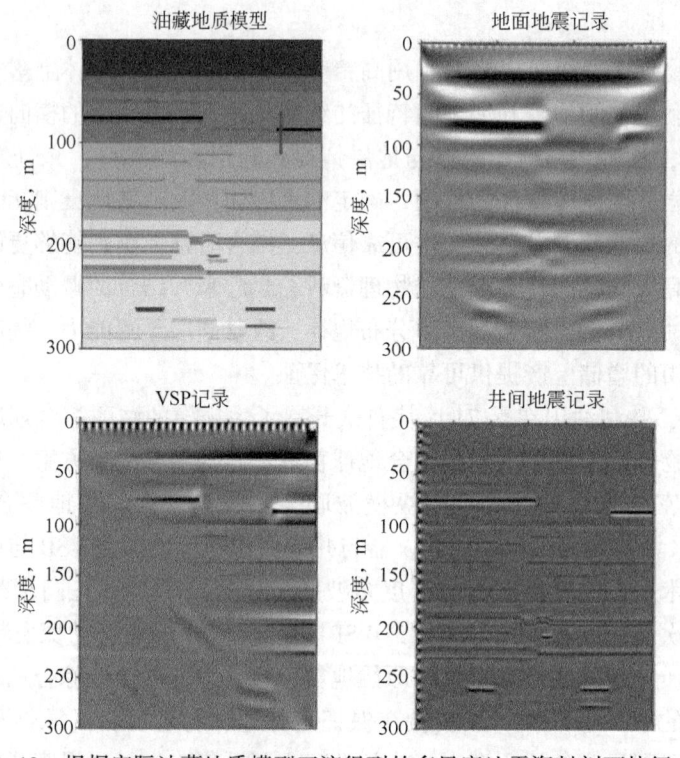

图 9-13 根据实际油藏地质模型正演得到的多尺度地震资料剖面特征对比

二、多尺度油藏地球物理资料联合反演与综合解释

由于岩心、测井、井间地震、VSP、地面地震等资料的尺度差异较大,不同尺度的资料从不同侧面反映了地下三维地质体的响应特征,根据地球物理勘探方法的特点,每种地球物理方法都有其独特的优势,但任何地球物理方法都存在着固有的多解性,充分利用多种油藏地球物理资料的优势开展联合反演是综合研究与应用的有效途径,不仅有助于降低地球物理反演问题的多解性,还能够有效地提高反演分辨率,这也正是在油田开发阶段开展高精度油藏地球物理技术综合研究与应用的核心问题。

图 9-14 对比了垦 71 区块实际采集的两口井之间三维地面地震、VSP、井间地震和测

井资料的波阻抗联合反演结果与单一地面地震资料波阻抗反演结果,显然,多尺度油藏地球物理资料的波阻抗联合反演能够获得更高的反演分辨率,且地层反演结果与井中的自然电位曲线特征吻合更好。值得关注的是,由于三维地震资料本身固有的分辨率问题,常规测井约束波阻抗反演结果通常只能反映一套砂层组的综合响应特征,而多种油藏地球物理资料的联合反演则能够充分发挥各种资料的优势,反演结果能够有效区分砂层组内的砂层分布信息,对多口井之间的地层对比和精细解释提供了更为精确可靠的依据。

彩图 9-14

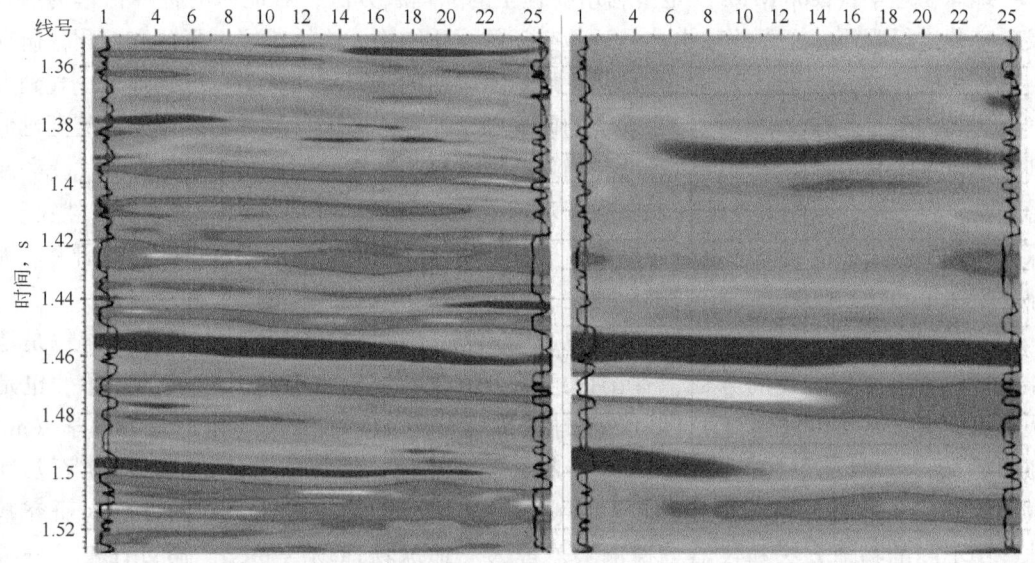

图 9-14　多尺度油藏地球物理资料联合反演与常规地面地震反演结果对比

胜利油田垦 71 是被断层复杂化的多油水系统的断块层状油气藏,含油小层 67 个,单层厚度小、储层横向变化大,油水关系复杂,属于典型复杂岩性油藏。通过开展地面地震、井间地震、3DVSP、多波地震等资料联合采集,在多尺度地球物理资料匹配的基础上采用联合反演等方法开展综合解释与应用,大幅提高了厚度仅 2~3m 的薄互储层描述精度,有效解决了薄互储层的尖灭、相变、空间叠置关系及连通性问题。通过利用地球物理信息作为空间约束,实现多尺度地球物理资料匹配的油藏综合解释,建立了动静态匹配的油藏模型,准确描述剩余油分布,优化了老油区开发调整方案,提高了水驱采收率 6.8%,促进了地球物理技术在油气开发方面的推广应用。

开发阶段比油气地震勘探阶段需要更多更精细的特征参数,利用叠前地震资料反演储层弹性和物性参数已经取得了较好的应用效果,但依然回避不了单一地震资料反演问题所固有的多解性和分辨率等难题。加强多波多分量资料的联合反演特别是纵横波资料的联合反演则能够获得精度更高、可靠性更强的储层弹性和物性参数,充分利用地面地震、井中地震、测井资料和岩心分析资料开展联合反演则能够获得分辨率更高的参数,为油气开发提供更加可靠的储层信息。同时,还需要加强岩石物理理论和实验的指导,提高跨尺度油藏地球物理资料之间的匹配程度,通过多种资料的联合开展综合解释,有效提高地震技术服务油气生产的能力。

第十章　地球物理资料综合解释

地球物理学（geophysics）是指利用物理学的原理和方法，对地球的各种物理场分布及其变化进行观测，探索地球本体及近地空间的介质结构、物质组成、形成和演化，研究与其相关的各种自然现象及其变化规律。地球物理学的研究范围从最深部的地核一直到大气圈边界的整个地球，现代地球物理学的研究则延伸到地球大气层外部的现象，甚至延伸到其他行星及其卫星的物理性质。地球物理学通过探测地球内部结构与构造，为优化和改善人类生存环境，深化人类地球及其空间环境的科学认识，预测、预防及减轻自然灾害，探测和开发国民经济建设中急需的能源及资源，为开展人类空间活动和空间环境研究、地球环境保护和污染监测等工作提供新理论、新方法和新技术。

地球物理勘探（geophysical prospecting 或 exploration of geophysics，简称物探）是地球物理学中一个最重要的分支，在国民经济可持续发展中占有及其重要的位置，也是从事研究人员最多、最富有生命力的地球物理学分支学科，属于应用地球物理学（applied geophysics）的范畴，即以地层中各种介质（土层、液体、气体、岩石、矿石及埋藏物等）物理性质（密度、磁性、电性、弹性、放射性、导热性等）的差异为研究基础，用不同的物理方法和仪器，探测天然或人工地球物理场的变化，通过计算、分析并研究所获得的信息资料，推断、解释地下地质构造、矿产和埋藏物的分布情况。地球物理勘探包括重力勘探、磁法勘探、电法勘探、地震勘探、地热勘探和放射性勘探等多种勘探方法，其中，重力勘探考虑了岩石的密度差异；磁法勘探考虑了岩石的磁性差异；电法勘探考虑了岩石的导电性差异；地震勘探考虑了弹性波在岩石中传播时的速度差异，这些物理性质的差异正是地球物理勘探的基础。地球物理勘探就是运用现代技术记录到上述物理现象的变化特征，推断地下岩石的性质及其分布规律，达到寻找地下矿产资源的目的。

地球物理勘探是油气勘探中使用最广泛的勘探技术方法，因此，石油物探方法被誉为勘探家的眼睛和油气勘探的先行官。石油地球物理勘探（oil geophysical prospecting/geophysical prospecting for petroleum）即基于地球物理学和地质学理论，采用相应的地球物理仪器及装备在地球表面（包括陆地和海洋表面），或者在空中及井中测量并了解地下地层物理性质（弹性、电性、磁性、密度和放射性等）以及圈闭含油气性，简称石油物探。在我国石油工业的发展道路上，地球物理勘探起到了十分重要的作用，除老君庙油田、延长油矿及西部少数油田为地面地质调查所发现之外，我国现有油气田中 90% 以上都是用地球物理勘探方法发现的。目前，重磁法勘探技术多用于区域勘探阶段，主要提供盆地结构、构造和地层的基本信息；高精度电法勘探技术已经进入详探阶段；地震勘探则广泛应用于油气勘探的全过程中，除了能提供盆地结构、构造和地层的基本信息外，还能描述地下油气圈闭形态、判断地层岩性和含油气性。

地下岩石固有性质的差异是导致观测物理场性质发生改变的根本原因，通常一种物探方法只利用岩石的一种物性特征，往往也只能反映介质属性的一个方面，同时，岩石的各种不同性质也可能会表现出一种或几种不同的物理现象，因此，在采用地球物理方法进行矿产勘探时不可避免存在多解性。只有综合利用岩石的各种物性特征及其地球物理响应规律，充分采用多种地球物理方法的优势开展综合勘探和综合解释，才能更为可靠地反映地下地质体特征，从而有效降低地球物理勘探的多解性，提高勘探精度。

第一节 地球物理勘探方法及特点

三维反射地震勘探以其精度高、良好的油气响应特征及信息丰富等特点在油气勘探开发中得到了广泛应用，在石油地球物理勘探中所占的费用高达95%，重、磁、电等方法虽然分辨率低但成本也更低，特别是电磁方法在烃类探测方面具有独特的优势，在油气勘探中发挥着越来越重要的作用。随着油区勘探逐步进入高成熟期，油气勘探重点逐步向深水、深层和非常规目标转移，综合地球物理勘探也以一个新的高度被提上日程，如何在现有科学技术发展的基础上，进一步整合并完善重磁电震资料的采集、处理和综合解释技术，突破常规三维地震勘探的限制，成为提高油气地球物理勘探精度、降低单一勘探方法多解性的有效途径。

一、重力勘探

重力勘探（gravity prospecting）指通过测定自然存在的重力场，或测定重力场沿不同方向的变化率在地球表面的分布特征，进一步研究地下岩石密度分布不均匀所引起的重力异常来确定地质体的空间位置、大小和形状，从而对地质构造和矿产分布情况作出判断的一种地球物理勘探方法。重力勘探主要应用于区域勘探，在区域性隆起和坳陷划分等方面具有快速经济的优势，能够有效解决地质勘探中的大地构造单元划分、沉积盆地分布范围圈定、基底起伏与构造特征确定、油气构造寻找、各种金属和非金属矿藏的普查及勘探等地质任务。目前已经广泛应用于大地测量、地球内部构造、地球动力学、资源勘探、工程建设、灾害预防等基础性科学和应用基础性科学的各个方面。

重力勘探的理论基础是万有引力定律，其应用的地球物理条件是研究对象（矿产资源或地质构造）与围岩之间在密度参数上存在一定的差异、被探测的地质体有足够大的体积、有利的埋藏条件（埋藏不宜过深）和较低的干扰水平。重力异常（gravity anomaly）是指由地壳内的研究对象与围岩之间的密度差所引起异常响应，即由于地球质量分布不规则（或密度分布不均匀）所造成的重力场中各点的重力矢量 g 和正常重力矢量 γ 之间的数值差，通常是在实际观测重力值中减去该点的地球正常重力值、消除自然地形起伏不平等因素的影响来准确获得，习惯采用 Δg 来表示。因此，在重力勘探中不仅观测地球的绝对重力值，更关注各测点相对于工区某一固定点（基点）的重力值之差，即相对重力值（relative gravity value）。各种地质构造及矿藏在地表所产生的重力异常是十分微弱的，一般只有地球平均重力值的几万分之一甚至万分之几十，因此，重力相对测量的精度要比绝对值测量的精度高很多。

重力勘探可以利用重力仪在地面、水面、水下、井中或空中观测重力场的相对值或绝对值，并从观测结果中消除其他非研究对象所产生的影响，包括正常场、高度影响、地形影响及反映大区域结构的区域影响因素，从而得到重力异常。显然，在已知地质体的形状、大小、埋藏位置及密度分布特征的条件下，完全能够计算或近似计算出地质体在地面上所引起的重力异常，即重力勘探的正问题。而重力勘探的反问题即根据实测的重力异常、重力位二次微商异常及重力场的其他异常来推断引起异常的地质体埋深、大小和形状等产状要素的解释问题。通过将计算结果和观测结果做反复比较，并结合其他物探方法及地质资料开展联合反演，可以准确地对引起异常特征的地质体做出正确的解释。值得注意的是，重力勘探是物探工作的一个组成部分，只能合理地应用在地质勘探工作中的某些阶段，解决其力所能及的问题，为了提高重力勘探效果，必须与其他地质和物探方法有机结合，通过综合勘探来提高解决实际地质问题的效果。

重力勘探资料的解释就是利用实测重力异常或经过适当数据处理后的重力异常，结合工区地质资料对引起这些异常的原因做出地质结论或推断。在解释时需要确定分离出来的重力异常是否完全由研究对象的地质因素引起，分析资料精度能否满足目标体的精细勘探，并遵循从区域到局部、从已知到未知、适当增加约束条件等方式来确定效果最佳的解释方案。考虑到岩石密度通常受到多种因素的影响，在利用重力勘探方法研究沉积岩内部构造特征时，必须综合考虑沉积地层的矿物成分、孔隙度、埋藏深度、地温变化和溶质成分等因素对岩石密度变化的影响，通过与其他方法的联合来提高地球物理资料解决地质问题的能力。

目前，随着仪器观测精度的提高和处理解释技术的优化，高精度重力勘探资料已开始应用于油气藏的直接勘探和油气储量预测。勘探实践表明世界上一半以上的油气储层聚集在隐蔽构造油气藏中，而高精度重力异常则为有效地发现这些非构造油气藏提供了可能。在利用重力资料开展油气勘探时，通常先利用小比例尺（1：1000000～1：500000）的重力异常图来研究区域地质构造、划分构造单元、圈定沉积盆地的范围并预测含油气远景区；然后根据中比例尺（1：200000～1：100000）的重力异常图划分沉积盆地内的次一级构造，圈出有利于油气形成的地段，寻找地层构造、古潜山、盐丘、地层尖灭、断层封闭等有利于油气藏储存的局部构造；进一步利用大比例尺高精度重力测量来查明与油气藏有关的局部构造细节特征，直接寻找与油气藏相关的低密度体，为井位布置提供依据。重力资料除了在勘探的不同阶段开展油气勘探和目标预测以外，还能够应用于油气资源评价、与地震资料相结合并综合解决地震解释中的一些难题，如解决火山岩问题、估计地震波速度、推断油气横向（水平）运移方向、监测油气藏开发过程等各个环节，为油气资源勘探与开发提供了有效的技术支持。

二、磁法勘探

磁法勘探（magnetic prospecting）通过观测和分析由岩石、矿石（或其他探测对象）磁性差异所引起的磁场变化（或磁异常），进而研究地质构造和矿产资源（或其他探测对象）分布规律的一种地球物理勘探方法。由于磁异常与磁性体的特点密切相关，可以根据磁异常的特点来推断磁性体的形状、埋深、走向、倾斜方向及磁化强度的大小和方向等特征。磁法勘探是在所有物探方法中发展最早、应用最广泛的一种方法，该方法不仅可以用于固体矿产的普查阶段，也常用于石油天然气构造的普查和不同比例尺的地质填图及构造研究，在油气勘探特别是火山岩油气勘探中具有较强的应用潜力，同时在工程地质、国防探查、地震预报、考古等方面也发挥着重要的作用。

磁性岩体及矿体产生的磁场叠加在地球磁场之上，从而引起地磁场的畸变，这种畸变一般称为地磁异常（geomagnetic anomaly），也称为"磁力异常（magnetic anomaly）"，简称"磁异常"。在磁法勘探中，绝大多数沉积岩和变质岩几乎没有磁性或磁性较弱，而磁铁矿、钛磁铁矿、磁黄铁矿和磁赤铁矿等少数矿物则具有强磁性，即只有各类磁铁矿床及富含磁铁性矿物的矿床及地质构造才能引起明显的磁异常，导致岩石及矿石的磁性强弱主要取决于上述矿物的含量及分布情况。在岩浆岩中，基性及超基性岩的磁性最强，而酸性岩是弱磁性或无磁性的；变质岩的磁性则取决于原岩的成分及变质过程中发生的化学变化；而沉积岩的磁化率则比岩浆岩和变质岩的磁化率低几个数量级。如果原岩是花岗岩及泥岩，则变质后的岩石一般无磁性；如果原岩是基性喷出岩或侵入岩，则变质后的岩石一般具有中等磁性。当然，岩石的磁性不仅和磁性矿物的成分有关，还与磁性矿物颗粒大小、形状、分布特征及温压条件有关，也为采用磁法勘探来反演储层性质奠定了基础。

磁法勘探通过测量地磁异常来确定含磁性矿物的地质体及探测对象的空间位置和几何形状，从而对地质构造和矿产分布及其他情况作出推断。目前，磁法勘探可在地面（地面磁法）、空中（航空磁法）、海洋（海洋磁法）、钻孔中（井中磁法）和卫星（卫星磁测）上分别开展。在地面磁法勘探中，一般是布置一系列平行等间距的测线，且测线垂直于被寻找对象（例如矿体）的走向，在每条测线上按一定距离设置测点，在测点上采集地磁场垂直分量的相对值，通常要求测量点间的距离要小于勘探对象的宽度。

磁法勘探应用的前提条件是探测对象与围岩具有磁性差异，并要求与探测对象无关的干扰因素必须足够小或具有明显的特征以确保能够有效分辨或消除。在实际应用中通常需要对采集的野外观测数据进行改正才能获得准确的异常值，其中主要的改正包括正常场改正、日变改正、仪器的温度系数和零点漂移改正。在利用计算机对磁异常作处理时，首先要求匀滑曲线以消除偶然误差和随机干扰，从而提高观测数据的质量；其次要将分布范围大的区域异常与分布范围小的局部异常分开，以便根据区域异常研究区域地质构造，根据局部异常研究局部地质构造并寻找矿产资源；另外还可以对磁异常作各种变换，以突出异常的内在特点或改变条件，有利于进一步开展解释推断。

磁异常资料的解释需要以地质为依据、以岩石物性为基础，采用循序渐进、逐步深化、多次反馈、不断修正的方法开展综合解释。通常根据工作地区已知的地质情况、岩石和矿石磁性资料、地磁纬度、磁异常的特点以及积累的经验，初步推断引起磁异常的地质原因，磁性体的大致形状和空间位置。并根据初步的推断结果，选择适当的方法对磁异常开展定量计算，包括磁性体的埋深、大小、走向和倾斜方向等。进一步综合其他物探方法和地质资料，采用定量与定性、正演与反演相结合的方式开展综合解释，落实引起磁异常的地质原因，对地质构造、矿体储存情况及其大小等做出推论，为寻找矿产资源、地下水、工程建设和地震预报等提供重要的依据。

磁法勘探与重力勘探关系特别密切，两者原理接近，处理解释方法相通，可以同步开展资料采集，地质效果也具有很强的互补性，通常被一起用于石油地质普查。随着重磁勘探精度的提高和地球物理综合勘探理念的深入，重磁资料已经成为综合解释环节中不可或缺的重要部分。

三、电法勘探

电法勘探（electric prospecting）是根据地壳中各类岩石或矿体的电磁学性质（如导电性、导磁性、电磁感应特性和介电性等）和电化学特性差异，通过观测和研究人工或天然电场、电磁场或电化学场在时间域和空间域的分布特征，研究地质构造、直接或间接寻找矿产资源的一类地球物理勘探方法，简称"电法"。电法勘探是物探方法中内容最丰富的一种方法，具有利用物性参数多、场源、装置形式多、观测内容或测量要素多及应用范围广等特点，勘探深度可浅至几个厘米（如 GPR），也可深达上百千米（如 MT），可以适用于空中、陆地、地下、海洋、戈壁、沙漠和人文设施等多种条件下的目标探测，目前已经广泛应用于金属或非金属固体矿产资源勘查、油气勘探、水文地质与工程地质勘查、环境地质调查、文物考古、深部地质调查和环境监测等领域。

地壳中不同的岩石、矿体和各种地质构造具有不同的导电性、导磁性、介电性和电化学性质，而岩石的电学性质差异则会引起电（磁）场异常。电法勘探正是根据这些性质的差异及其空间分布规律和时间特性，来推断矿体或地质构造的赋存状态（形状、大小、位置、产状和埋藏深度）和物性参数等。电法勘探主要利用了岩石和矿物的导电性、电化学性质、导磁性、激电性、介电性和压电性特征，采用的主要物理参数包括电阻率（ρ）、电导率（σ）、磁导率（μ）、极化特性（体极化率 η、面极化系数 λ、自然极化的电位跃变 $\Delta \varepsilon$）和介电常数（ε）等。

电法勘探按场源性质可分为人工场法（主动源法）和天然场法（被动源法）；按地质目标可分为（重）金属与非金属矿电法、石油与天然气电法、水文、工程与环境电法和煤田电法；按观测空间可分为航空电法、地面电法、地下电法；按电磁场的时间特性可分为直流电法（时间域电法）、交流电法（频率域电法）、过渡过程法（脉冲瞬变场法）；按产生电磁场异常的原因可分为传导类电法、感应类电法；按观测内容可分为纯异常场法和总合场法等。目前，常用的电法勘探方法有电阻率法、充电法、激发极化法、自然电场法、大地电磁测深法和电磁感应法等。

电磁法（electromagnetic method）是交流电法中应用最广泛、变种也最多的一大类方法，也称为"电磁感应法（electromagnetic induction method）"。电阻率是各种地球物理特征中对烃类最为敏感的指示标志，因此，采用电法勘探有助于探测油气聚集所引起的电阻率差异特征，从而有效提高勘探成功率。其中，可控源电磁法（controlled source electromagnetic methods，CSEM）自 2000 年首次开展野外试验以来，逐级发展成熟并已经在油气勘探中得到了广泛的应用。特别是可控源海洋电磁法（marine controlled source electromagnetic methods，MCSEM）发展成为一种海洋油气探测新技术，打破了海洋非地震勘探的沉闷与寂寞，通过探测地层电阻率的分布情况，进一步结合地震勘探可以很好地确定构造中是否含有油气，能够有效降低勘探风险，被称为"自三维反射地震出现至今几十年来最为重要的地球物理勘探技术"。目前，可控源电磁法技术已经在海洋油气勘探特别是深水勘探中发挥了巨大作用，通过与地震勘探相结合能够有效地提高勘探成功率、降低干井风险。

四、地球物理勘探方法的共同特点

地震勘探方法在石油地球物理勘探中得到了广泛应用，重力勘探、磁法勘探和电法勘探也发挥着非常重要的作用，这些不同的地球物理勘探方法具有如下共同特点：

（1）地球物理勘探方法的理论基础是物理学。将物理学原理和方法应用于地学，发展成为地球物理学，而将其应用于矿产资源勘探后则发展成为勘探地球物理。地球物理勘探方法研究的是地球物理场或某些物理现象，而不是直接研究岩石或地层，完全不同于地质方法。地球物理勘探方法不仅了解地表或近地表的地质现象，而且通过场的研究，间接获得深部地质现象的有效信息。

（2）用地球物理勘探方法解决具体地质任务时，要实现两个转化。先将地质问题转化为地球物理问题，再使用物探方法来观测研究对象所表现出来的物探异常，并根据观测数据或物理现象与地质体之间存在的物理关系，将物探结果转化为地质语言或图示，并赋予其地质含义。

（3）地球物理勘探方法的观测结果存在多解性。一方面表现在不同地质体可能有相同或相似的物理场；另外一方面是地质体的大小、形状、深度与产状等参数的不同组合，也可能引起相同或相似的地球物理异常现象。

（4）每一种地球物理勘探方法都有其应用条件和使用范围。由于矿床地质、地球物理特征及自然地理条件经常因地而异，从而影响了地球物理勘探方法的有效性，导致每种地球物理方法在解决地质问题时都存在一定的局限性。

（5）每一种地球物理勘探方法都离不开资料观测或采集、数据整理或处理、资料分析与解释这三大环节。地球物理资料的观测必须使用相应的观测仪器，设计专门的观测系统，而数据的处理和解释则离不开相应的专业软件支持。

（6）地球物理观测资料中既包含了丰富多彩的地质信息，同时也又受到各种干扰因素的影响，且存在一定的人为观测误差，因此，需要在地质认识的基础上，联合多种地球物理方法以提高地球物理勘探的可靠性。

第二节　多类型地球物理资料综合研究基础

重磁电震资料联合解释（integrated interpretation the gravitational, magnetic, electromagnetic and seismic data）是指采用某种准则来建立地震与重、磁、电法数据之间的关系，通过分析对比或运算，使多类型地球物理数据表征的异常所反映的共性特征达到一致的过程。其中，电法资料主要反映地层的电性结构，重力资料反映地层的密度差异，磁法资料反映磁性基底的起伏，而地震资料则反映地层的速度差异，采用多类型物理方法的联合旨在降低地质目标解释的多解性。

早期的联合解释以定性分析为主，即以地质现象相似或吻合为原则，将多种资料进行对比，相互参照，使各种资料的地质认识趋同，从而获得更加合理的地质解释。目前的联合解释以定量为主，即按照速度、密度、磁场强度和电阻率之间的数学与物理关系建立统一的数学物理模型,构建联合反演目标函数,以不同探测方法的模型正演结果与实际观察资料之间的误差最小为基本原则,通过联合反演对模型进行迭代修改。

一、重磁电震地球物理方法综合研究场论基础

在勘探地球物理学中,可以由引力势计算均匀磁化物质的磁标势,也可以用重力异常的测量结果去计算矿体的磁力异常,即根据引力势与磁标势之间的关系式(泊松公式)来计算。

设有一均匀磁化物体 V,其磁化强度为 $\boldsymbol{M}$,该磁体在任意 $p(x,y,z)$ 点产生的磁标势 U_m 为

$$U_m = \int_V \frac{\boldsymbol{M} \cdot \boldsymbol{r}}{r^3} \mathrm{d}v = -\int_V \boldsymbol{M} \cdot \nabla\left(\frac{1}{r}\right) \mathrm{d}v = -\int_V \left[M_x \frac{\partial}{\partial x}\left(\frac{1}{r}\right) + M_y \frac{\partial}{\partial y}\left(\frac{1}{r}\right) + M_z \frac{\partial}{\partial z}\left(\frac{1}{r}\right) \right] \mathrm{d}v \tag{10-1}$$

式中,M_x,M_y,M_z 为磁化强度 $\boldsymbol{M}$ 沿坐标轴的三个分量;r 为磁体中 $Q(\varepsilon,\eta,\xi)$ 点到观测点 $P(x,y,z)$ 的矢径,其值为

$$r = \sqrt{(x-\varepsilon)^2 + (y-\eta)^2 + (z-\xi)^2} \tag{10-2}$$

由于磁体为一均匀磁化物质,所以 $\boldsymbol{M}$ 为一常矢量,即各个分量都为常数,可以放到积分符号之外,从而可以得到

$$U_m = -M_x \frac{\partial}{\partial x}\int_V \frac{1}{r}\mathrm{d}v - M_y \frac{\partial}{\partial y}\int_V \frac{1}{r}\mathrm{d}v - M_z \frac{\partial}{\partial z}\int_V \frac{1}{r}\mathrm{d}v = -\boldsymbol{M} \cdot \nabla\left(\int_V \frac{1}{r}\mathrm{d}v\right) \tag{10-3}$$

又因为磁体的引力势 U_g 为

$$U_g = k\rho \int_V \frac{1}{r}\mathrm{d}v \tag{10-4}$$

式中,k 为万有引力常数;ρ 为磁体的质量体密度。由此可以得到对于同一磁化物质而言,在 P 点产生的磁标势 U_m 和引力势 U_g 之间的关系式为

$$U_m = -\frac{1}{k\rho}\boldsymbol{M} \cdot \nabla U_g \tag{10-5}$$

由此可见,对于任一均匀磁化物体所产生的磁标势,可以由该磁体的质量所产生的引力势来求得,这就是泊松公式。这里假设质量体密度 ρ 是均匀的。

另一方面,Kunetz 在对大地电磁解释和反演问题的研究中发现,电磁场满足的扩散方程与波动方程之间具有相似关系。随后,Lavrent'ev 在 *Ill-posed problems of mathematical physics and analysis* 一书中对扩散方程与波动方程之间的对应关系进行了深入研究,并给出了两个方程之间准确的数学变换关系式。Lee 则进一步证明了这种数学变换适用于任意的场分量。

在导电介质中,忽略位移电流,瞬变电磁场满足扩散方程。为了不失一般性,取 $f(x,y,z,t)$ 为瞬变电磁场的电场或磁场分量函数,其满足的扩散方程为

$$\nabla^2 f(x,y,z,t) - \mu\sigma \frac{\partial f(x,y,z,t)}{\partial t} = 0 \tag{10-6}$$

式中，μ 为介质磁导率；σ 为电导率。引入函数 $U(x,y,z,\tau)$，其满足波动方程：

$$\nabla^2 U(x,y,z,\tau) + \mu\sigma \frac{\partial^2}{\partial \tau^2} U(x,y,z,\tau) = 0 \tag{10-7}$$

根据文献可知，由扩散方程到波动方程转换的对应关系表达式为

$$f(x,y,z,t) = \frac{1}{2\sqrt{\pi t^3}} \int_0^\infty \tau e^{-\tau^2/4t} U(x,y,z,\tau) d\tau \tag{10-8}$$

式（10-8）为第一类 Fredholm 型积分方程，由扩散场求波场是典型的不适定问题。将其离散后得到的线性代数方程组是病态的，且随着阶数的增加，矩阵条件数急剧增大，病态性更加严重，因此，必须选用可靠的离散方式和稳定的数值方法，例如可以采用预条件正则化共轭梯度法实现波场反变换的计算。

二、重磁电震地球物理资料综合研究资料基础

根据各种地球物理勘探方法的特点可以发现，在面临实际复杂地质问题时，单一的勘探方法都存在一定的局限性，每种地球物理勘探方法都有其优势和局限性，开展综合研究有助于充分发挥各自优势，实现各种地球物理勘探方法的互补，通过各种方法之间的相互约束，实现各种信息的可靠提取与综合解释，有助于减少反问题的多解性，提高地球物理勘探的可靠性。

在开展多种地球物理资料综合解释时通常遵循"一、二、三、多"的原则：一种指导，即以岩石层板块大地构造理论为指导；二个环节，即充分重视岩石物性参数和地质模型的重要性，发挥其在地质与地球物理、地球物理正演和反演之间的纽带作用；三项结合，即综合解释时离不开正演与反演的结合、地质与地球物理的结合、定性解释与定量解释的有机结合；多次反馈，即在综合解释过程中需要不断地修改模型和调整参数，从而更好地逼近地下地质体的真实情况。

Johnson 针对石油勘探的特点详细分析了重力勘探和磁法勘探的优势，指出在解决具体问题时需要采用其他相关资料来开展综合研究，因此，多种地球物理勘探方法的联合是解决各类地质问题的有效途径和必然趋势。实际上，重磁异常特征通常与大型油气田存在着一定的相关关系，并且已经成为西西伯利亚油气藏勘探的有效手段，其主要方法就是把位场异常的一些空间要素同油气藏的分布进行直接比较。不仅电法勘探中的获得的电阻率信息与含油气性存在着直接的关系，重磁资料也与油气藏之间存在一定的关系：

（1）油气藏大多数处于区域重磁异常的斜坡（梯级带）处，可以解释为与裂谷构造有关。油气藏位置一般与基底的低密度和低磁化强度地质体引起的局部重磁异常极小值位置相符合。西西伯利亚北部的油气勘探表明，该区所有已知油气藏都处在异常值相对较高的重力异常梯级带地区。

（2）油气藏大多位于大梯级带处、区域重力异常极大值的周边以及正磁异常的周边。

（3）油气藏主要位于局部重磁异常负等值线内，即处在密度和磁化强度减小的地带。

（4）所有已知的油气藏与较高的重力异常水平梯度有关。

重力勘探和磁法勘探两种方法各具特点、各有优势，在针对具体地质目标解决油气勘探问题需要有针对性地采用相关资料开展综合研究。

在综合研究方面，采用三维地震数据确定的反射界面及高精度的重磁资料，有助于建立一个更加合理有效的综合地质模型。由于应用地震资料能够便捷地估计地震波速度，可以把初始地震波速度模型变换为密度，计算出密度模型的重力响应，并通过与重力观测场值的比较来自动校正（更新）密度模型，再将密度模型变回速度，并可进一步作为地震偏移过程的输入。因此，在重力资料的协助下开展速度场建模能够有效减小叠前及叠后深度偏移过程中所需的迭代次数，减少地震数据处理时间，降低勘探风险。实践表明，在地震勘探环节综合利用重力和磁法数据有助于提高速度分析精度和成像精度、提高陡倾角地层解释的分辨率、有助于分辨反射地震的盲区或地震资料无法覆盖的区域（逆掩断层、盐层下部等）。

重磁资料与油气藏之间的关联特征为开展多种资料的综合研究与应用奠定了基础，结合电法勘探在识别含油气性方面的优势和三维地震勘探在落实构造方面的高精度特征，开展这些不同地球物理资料的综合研究有助于进一步降低油气勘探的风险。目前，重磁数据采集处理的费用仅为地震采集费用的1%~3%，在实际勘探中，高精度的重磁电资料采集与三维地震资料采集可以同时进行，特别是在开展海上三维拖缆地震数据采集的同时完全可以进行高精度的重磁电测量，且不用增加太多费用，通过增加少量的投资即可采集到更多的地球物理资料，显然，充分应用重磁电震的优势开展综合研究与应用也符合油气勘探的一般规律。

三、地球物理资料联合反演

地球物理资料综合解释可以分为定性解释和定量解释两部分。其中，定性解释（qualitative interpretation）是指根据地球物理信息的各种变化趋势和明显的形态特征来推断地球物理异常源的岩石物理性质及其地质原因。定量解释（quantitative interpretation）指的是按照一定的解释模型或解释关系式，根据地球物理数据使用数学物理方法直接反演异常源的物理参数（岩石的速度、密度、弹性常数、孔隙度、渗透率、饱和度等参数）与几何参数（地质体形态、规模、空间位置等）。地球物理资料综合解释的目标是从定性解释过渡到定量解释，但无论是定性还是定量综合解释，其目的都是为了尽量减小反问题的多解性，提高解释成果的精确度和可靠性，其基本标志在于综合利用了多种地球物理方法或一种场的多种资料来开展协同解释。

地球物理反演（geophysical inversion）是指通过地球物理异常的分布特征来确定地质体的赋存状态（形状、产状、空间位置）和物性参数（密度、磁性、电性、弹性、速度等）的过程。不同类型的地球物理方法根据岩石物理性质差异来认识地球内部特征，由于调查对象都处于同一位置，因此不同地球物理场的解释必须具有兼容性，联合反演（joint inversion/simultaneous inversion/mutual inversion）就是指把两组以上不同的数据同时进行反演以建立一个兼容多种数据特征的模型，实现地质目标的定量解释。所谓地球物理资料联合反演（geophysical data joint inversion），是指充分利用两种或两种以上的地球物理信息，通过反演地质体的岩石物性和几何参数来获得一个满足所有地球物理观测资料特征的统一地质地球物理模型。目前，联合反演已经发展成为可信的定量综合地球物理解释技术，在多种地球物理资料的综合研究与应用中发挥着不可替代的作用。

由于地下地质问题本身具有复杂性、多变性，且介质存在非均质性，同时受观测孔径、观测方式等因素的限制，单一地球物理资料的反演问题是不适定的，因此不可避免具有多解性，而联合反演旨在满足所有可利用地球物理资料的响应特征，从而提高解的可靠性。由于每种地球物理勘探方法都或多或少存在观测误差且受各种干扰因素的影响，用于地球物理反演的数据不是完全的确定性数据，而是带有规则干扰、随机干扰和有效信息的混合数据体，通过多种数据的联合则有助于提高有效信息的利用程度，降低干扰等因素的影响。杨文采院士认为联合反演适应了地球物理综合解释的需要，是目前唯一可信的定量综合地球物理解释技术。由此可见，多种地球物理资料的联合反演可以降低反演多解性、提高反演结果的分辨率与置信度，促进地球物理解释的定量化发展，有效提高解释结果的客观性和可靠性，并且已经发展成为反演方法研究的一个重要方向。

在多种地球物理资料的联合反演过程中，各种方法及资料相互补充、相互约束以降低或消除地球物理反演问题中固有的多解性问题，从而提高反演结果的科学性。联合反演包含两类：一类是基于类似特性地球物理观测数据之间的联合反演，例如地面地震与VSP（垂直地震剖面）、井间地震等具有共同特性资料之间的联合反演，由于它们都建立在相同的岩石物性差异基础上，观测场之间有着很强相关性，这种联合反演已经在油藏地球物理领域取得了较好的效果；另一类则是基于不同岩石物性的不同地球物理观测数据之间的联合反演，最为典型的就是重磁电震联合反演，这种联合能够有效解决单一地球物理勘探方法在解决某一地质问题时所存在的局限性，而且各种不同性质资料特征的联合利用也是地球物理技术发展的必然趋势，因此，受到了相关研究人员的高度重视。

目前，常用的地球物理资料联合反演有重磁联合反演、重震联合反演、重磁电震联合反演、井震联合反演、各种地震资料之间的联合反演等。其中，重磁电震联合反演与解释旨在综合应用重磁电震及地质资料，通过点面体相结合、多层次化研究、多信息的综合以解决复杂的区域构造问题。重磁电震联合反演技术的关键在于：首先根据某一种地球物理资料建立初始地质地球物理模型，然后在此基础上精确计算重、磁、电、震理论响应曲线，通过理论曲线和实测曲线之间的差异来修正模型参数，在此基础上重新计算重、磁、电、震理论曲线并再次修正模型参数，通过多次反复迭代，直到多种观测数据与模型正演模拟数据之间的差异达到设定的门槛值为止。

联合反演通常需要对两组以上的地质模型参数进行同时扰动，通过加权实现观测数据与模型参数正演数据之间的误差最小。图10-1展示了重力资料与地震资料之间的联合反演方法技术流程，该联合反演要反演的参数为密度和速度，首先分别在初始速度场基础上开展地震波正演模拟、在初始密度模型基础上开展重力场正演模拟，然后对比分析两种正演模拟结果与实际观测数据之间的误差，其目标函数为

$$f = \|G - MG\|^2 + W^2 \|S - MS\|^2 \tag{10-9}$$

式中，f 为目标函数，该目标函数基于2范数构建；G 为实际观测的重力数据；MG 为根据密度模型进行重力场正演模拟合成的重力数据；S 为实际观测的地震数据；MS 为根据速度模型进行地震波正演模拟合成的地震数据；W 为权重系数，用于调节地震数据误差与重力场数据占总误差的比重，该系数可以由先验信息来进行确定。

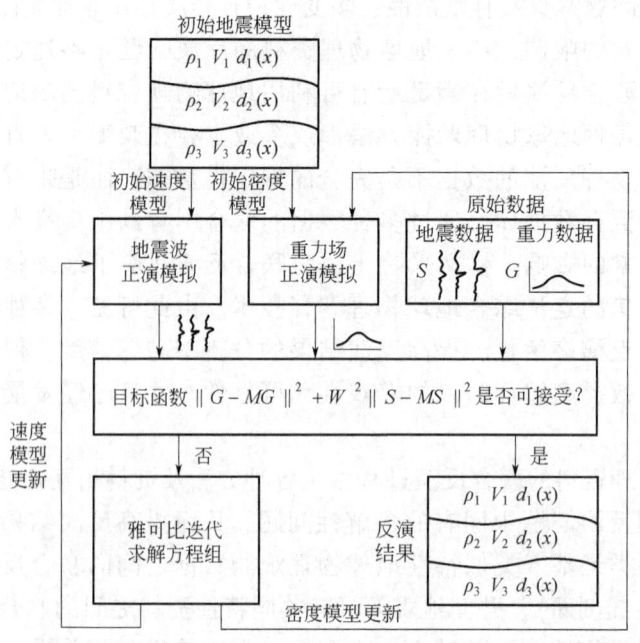

图 10-1 重震联合反演方法流程示意图（据 Lines，2004，修改）

根据该误差对初始模型进行修正从而获取新的速度和密度模型，将该模型作为下一次迭代的初始模型，通过反复迭代直至误差满足目标函数的要求并最终输出联合反演结果。通常，在开展重震联合反演时要求密度和速度参数之间具有较好的匹配关系，在匹配关系不确定的条件下则假设密度差和速度差必须具有共同的界面，从而有效提高联合反演的可执行性。

多种地球物理资料的联合反演一方面取决于目标函数的复杂程度和联合反演算法的精确程度，另一方面还取决于资料的品质及多种资料之间的关联程度。改进联合反演方法技术的关键不仅在于反演方法本身，而且还在于如何合理地增加岩石物性及地质构造等先验信息的约束，从而提高联合反演结果的可靠性和稳定性。基于重、磁、电与地震资料的联合勘探以及相互约束的联合反演是开展高精度油气目标勘探的重要方向，这种联合需要以多功能解释工作站平台为基础，以大数据共享作为纽带，通过地震数据、测井数据、重磁数据、电法数据及地理信息数据的联合，结合解释人员地质认识与反演经验的有效干预，才能最大限度地提高解释精度，减少解的非唯一性。

重磁电震联合反演将是今后地球物理领域的一个重要研究热点，其发展趋势包括两方面：一是基于统一地质、地球物理模型的联合反演，即通过物性参数之间的转换来建立一个统一的地质地球物理模型，并充分采用综合信息和地质模型之间的内在关联，实现相互约束和优势互补，克服反演问题的多解性；另一方面是基于统一的数学、地质和地球物理模型开展的联合反演，即针对不同地球物理信息的特征建立统一模型，开展多种地球物理信息的综合数据处理和联合成像，进一步利用波动场和扩散场之间的联系，经过一系列的数学变化后，将这些信息的数学模型统一成共同的数学物理模型，实现统一的数据处理与反演成像。

联合反演对于地震资料信噪比较低的山前带、盐下构造带、火山岩发育区、深层岩体的研究都具有重要作用，在高成熟区和复杂区以及油气预测与油田开发中都具有很好的应用前景。在实际应用中，减少地球物理联合反演问题多解性的主要措施和方法有：

（1）提高单一地球物理勘探方法的资料采集和观测精度及详细程度，如采用三维宽方位高密度地震勘探技术等。

（2）提高资料的精细处理和分析程度，即在不破坏有效信号的条件下尽可能消除各种干扰信息，实现各种场的准确分离，提高资料信噪比；消除假象，提高资料的保真度；合理分析，提高资料的分辨率。

（3）采用基于统一数学—地质—地球物理模型的地球物理资料联合反演方法，充分结合各种地质先验信息实现高精度综合解释。

第三节　地球物理资料综合解释思路及应用

一、地震—测井—地质资料综合解释思路

地震、测井和相关地质（包括文献资料、露头与地下地质资料等）等多种资料的综合解释与分析是油气勘探和开发过程中最基本、最重要的一种综合分析手段，也是油藏描述最基本的分析方法，这几种资料的综合分析与解释是油气勘探和开发赖以成功的关键。地震资料综合解释（integrated interpretation of seismic data）指以地震资料解释为基础，结合钻测井及其他物探和地面地质等资料综合研究地下地质体的几何形态、沉积特征、构造和沉积演化、生储盖特征，指出油气有利部位并提出勘探部署的过程。地震—地质综合解释的目的是通过应用合理的解释方法技术，将地震信息转化为尽可能多的地质信息，所涉及的内容广泛，既包括构造解释、岩性预测、物性预测，还包括流体预测和综合评价等，通常习惯称为"储层预测（或储层描述、或油藏描述）"。

所谓油藏描述（reservoir description），是指以沉积学、构造地质学、储层地质学和石油地质学理论为指导，综合运用地质、地震、测井和试油试采等信息，最大限度地应用计算机手段对油藏进行定性、定量描述和评价的一项综合研究方法与技术。具体应用时需要通过地质描述来建立油藏的总体概念、采用地震描述来提供油藏构造和储集体的几何形态、采用测井解释提供的井位点处精确的储层参数，并采用井震联合等方式实现油藏三维空间特征的定量描述。地震、测井和地质方面的工作各具特色，又互为依托，联为一体。

综合解释中的地质资料包括前人的文献资料、露头与地下岩心、录井资料等第一手资料，通常通过野外露头观测或钻井岩心剖面分析来研究沉积岩的物质成分、结构、产状、岩层厚度、接触关系以及各种成因标志、岩性组合等特征在纵横方向上的变化，通过对研究对象进行直接研究，进而分析和总结研究区的地质规律及特点。通过实验室对岩石样品或薄片的分析、测试及研究，可得到不同岩性的储层参数，如孔隙度、含流体性质、速度、密度等。通过对研究区内所有井的岩心、录井资料进行面积和空间上的分析研究，可以得到研究区内第一手的地质成果，其准确度和可靠性取决于研究区的资料积累、研究程度、资料源的丰富程度以及研究人员的经验与水平等。

常用的测井资料有声波、密度、电阻率、自然电位、自然伽马、井径、补偿中子，以及地层倾角测井、全波列测井和成像测井等资料。在综合解释阶段，测井资料的主要作用为：(1) 设计和控制储层模型；(2) 控制垂向分辨率和深度；(3) 垂向分层和井间地层岩性对比；(4) 提供储层单元的烃类、水饱和度、孔隙度、渗透率、泥质含量等储层参数的精确数值；(5) 单井或井间有关构造及地层等方面的定量解释。钻井地质与测井资料虽然真实细致地反映了井柱的地质特点和地层物性参数，但对于整个三维研究工区来说具有"一孔之见"的不足，缺少剖面、平面、三维体方面的可靠信息，因此，必须和三维地震资料有机结合才能实现储层的精确描述。

地震资料能够精确地覆盖地下三维地质体的纵横向范围，具有很好的剖面、平面和三维空间的控制作用，但需要耗费较长的周期、较大的工作量和大量的费用。基于高精度的三维地震数据体，可以充分利用人机交互解释系统中丰富的三维可视化显示技术，让解释人员身临其境地在全三维虚拟空间深入研究复杂地质问题。同时，三维地震数据体提供了大量丰富的地震属性参数，便于实现多种信息的综合研究与应用；通过地震资料与其他地球物理资料（如VSP、井间地震、四维地震、声波测井等）相结合，能够有效减少地震反演问题的多解性，提高地震资料解释的准确度和可靠性。需要注意的是，三维地震资料具有很好的空间地质格局的控制作用，但同时也受地震勘探技术发展水平的制约，地震资料的垂向分辨率远没有测井资料的高。

地震、测井和地质资料综合研究与应用中最典型的实例就是井震标定，狭义上的标定通常指层位标定，即构造解释的基础；而广义上的标定（calibration）则是指利用井资料所揭示的地质意义（如储层埋深、岩性、厚度、含油气性、孔隙度、渗透率、饱和度等）与井旁道地震响应特征（如地震旅行时、波形、振幅、频率、相位、层速度等）之间的对应关系，判别或预测远离井点处或缺少井控制区域内的地震信息所包含的地质含义，是一种定性或半定量的分析方法。该分析方法的关键在于通过大量的统计分析，建立井中先验信息和井旁地震反射信息之间的某种映射关系或判别模式，并利用这种关系或判别模式，合理地预测远离井位处或缺少井控制区域内相应地震反射特征所包含的地质意义。通过井震地质信息的精确标定，能够有效建立地震反射特征与储层参数之间的可靠联系，进一步开展叠前、叠后地震反演与属性分析，有助于增强岩性解释、储层预测和含油气性识别的可靠性，这也是在整个地震解释过程中最关键最基础的工作。

受地震属性分析和地震反演技术本身特点的影响，单一方法开展地质解释不可避免地存在多解性，因此，将地震属性与地震反演技术有机结合，在地质模式的指导下，合理添加测井资料作为先验约束，精细多类型地球物理资料综合解释是减少多解性和提高可靠性的一条重要途径。

二、重磁电震等多类型地球物理资料综合研究思路

地球物理方法的综合应用分为同类方法内和不同方法间两种重要方式。不同方法间的综合应用通常由在整个探区使用的某种基本方法和在局部范围内应用的辅助方法共同组成，并针对同一勘查对象同时应用几种不同的地球物理资料来解决具体地质问题，如重磁电震相结合。而方法内的综合应用则主要是应用同一种物探方法的不同形式，从而扩大地

球物理勘探方法的探测能力，如电法中电剖面与电测深方法相结合，地震勘探中的反射波法与折射波法、透射波法相结合等。

根据观测方式的差异，地球物理方法综合应用的方式也可以分为：（1）水平综合应用，即观测平面位于同一海拔高程的各种物探方法的综合应用；（2）垂向综合应用，即以地面观测为主，以宇宙测量、航空测量、地下测量（或井中测量）为辅的物探方法综合应用；（3）多目标综合调查与应用，该综合应用既包括一般的地质测量，也包括专门的构造、地貌、工程地质测量以及多种类型的矿产普查与勘探，即任务范围十分广泛的多种物探方法综合应用。需要说明的是，卫星、航空、地面、海洋、地下或井中地球物理探测综合研究属于不同形式的技术综合，该综合应用把各种观测技术手段和工作方法的共性结合起来，是一种广泛意义下的综合应用。

三维地震勘探是油气地球物理勘探中的主角，在地震解释中充分利用重、磁数据则可以提高解释陡倾角地层的分辨率，有助于认识分地震解释中的盲区，特别是在解决盐下构造成像问题和提高地震速度分析精度等方面可以发挥更重要的作用。进一步结合电法勘探对油气聚集特征的敏感性，在重磁震联合方法精确落实构造特征的基础上能够更好地发现含油气聚集区，特别是在海洋油气勘探中，能够更好地降低油气钻探的风险。通过开展联合反演还能够精确获取地下地质体的各种岩石物性参数，更好地实现对探测对象的定量解释。

在开展多种地球物理资料的综合研究与应用时，需要识别针对含油气盆地、含油气圈闭和油气藏三种不同尺度的地质体特征开展有针对性的综合研究。在含油气盆地勘探阶段，主要任务是从整体出发，查明区域的基本石油地质条件，包括构造、沉积和油气三个方面。各种物探方法及其综合应用在这三方面都起到了相当重要的作用，其中，重磁方法和电法主要用于分析研究断裂与构造区划、基底起伏与基底岩性、火成岩分布、盆地边界与周边关系、控制盆地的深部构造等方面问题。而地震勘探方法则主要用于分析研究盆地内部基底及其以上各构造层的结构，包括断裂、构造层面的埋深与起伏、各种特殊地质体等方面的问题。

对含油气圈闭的综合调查与应用来说则大致分为三个阶段，第一阶段重点是寻找和发现圈闭，此时重磁方法比较快速经济；在第二阶段的重点是查明圈闭的各种细节和参数，包括形态、埋深、范围、闭合度、上下地层的关系及断裂发育情况等，该阶段以地震方法为主，同时配合密集采集的人工源电磁测深方法；第三阶段则重点分析圈闭的含油气性，包括圈闭在盆地内的构造部位及其与其他构造之间的关系、生储盖的配置、构造发育史与油气运聚史的关系、油气藏的直接检测等，因此更强调各种资料的综合分析与应用。

在油气藏勘探开发阶段，由于其存在类型复杂、规模小、厚度薄、埋藏深等原因，主要以地震勘探方法为主，同时结合井中电法等其他地球物理勘探方法。目前，油藏地球物理、井间地震、时移地震（四维地震）、油储电法、井中重力、成像测井等方法已经在解决复杂油气藏勘探开发等方面发挥着巨大的作用。随着我国大多数油气田陆续进入勘探开发中后期，需要解决的难题也越来越多，如油藏动态监测、裂缝性油藏的监测与开发、剩余油监测与开采、水淹层油藏的监测与开采等，亟须开展多学科、多种资料的综合研究与应用，从而有效提高油气采收率。

三、多类型地球物理资料综合解释与应用实例

以大庆油田发现为例，松辽盆地地表为近代沉积覆盖区，地表没有任何油气显示，地质露头极少，亟须地球物理方法提供可靠的地下地质信息。地质部通过重磁普查及电法勘探查明了盆地的区域结构，在中央坳陷区发现了12个局部构造，其中，电法隆起——高台子构造最受瞩目。当时打了一批浅井，对盆地的地层分布有了初步的认识，但找油的方向仍不明确。1958年5月在杨大城子构造上所钻的南14孔见到20个含油层，累计厚度达到60m，但试油结果却是出水带油花。

1959年初，石油工业部按基准井部署钻探的松基1井未见油气，钻探的松基2井仅见少量油气显示，试油也出水。但这些油气显示表明松辽盆地发生过油气生成、运移和聚集过程。当时，地质部将仅有的2个地震队部署在盆地中央坳陷区，对高台子构造开展重点复查工作。1959年8月，根据地震及电法联合确定的高点，地质部在松辽盆地大同镇的高台子定了松基3井，依据如图10-2所示。松基3井于1959年9月26日喷出原油14.93t，标志了大庆油田的发现。直到1959年12月，地质部完成了松辽盆地中央的全区地震构造图，才看到北起喇嘛甸、萨尔图、杏树岗，南至高台子、葡萄花、敖包塔等局部构造组成的完整大隆起，即"大庆长垣"。

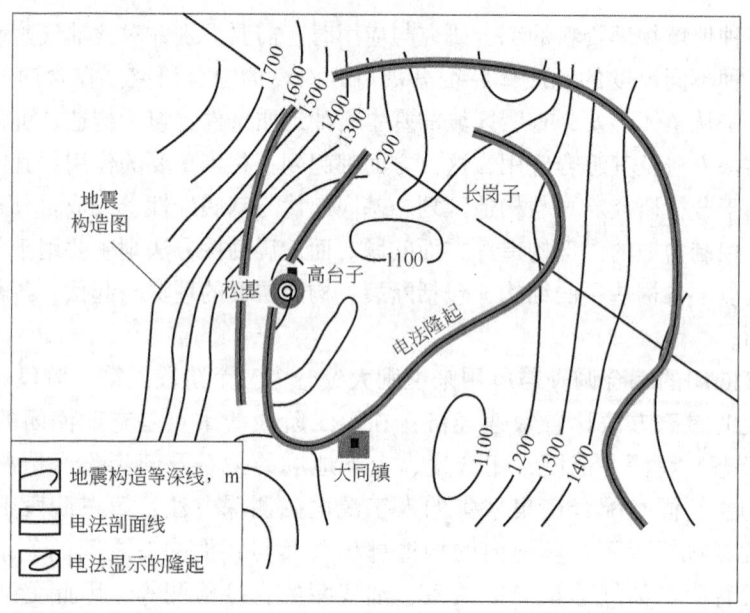

图10-2　1959年确定大庆油田松基3井井位时地震和电法资料联合解释依据（据李庆忠，2015）

松基3井的钻探和大庆长垣的发现是非常典型的地球物理资料综合解释案例，是在重磁电震资料基础上结合钻探结果开展综合研究的结果，特别是在当时地球物理探测精度较低的情况下，通过两种资料解释成果的叠合来有效的确定了构造高点，为钻探提供了更加合理的井位，以最简单直接的方式实现了多种地球物理资料的综合解释，有效提高了地球物理解释精度，降低了多解性。

哈山地区具有很好的油气勘探前景，其主体位于前缘冲断及逆冲叠加构造带上，具有双重构造发育格局，受多期构造运动的叠加改造，多期多种样式叠合，速度场建模精度

低，下构造层地震反射杂乱，导致对该区构造特征认识不清。下面的实例旨在充分利用多种资料信息，通过联合反演来解决山前带速度建模问题，提高地震资料成像精度并建立基本构造模型格架；结合重磁电震联合反演的电阻率模型，对地震识别不清的地方进行补充修正；用重磁电震联合反演的密度模型和磁化率模型填充构造格架，采用人机交互的方式修改填充物性和构造的几何格架，确保观测重磁异常和理论重磁异常之间的最佳吻合，实现构造解释方案的最终修正，得到合理的构造解释模型。

图 10-3 为在 637 测线深度偏移剖面上开展的初始构造解释方案，图 10-4 为对应位置电法剖面的解释方案，将剖面中部全部解释为石炭系冲断。根据重磁电震联合反演的速度剖面可知（图 10-5），剖面中部的高速地层下存在非常明显的低速层，该低速层应为二叠系，据此对初始解释方案进行了修正，修正后的结果如图 10-6 所示。石炭系为外来推覆系统，在推覆体下发育约 3000m 厚的二叠系地层。

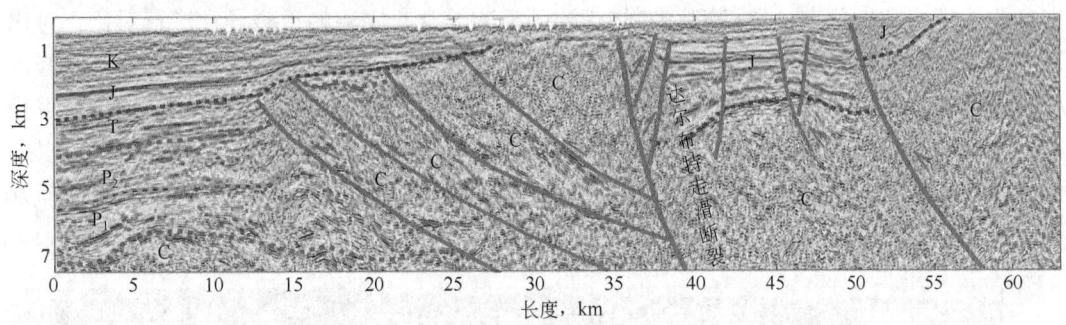

图 10-3　637 测线初始构造解释方案（资料来源：中石化胜利油田）

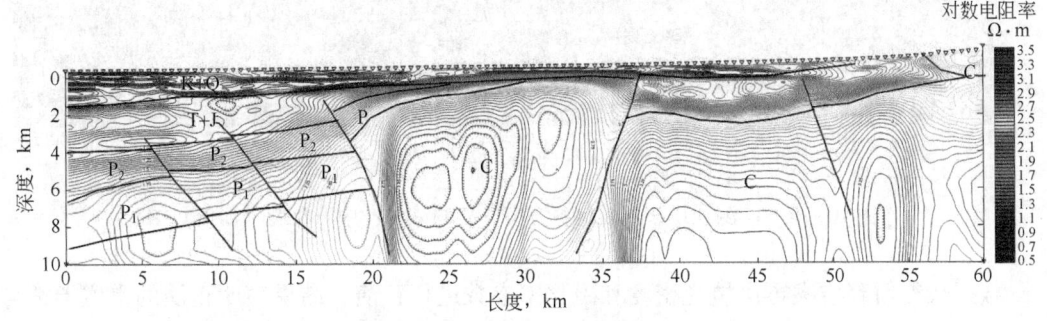

图 10-4　637 测线电法解释方案（资料来源：中石化胜利油田）

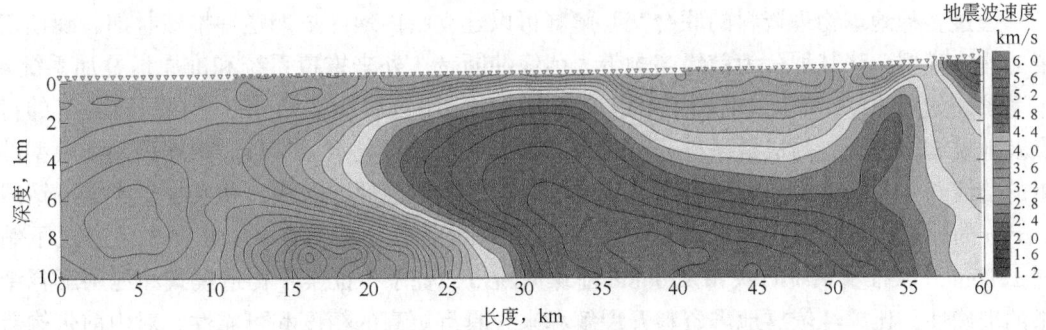

图 10-5　重磁电震联合反演速度剖面（资料来源：中石化胜利油田）

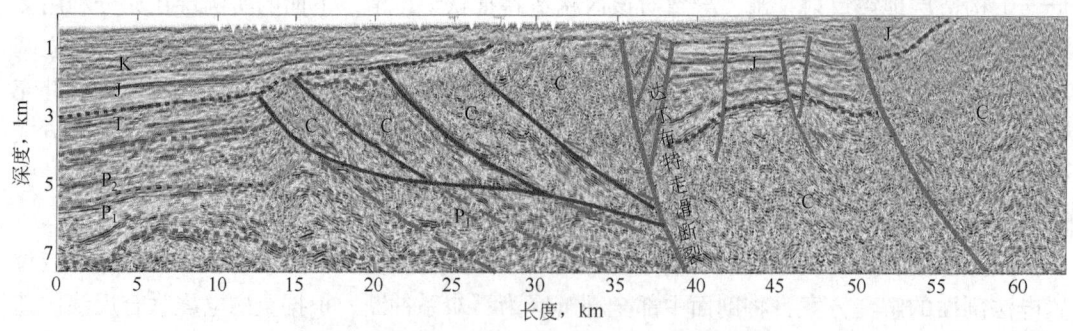

图 10-6　637 测线修正后的构造解释方案（资料来源：中石化胜利油田）

为了验证解释方案修正后的准确性，将构造模型填充对应地层的密度和磁化率，建立密度构造模型和磁化率构造模型，并将正演的重磁异常与实测的重磁异常进行对比，对比表明剖面两侧的和什托洛盖盆地和玛湖凹陷正演重磁异常与实测异常拟合较好，表明修正后的构造解释比较合理；但在石炭系推覆体区域正演的重磁异常明显高于实测的重磁异常，表明填充的密度和磁化率值过高，即在该区域应该还发育较石炭系更浅的层系。根据正演模拟结果与实测异常之间的差异对解释方案进行进一步修正，并获得最终的解释方案，如图 10-7 所示。

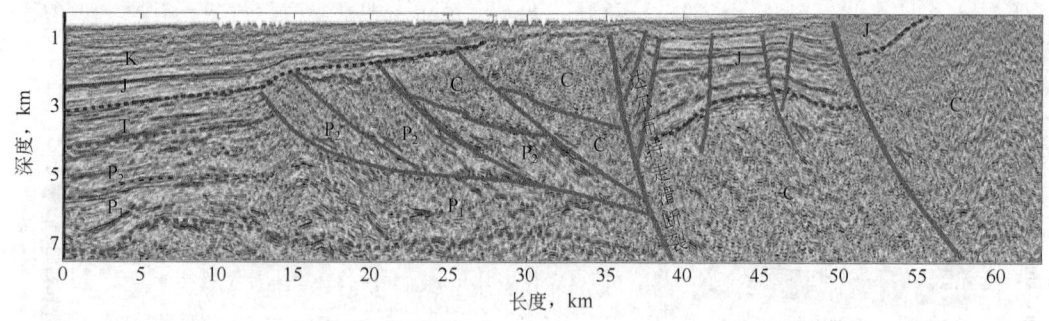

图 10-7　637 测线最终地震解释方案（资料来源：中石化胜利油田）

根据最终解释方案再次填充密度和磁化率参数进行正演，结果表明正演的重磁异常与实测异常高度拟合（图 10-8），表明了交互解释所确定的最终方案是合理的，而且该解释结果能够同时满足重磁电震等多种地球物理资料的响应特征。

通过多种地球物理资料的联合交互解释可以建立哈山地区早期逆冲推覆叠加、晚期走滑的构造模型，将其划分为前缘超剥带、前缘冲断带、外来推覆系统和准原地叠加系统 4 个系统，如图 10-9 所示。明确了哈山地区构造"上下分层、南北分带、东强西弱"的特点及地质结构特征，为成藏条件分析和有利勘探区带评价奠定了基础。根据该构造模型部署的哈浅 6 井及哈山 1 井均证实了该模型的合理性及正确性，哈浅 6 井在中生界之下钻遇 1165m 的外来推覆系统石炭系及 1496m 的前缘冲断带二叠系，哈山 1 井在中生界之下钻遇 1886m 外来推覆系统石炭系及 668m 前缘冲断带二叠系，证实了构造模式和地层解释结果的准确性，比单纯依靠地震资料开展解释来说具有更高的精度和可靠性，对山前带构造解释等复杂地质问题的解释来说具有重要的意义。

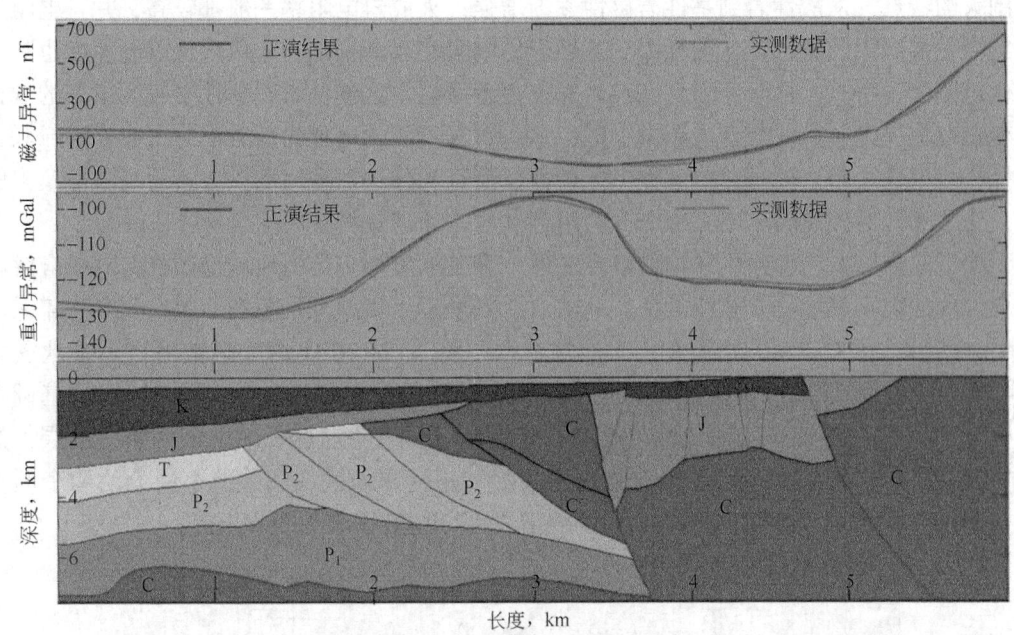

图 10-8 解释方案的重磁正演模拟与实测数据对比（资料来源：中石化胜利油田）

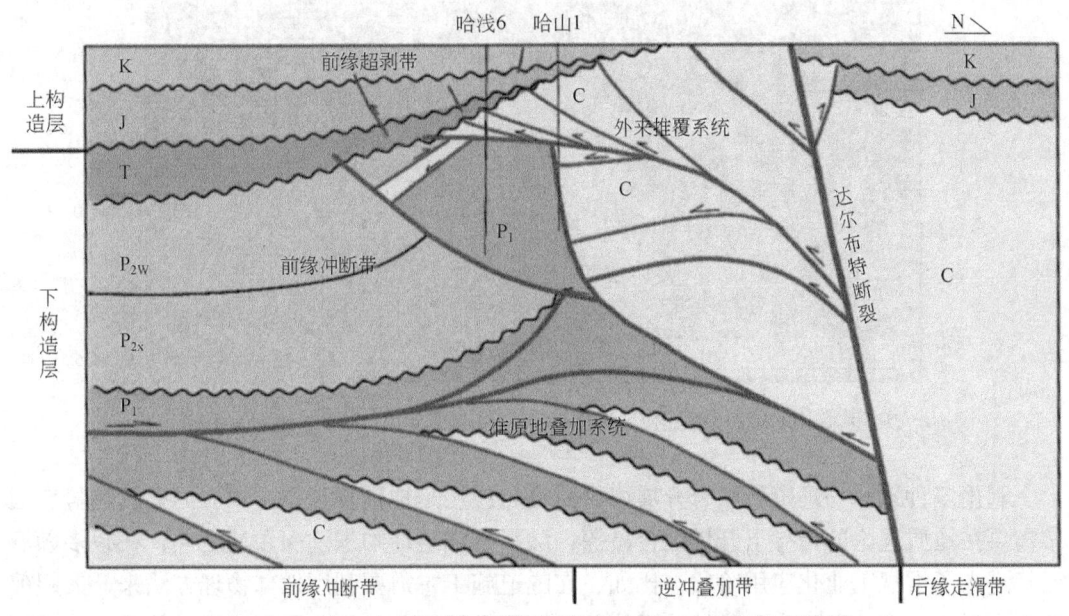

图 10-9 哈山地区构造解释模式(资料来源：中石化胜利油田)

重磁电震等多种地球物理资料的综合解释也可以直接服务于油气藏勘探开发阶段，在海洋油气勘探中最典型也最成功的实例就是可控源电法和三维地震的联合勘探（图 10-10），通过电法与地震的联合能够有效提高海洋特别是深海油气勘探的成功率，这方面成功的例子和文献比较多，此处不再展开阐述。在陆地油气勘探开发中，火山岩油气藏则比较适合于充分利用重磁电震整理开展综合解释，根据岩石物理实验与分析可知，火成岩密度变化范围较大，从酸性岩到基性岩密度逐渐增加；火成岩磁性一般较强，并且磁化率具有变化范围大的特点,从酸性岩到基性岩磁性逐渐增强;火成岩电阻率一般都较高,并且电阻率具有变化范围大的特点,从酸性岩到基性岩的电阻率逐渐增强;火成岩地震波速度也具有变化范围大的特点,从酸性岩到基性岩速度逐渐增高。这些从岩石物性中表现出来的规律性变化特征决定了需要综合采用重、磁、电、震等不同的地球物理方法对火成岩进行联合勘探。考虑到火山岩勘探的特殊性、复杂性以及每一种地球物理勘探方法的局限性及多解性,为了降低勘探风险,也必须充分利用各种地球物理资料开展综合研究。

除了联合开展速度建模和构造解释之外,重磁电震等多类型地球物理资料的综合解释在含油气性识别领域具有独特的优势。图10-10展示了奥地利油公司OMV于2013年采用CSEM方法所发现的油田,图中将三维CSEM的反演结果与三维地震剖面勘探所落实的高精度构造特征叠合在一起,在落实圈闭特征的基础上圈出了含油气性可能性最高的区域,成功发现了50~60m厚的油层,黑线代表钻井位置,电阻率反演结果清晰地表明测线北东部分的两个断块之间存在着油气,而测线南西部分则被明确判断为干层。

彩图10-10

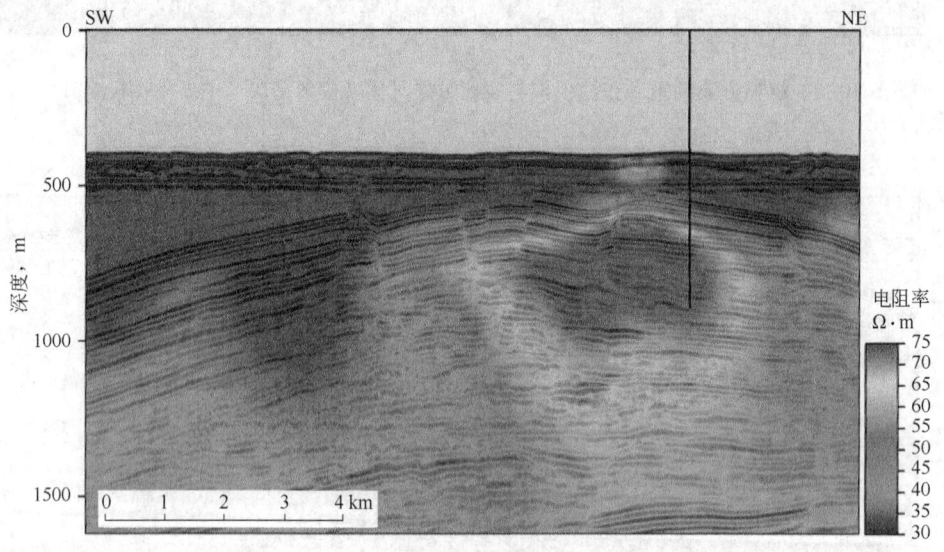

图10-10 奥地利油公司OMV利用电法勘探成功发现油田的实例(据Fanavoll,2014)

利用多种地球物理资料联合开展综合研究与应用是地球物理技术发展的必然趋势,通常需要在地质理论的指导下开展综合勘探,除了石油地球物理勘探领域之外,在很多领域已经进入了常规工业化应用阶段。比如,在隧道施工中需要利用地球物理方法来开展超前地质预报,通常会利用介质弹性波阻抗差来探测掌子面前方的断层破碎带、软弱夹层等构造特征,并利用介质温度场、介电差异、极化特征和电阻率差异等特征来探测地下水分布情况,属于典型且常用的地球物理方法综合应用场景。

参 考 文 献

李明，侯连华，邹才能，等，2005. 岩性地层油气藏地球物理勘探技术与应用［M］. 北京：石油工业出版社

李庆忠，2015. 寻找油气的物探理论与方法［M］. 青岛：中国海洋大学出版社

李阳，薛兆杰，2020. 中国石化油藏地球物理技术进展与探讨［J］. 石油物探，59（2）：159-168

林承焰，张宪国，董春梅，等，2017. 地震沉积学及其应用实例［M］. 东营：中国石油大学出版社

刘宝和，2013. 中国石油勘探开发百科全书［M］. 北京：石油工业出版社

陆基孟，王永刚，2009. 地震勘探原理［M］. 东营：中国石油大学出版社

孙家振，李兰斌，2002. 地震地质综合解释教程［M］. 武汉：中国地质大学出版社

王永刚，乐友喜，张军华，2007. 地震属性分析［M］. 东营：中国石油大学出版社

王长城，徐国强，左银辉，2015. 地震地质解释基础［M］. 北京：石油工业出版社

印兴耀，张繁昌，孙成禹，等，2010. 叠前地震反演［M］. 东营：中国石油大学出版社

张德林，2000. 地震资料油气显示研究原理与实践［M］. 北京：石油工业出版社

赵邦六，董世泰，曾忠，2017. 井中地震技术的昨天、今天和明天：井中地震技术发展及应用展望［J］. 石油地球物理勘探，52（5）：1112-1123

邹才能，张颖，等，2002. 油气勘探开发使用地震新技术［M］. 北京：石油工业出版社

Bacon M, Simm R, Redshaw T, 2007. 3-D Seismic Interpretation［M］. Cambridge：Cambridge University Press

Brown A R, 2011. Interpretation of Three-dimensional Seismic Data［M］. 7th ed. Tulsa：American Association of Petroleum Geologists and the Society of Exploration Geophysicists

Hart S B, 2012. Introduction to Seismic Interpretation［M］. Tulsa：American Association of Petroleum Geologists

Herron A D, 2011. First Steps in Seismic Interpretation［M］. Tulsa：Society of Exploration Geophysicists

Lines R L, Newrick T R, 2004. Fundamentals of Geophysical Interpretation［M］. Tulsa：Society of Exploration Geophysicists

Marfurt K J, 2018. Seismic Attributes as the Framework for Data Integration Throughout the Oilfield Life Cycle［M］. Tulsa：Society of Exploration Geophysicists

Simm R, Bacon M, 2014. Seismic Amplitude：An Interpreter's Handbook［M］. Cambridge：Cambridge University Press

Fanavoll S, Gabrielsen P T, Ellingsrud S, 2014. CSEM as a tool for better exploration decisions：Case studies from the Barents Sea, Norwegian Continental Shelf［J］. Interpretation, 2（3）：SH55-SH66

Yilmaz Ö, 2001. Seismic Data Analysis, Processing, Inversion, and Interpretation of Seismic Data［M］. Tulsa：Society of Exploration Geophysicists